钱从哪里来

中国式财富创造

［荷］李彼德
［英］查尔斯·汉普登-特纳　著
［荷］弗恩斯·特朗皮纳斯

李　毅　译

中央编译出版社
Central Compilation & Translation Press

图书在版编目（CIP）数据

钱从哪里来：中国式财富创造 ／（荷）李彼德，（英）查尔斯·汉普登-特纳，（荷）弗恩斯·特朗皮纳斯著；李毅译. -- 北京：中央编译出版社，2025.7.（当代海外中国译丛／张远航主编）. -- ISBN 978-7-5117-4921-5

Ⅰ. TS976.15-49

中国国家版本馆CIP数据核字第20253XG717号

Copyright © 2021 by Charles Hampden-Turner, Peter Peverelli and Fons Trompenaars.

Originally published by Cambridge Scholars Publishing.

著作权合同登记号：图字 01-2024-2753 号

钱从哪里来：中国式财富创造

选题策划	张远航
责任编辑	赵可佳
责任印制	李　颖
出版发行	中央编译出版社
地　　址	北京市海淀区北四环西路 69 号（100080）
网　　址	www.cctpcm.com
电　　话	（010）55627392（总编室）　（010）55627362（编辑室）
	（010）55627320（发行部）　（010）55627377（新技术部）
经　　销	全国新华书店
印　　刷	北京汇林印务有限公司
开　　本	880 毫米 × 1230 毫米　1/32
字　　数	261 千字
印　　张	11.25
版　　次	2025 年 7 月第 1 版
印　　次	2025 年 7 月第 1 次印刷
定　　价	98.00 元

新浪微博：@中央编译出版社　　　微信：中央编译出版社（ID：cctphome）
淘宝店铺：中央编译出版社直销店（http://shop108367160.taobao.com）（010）55627331

本社常年法律顾问：北京市吴栾赵阎律师事务所律师　闫军　梁勤
凡有印装质量问题，本社负责调换，电话：（010）55627320

目 录

摘　　要 / 1

导　　言 / 1

第 一 章　价值观的性质：积极—消极的关系 / 1

第 二 章　我们如何评估各国的商业文化 / 29

第 三 章　合法性、关系和多重误解 / 54

第 四 章　股东还是利害关系者：谁是公司的所有者？ / 81

第 五 章　稀缺的事物和丰富的知识体系 / 113

第 六 章　裁判和教练 / 143

第 七 章　中国民主制度的特点与优势 / 168

第 八 章　中国的基础设施：丝绸之路重生 / 193

第 九 章　生态系统本身就是终极基础设施 / 212

第 十 章　适者生存还是最优者生存？ / 229

第十一章　价值是类似于事物/客体的存在，还是一种重要的过程？ / 254

第十二章　中国（和美国）的不足 / 285

参考文献 / 311

致　　谢 / 320

作者自传 / 323

摘　要

中国人不管在世界上什么地方定居，似乎都能兴旺发达。现在，轮到中国蓬勃发展了。而我们西方所面对的，到底是共产主义，还是一个有着几千年历史的价值体系？对此，亚当·斯密（Adam Smith）只说对了一半。是的，为了追求自身利益，我们会为他人服务；不过，另外半句话也没错：通过服务于他人，我们和整个国际社会共同得到了升华。推动经济增长靠的是一种循环往复的智慧，并非线性的推力。最近40年，中国经济的增速是美国的三到五倍。我们指责中国"说谎"，而实际上，中国没有必要像我们说的那样耍花招。中国卖，我们买，仅此而已。2020年起，中国变得更加繁荣，我们也增加了在中国的投资，但政客们对此却愤愤不平。

本书采用西方学术的研究方法详细论述了中国成功的原因，并说明对中国抱着批判的态度只会让我们闭目塞听。本书表明，中国的价值观是西方价值观的反像，因此，我们总感到中国要颠覆我们，但是，能透过镜子看到内外两面的是中国，而不是我们。中国人在向我们学习，而我们在很大程度上却没有向中国人学习。中国人在商业上的成功并非像西方人所认识的那样是政府控制的结果。

美国要求盟友与其一样遵从"华盛顿共识",但中国追求的却是孔子提倡的和谐发展,即使不同文化共鸣。美国人提出耗资1.6万亿到1.7万亿美元开发F-35战斗机,而中国提出的"一带一路"倡议也需要投入与之不相上下的额度。如果F-35战斗机研制"成功",就永远不需要用它进行屠戮;如果"一带一路"倡议成功,多个国家和地区将拥有与中国相通的现代化基础设施。那么,哪种创新能让这个世界变得更加美好?

导　言

　　西方应将中国视为威胁还是机会，朋友还是敌人？我们是否正在走向第三次世界大战？中国的崛起势不可当，这种崛起是否会导致我们长期信奉的诸多价值观分崩离析？中国是危险的吗？长期以来西方媒体一直在对中国横加责难，人们不免会提出上述问题。不过，"危险（sinister）"一词，寻根溯源，非常有趣。它的本义与诡计多端毫无关联，仅仅意味着"左撇子"。人类大多数是右撇子，占优势的左脑与右半身紧密相连；少数人是左撇子，占优势的右脑与左半身密不可分。左撇子与我们这些右撇子举手投足处处相反。鉴于"危险"一词的原义是左撇子，当我们这些右撇子看到左撇子时，必然会心生畏惧，或心怀疑虑。

　　表面上看，中国人和我们在很多方面毫无二致，但实际上存在着很多细微差别。中国人接受我们的主流文化偏好，然后将其掀了个底朝天，让我们看得目瞪口呆。现在，让我们感到困惑的是，几乎没有人再将左撇子视为一种威胁，"左撇子"逐渐与负面含义脱了钩。我们能够而且应该容忍这些针锋相对的种种反转吗？在某些方面削弱我们的实力，将局面搞得一团糟，这就是颠覆。中国正在颠覆我们吗？显然不是。通过撰写本书，我们将简要表明基本见解。

- 除了与中国建立密切关系，我们别无选择
- 中国和东亚的价值观与西方的价值观形成鲜明对照
- 中国的崛起源于其超越国界的文明
- 文化是如何起源的？
- 中国的崛起是21世纪非同寻常的大事
- 我们的目的是先理解和肯定中国，再进行判断
- 我们不应重蹈18世纪中国的覆辙
- 在中国向世界解释自身的时候，它需要我们的帮助和理解
- 我们的立场是：东西方的价值观应彼此融合而非分化对立
- 给我们的主张排个序

·除了与中国建立密切关系，我们别无选择

中国存在于世界经济之中。在除英语之外的几乎所有语言中，"存在"一词都是及物动词，意思是"醒目"。中国的表现确实卓尔不群。当一个国家的贸易量占到和平时期世界贸易总量的18%，其出口的工业品占到世界总量的22%，特别是当其货物质量优异的时候，你别无选择，只能与这个国家密切合作。"和平"是个重要的修饰词。在现代社会，一个国家依靠其提供给世界的商品和服务就能发挥越来越大的影响力，而不必像美国在越战期间那样，需要依靠政治威胁和武装干涉，也不用依靠核导弹将世界毁灭若干次。从这一标准来看，中国在两代人的时间内一直在崛起，而且这种崛起似乎势不可当。从2020年4月到2021年4月，也就是在新冠病毒疯狂肆

虐的这段时间，中国的经济增速达到18.4%；与此同时，其他国家几乎都出现了倒退。

现在，我们能够并且应该孤立中国，禁运其货物、禁止其使用美元吗？如果实施此类策略，我们将会遇到极大困难。中国生产了超过全世界产量五分之一的出口工业品，在这一背景下，对中国的孤立和禁运将给世界经济带来沉重打击，因为确实有成千上万的西方公司正在将业务外包给中国供应商。过去，将业务外包给中国是因为中国的产品价格最低廉，我们可以借此削弱本国工会的力量；而如今，将业务外包给中国则是因为中国供应商能做到行业最佳，而且他们已经融入全球供应链。如果五个级别的供应商都在使用同一种语言，我们要将其逐一替换，那就看看有什么下场吧！如果你想从策略上孤立和禁运中国产品，很可能的结果是供应商先将你换掉。这些中国供应商提供了产品的绝大部分系统和备件，他们对产品的生产了如指掌——你已经让中国供应商熟知产品的规格和生产规范了。不仅如此，曾经接手产品生产的美国分包商或早已解体，或经营失败，已经不再围着你的公司转了。因此，取代中国供应商困难重重，代价高昂，很多情况下甚至无法实现。

如果西方公司认为将业务转包给中国有利可图，而政府不允许这种行为，那么就是在严重干预自由市场。对西方公司来说，放弃将业务转包给中国必须明确是否出于自愿，不管是何种原因，这些公司是否同意减少收入还需要在实践中加以检验。由于西方反中言论甚嚣尘上，我们可能认为中国在痛击之下会晕头转向、濒于失败，距被彻底击倒只有片刻之余。但是，令人意外的是，目前并没有任何迹象表明已经出现了这种情况。2020年，中国吸收的外国直接投资额达到了历史最高水平，一举超过其他国家，其申请的国际专利数量也创历史新高。美国人对中国的投资越来越多，因为这样做符合他们的私人利益，而从白宫发出的愤怒叫嚣也只不过是心虚的聒噪。

对此，我们不禁要问一句，谁将孤立谁？而且，"孤立"将会带来何种后果？根据《经济学人》（*The Economist*）的报道，中国是世界上64个国家的最大货物贸易商，而美国只是38个国家的最大货物贸易商。这64个国家中大多数将拒绝跟着美国走，而且如果遭到反对，可能会反过来抵制美国。我们很可能将故步自封，而这种分裂本身就会迫使人们付出沉重的代价，并将世界贸易一分为二。西方媒体曾长期鞭笞、攻击中国政府在香港特别行政区所做的努力。从理论上说，中国的声望必然受损，然而事实上，香港的金融运营正在迅速发展。香港坐拥10万亿美元的跨境投资，摩根士丹利公司和高盛集团争相参与其中。2020年，当其他国家与地区因病毒损失数百万人之时，中国香港的储备货币总额高达11万亿美元。同年，中国向西方开放了大陆资本市场，收到了9000亿美元的额外投资。华为公司是中国电子行业的创新者，也是世界上申请专利最多的公司。美国发起了对华为的制裁，也同样劳而无功。华为的产品和服务已销往170个国家，只在十多个国家遭禁。迄今为止，华为的5G技术占据了全球最大的市场份额，如此一来，美国和英国的公司很可能被孤立在外，而不是华为被孤立。中国是世界上技术创新的主要领头国家，而且与其他创新成果也息息相关。没人承担得起冷落中国的后果。如果你不能拔得头筹，就要紧跟创新者，否则就会落在后面，止步不前。我们无法打败对方，就只能加入对方。

如果华为的理想是通过电子设备联结世界各国，那么，激怒和盘剥自己的客户又有什么意义呢？中国在5G这一专门领域处于领先地位。如果华为要参与规模越来越大的间谍或窃取活动，那么已经遥遥领先的中国只会得不偿失，因为这是落后者才干的事。中国在保护国际专利方面保持领先地位，而且在其希望建立的未来世界秩序中具有重大利益关系。

讽刺的是，中国不用费一枪一炮，不用盘问任何一名间谍就能引领世界。它所要做的，就是产生盈利，让我们对其赞许有加，让我们的钱投入其企业。中国比我们更擅长创造财富，它需要做的就是创造双赢，我们也可以从这种局面中获利，但中国会比我们得到更多。中国正在证明它对此得心应手！它只需迎合我们的利己主义，作为交换，我们将听从它的指令，即使我们在这个过程中会经历去工业化和金融化。我们出钱让中国人干实际工作并从中获利，但假以时日，中国人将日益进步，在各行各业变得越来越有竞争力，而且比我们学习、掌握得更快。

在撰写本书的过程中，笔者秉持的观点是：从20世纪80年代开始，我们就一直在与中国接触，除此之外别无他途。如果我们成功阻止中国的发展，也会搬起石头砸自己的脚——不管怎样，我们的发展都将变缓。正是中国的物美价廉的商品维持着低通货膨胀率，没有中国商品，通胀将再次飙升。不过，除此之外，我们还必须向中国学习。只有当我们与中国全面接触，真正理解中国以及快速发展的东亚地区的价值观后，我们才能做到向中国学习。2500多年来，东亚地区深受中国影响，其中部分国家和地区已在政治上走上了西方的道路，比如新加坡、日本和韩国。中国在世界范围内的最大贸易伙伴是东盟，也就是由10个东南亚国家组成的联盟。中国和东盟的贸易量已超过它与北美或与欧盟的贸易量。现在，要想将中国和东盟分开为时已晚。唉，那些无休止地在道德层面上对中国说三道四的人在学习上一无所获。西方的道德评判扭曲了我们对中国的理解，我们想当然地反感中国，而不会想到中国只是按照其价值体系的规则在行事。

·中国和东亚的价值观与西方的价值观形成鲜明对照

本书将援引大量研究成果，证实大多数中国人秉持的价值观，与我们所偏好的价值观形成鲜明对照。当我们支持按规则办事时，中国人似乎对例外更感兴趣。我们相信个性最重要，而中国人更信任团体，即集体、团队和组织。我们在分析现象时，将整体分解为局部，而中国人似乎对于将局部综合为整体，以及由此形成的关系和模式更感兴趣。我们钦佩有成就的人，中国人则有完全不同的理由将成就归因于彼此。我们认为自己更愿意听从内心的指引，而中国人则更愿意从众，这些都非常不可思议。[①]我们将消费社会视为自我放纵的请帖，而中国人似乎更专注于自律。[②]我们认为，中国人的道德水准明显低于西方人，不过，情况真是这样吗？如果真是这样，为什么中国的经济发展如此之快，能让如此多的人脱贫，而我们却漫无目的、跌跌撞撞、彼此制约？

[①] 弗恩斯·特朗皮纳斯和查尔斯·汉普登-特纳：《在文化的波涛中冲浪》（*Riding the Waves of Culture*），伦敦：尼古拉斯—布莱雷出版社，2021年第4版；《资本主义的七种文化》（*Seven Cultures of Capitalism*），伦敦：皮亚克斯图书公司，1993年。

[②] 吉尔特·霍夫斯塔德（Geert Hofstede）的研究见网络，经吉尔特·霍夫斯塔德、小吉尔特·霍夫斯塔德和迈克尔·明科夫（Minkov M）总结成书：《文化和组织：心理软件的力量》（*Culture and Organization: Software of the Mind*），芝加哥：麦格劳·希尔出版公司，2010年。

中国持有与我们截然相反、在我们看来不可思议的价值观，却总能大获成功，它是如何做到的？这一点特别令人困惑。中国文化与众不同，与我们所认为的"美好"和"体面"针锋相对，但为什么它能够迅猛发展？难道他们知道我们不知道的事情？尽管中国人在处事方面与我们抵牾，但他们的信念真的没意义吗？他们的价值观是不是多多少少在发挥着作用？如果真是这样，又是如何发挥作用的？是不是在某些方面，他们比我们更具优势，就像在当前这场疫病大流行中，他们能更好地保护自己？根据《经济学人》的统计，2020年，经济增速最高的国家和地区是中国大陆，中国台湾地区紧随其后，而新加坡和韩国的经济发展也都出现了正增长，[1]因此，有更多的证据表明，西方与东亚的不同点与其说是政治上的，不如说是文化上的。

本书的一个主题就是，中国人所看重的事物与我们大相径庭；而同样的情况也出现在2000多年来深受中国文化影响的东亚绝大部分地区。[2]的确，与其说中国是一个国家，不如说是个具有数千年历史的文明，这种文明对其所在的整个地区产生了深刻影响，让它们均奉行儒家思想、道家思想和佛教思想。为了能分享中国的文化瑰宝，周边国家曾向中国朝贡。[3]西方经济体最先遇到的挑战就来自东亚地区和国家，也就是中国台湾、中国香港、新加坡、日本和韩

---

[1] 《经济学人》，圣诞节和新年版，2020年。

[2] 有关这些对立面，详见《100多种管理模式》(*100+ Management Models*)，弗恩斯·特朗皮纳斯和皮特·海恩·科尔伯格（Piet Hein Coebergh），牛津：无线观念出版有限公司，第186页。

[3] 马丁·雅克（Martin Jacques）：《当中国引领世界》(*When China Rules the World*)，伦敦：企鹅出版公司，2012年，第241—293页。

国。①1976年,毛泽东去世后,随着一场气势磅礴的改革开放,中国人精明的商业头脑已经显而易见。当时,中国遍布世界各地的移民加起来已经形成了世界第三大经济体,其规模大于当时的西德。②数十年来,中国商业文化的非凡成就不显自彰。今天,新加坡的人均国内生产总值已经比一度成为其宗主国的英国高出了一倍。中国向世界开放市场后没过多久就展示了它那不言自明的商业实力,而这种实力又因中国人口众多而急速提升。新加坡、中国台湾或中国香港所处地域狭小,尚不足为惧,但是,拥有与这些小地方相似价值观的中国却是个巨大的"威胁"。

· 中国的崛起源于其超越国界的文明

苏联解体后,中国仍坚持走共产主义道路,这就极大地加剧了中国与西方之间的紧张关系。不过,东亚的活力绝大部分来源于文化,而非政治。无论如何,共产主义这种体现西方启蒙思想的学说,是一位德国犹太人在大英博物馆中写出来的。中国的价值观与新加坡、马来西亚等拥有众多华裔人口国家的价值观并没有本质上的差别。同西方国家相比,中国人与韩国人、日本人在价值观上更为接近。实际上,价值观的主要差异存在于东西方之间,而不是共

---

① 本书部分章节将新加坡、越南、印度尼西亚等国归于东亚,亦有部分章节将这些国家归于东南亚。经查,西方社会对于东亚有广义和狭义两种分类。从狭义角度,东亚只包括中国、朝鲜、韩国、日本和蒙古;从广义角度,东亚还包括东南亚国家联盟的10个国家。——译者注

② 陈明哲(Chen Ming-Jer):《中国经商指南》(*Inside Chinese Business*),波士顿:哈佛商学院出版社,2003年。

产主义和资本主义之间。新加坡出于自身选择，只选举了一个政党执政，且不允许对该政党持反对态度或在口头上对其进行攻击。由于中国实行的是任人唯贤的行政管理制度，因此运用中华文明来治理国家很可能产生令人敬畏的效果。不过，中国的价值观并非源于共产主义本身，而是应用于整个环太平洋和东亚大部分地区的一种模式。总而言之，这本书旨在说明，几个世纪以来，中国正是凭借其毫无疑义的文化实力，将整个地区置于其影响之下。如果中国否定我们的信仰，会有什么影响吗？中国这样做，是要密谋削弱我们吗？中国真正让我们感到畏惧的是它的影响力。它在商业上的成功与新加坡类似，但规模是其150倍。

以典型的华为的5G技术为例，已经证明了与中国作对是多么愚蠢。中国占有全世界5G市场34%的份额，如果再将韩国也算进去，该份额将超过40%。很明显，在全世界安装的5G设备中，华为的产品备受青睐。相比之下，瑞典、芬兰和美国等国的产品在世界市场上的占有率仅为个位数。我们所说的5G中"G"的意思是"代（generation）"，5G是从4G发展而来的，4G系统即将被新系统所取代。因此，任何抵制华为5G设备的行动都将让我们倒退若干年，而我们还得安装从其他渠道（比如诺基亚）才能得到的与5G技术兼容的设备。华为是全世界拥有5G技术专利最多的公司。抵制华为，就意味着我们拒绝创新，以及截至2019年底华为申请的5708个专利。

西方已经将华为的5G技术重新界定为事关安全的议题。的确，西方指责华为代表中国政府暗中监视我们。但是，华为这样做又能得到什么呢？对于处于领先地位的国家，实施间谍活动和侵犯专利权只会得不偿失，只有落后国会从中受益。中国如果出现制度性腐败,肯定会遭受更大的损失,尤其是在商业领域。如果中国愿意,就能够获取国家安全方面的机密信息;不过,如果它打算将商品销往全世界,而非像英国那样建立殖民地(印度、澳大利亚和新西兰现在与中国的关系远比与英国的关系紧密),那么,国防机密就不足挂齿。中国的目标是将我们联结起来,而非分裂我们;如果我们拒绝,将落后更远。

中国抄袭我们了吗?是的,没错。任何一个曾经的落后者都会"抄袭"那些一度领先者,就像学生要向教授学习一样。但是,他们总有精通系统中所有元件的时点,这之后再取得进步,性质就变了。从那时开始,他们需要按照崭新的方式对现存的元件进行组合和重新调配,华为为此申请了5000多个专利。如果我们凑巧在那个时点攻击华为,就是在将自己与该领域的最新成果隔绝,我们将因此而更加落后。中国"抄作业"的时代大体上已经结束了。它正在将从我们手中学到的东西进行创新,而且组合速度之快超出想象。

·文化是如何起源的?

有关文化的根基,存在相当多无法回答的问题,犹如问及到底是先有鸡还是先有蛋。同样,我们也想弄明白,是不是先有规则然后才有例外;是不是先有个体然后才有团体;是不是先有整体然后才有局部;是不是一个人先获得地位,然后其基本的人性才能被尊重;是不是人们先听从于内心的决定,然后才会被外部影响左右……诸如此类。真相在于,这些成双成对的价值观形影不离,不仅如此,它们还能相互阐释、相互促进。没有规则,就不会有例外;有了家庭这个组织,个人才会出生;局部构成了整体,任何一个词语，如果没有语境就没有意义；按照个人的行动准则产生的动机，无不需要借助外因才能聚焦；只有能在足够长的时间内保持自律，才能让自己任性一次。简而言之，东西方之间的价值观差异只关乎你倾向于价值观连续体（continuum）的哪一端。然而，真正要紧的是发展整个连续体；留意例外，改进规则；个人为团体服务，再在团体中培育个性；重组局部以形成新的有创意的整体；自律到足够的程度，再酌情放纵一下自我。

我们可能有理由提问：文化缘何而来？文化的意思就是"施加影响"。因此，农业就是对土地施加影响，渔业就是对水施加影响，园艺就是对花园施加影响，诸如此类。文化本身就是人对社会或地区中的任何事物施加影响。如果你连续种植了上千年的水稻，那么，就需要半个村子的人来耕种、收获。在这种情况下，如果独立于团体之外，你很快就会束手无策。在另一种情况下，当你告别所有熟人移民到美国（或澳大利亚），你就会发现，那里地广人稀，只有数以百万计的野牛在旷野漫步；如果你手持猎枪，那么凭借个人的力量，你极有可能生存甚至发达起来。价值观连续体的一端并非比另一端"更好"，通过依附集体，中国人生存了下来；而美国人通过单独行动，也同样生存了下来。面对不同环境，文化的不同影响了人们对其的适应度。在变化多端的世界中，文化既可能使人游刃有余，也可能使人举步维艰。

·中国的崛起是21世纪非同寻常的大事

我们怀着一种紧迫感撰写本书，因为中国的崛起是21世纪非同寻常的一个现象。这一崛起可能改变各国现有的秩序。哈佛大学历史学家格雷厄姆·艾利森（Graham Allison）估算，在历史上16次新兴国家崛起的过程中，有12次都爆发了战争。这种情况会再次上演吗？①

趁着还有时间，我们需要理解中国，理性思考世界是否以及如何才能从中国的崛起中受益。中国的崛起确实证实了一件重要的事，那就是，世界上的国家都可以不凭武力或贩卖鸦片之类的毒品，而是借助彼此出售和交换有用的东西就能实现繁荣或走向衰落。世界上每个人都主张进行贸易，而非耀武扬威或沾染毒品。看样子，中国能够凭借而且仅凭借贸易就实现崛起，并影响各国。本书将解释中国勤勤恳恳创造财富的方法和原因。格雷厄姆·艾利森指出，1978年，98%的中国人每天仅靠2美元甚至更少的钱生活。今天，这一数字已经降至1.1%。在世界历史上，这是一个壮举，但人们对此不屑一顾，毫无兴趣。在这里，我们不禁要问：为什么我们会是这种态度？

当格雷厄姆·艾利森从位于哈佛大学的办公室向外眺望，看到横亘在查尔斯河上通往波士顿的那座桥时，他注意到，这座桥已经建了6年，比预期的建成时间晚了4年。这座桥在修建时，工期被延长两次，最终于2018年才完工，建筑费用也达到预算的三倍。中国北京的三元桥尽管长出一倍，车道数量也多出一倍，而在缩时摄影机的镜头中，仅用43小时就完工了！艾利森相信，中国的崛起将带来"历史上最大的碰撞"。他引用瓦茨拉夫·哈韦尔（Vaclav Havel）的话说，中国成长得太快，我们甚至来不及惊讶。他告诉

---

① 见格雷厄姆·艾利森在"TED"的讲话。

"TED（技术、娱乐、设计演讲）"的听众，中国的崛起是"你职业生涯中遇到的最大的国际事件"。中国不仅仅是在崛起，而且已对美国形成了挑战，并让人怀疑美国是否需要借助武力阻止中国崛起。2004年，中国的经济规模已达到美国的一半。2014年，两国经济实力旗鼓相当。到2024年，中国经济规模将达到美国的1.5倍。现在，让我们更仔细地看看这个惊人的数字。

1980年，中国的国内生产总值将近2000亿美元。2020年初，这一数字超过12万亿美元，中国也因此成为世界第二大经济体。1980年，中国的对外贸易额是500多亿美元。2020年，这个数字超过了4万亿美元，增长了近100倍。在2020年前，中国每16周的经济总量就相当于一个希腊的经济总量，每25周就相当于一个以色列的经济总量。2011年到2013年，中国使用的建筑混凝土总量比美国在20世纪使用的混凝土总量还要多。最近，中国又在19天内盖起了一座57层的摩天大厦。在最近15年，中国的建筑量相当于欧洲全部的存量房。[①]2020年，尽管新冠病毒肆虐，中国的经济增速仍然很高，相比之下，英国经济却下降了7.3%。这一情况也表明，经济增长应归功于中国文化。

中国已经开始用新冠疫苗帮助更贫穷的国家。中国的优势在于，它不但能满足本国民众的疫苗接种需求，还能出手帮助其他国家。当我们还在争论哪些人能够尽快获得哪种疫苗时，我们同时也在期待中国能够挽救更多贫穷的国家。

---

① 美国科学家联盟（Federation of American Scientists）：《中国经济增长简史》（*A Brief History of China's Economic Growth*），又见：www.weforum.org，《中国经济增长》（*China's Economic Growth*）。

在世界各国中，中国的公路系统最为庞大，总里程达到260万英里[①]，比美国多50%。中国也建成了世界上最长的高速铁路网，能连通300个城市，总里程达到1.2万英里。美国仅有的高速列车只在洛杉矶和旧金山间运行，其兴建比计划晚了9年，建设费用超过预算350亿美元，且建成日期已经推迟到2029年！届时，中国计划再兴建1.6万英里的高速铁路网。当中华人民共和国于1949年成立之际，中国人的平均寿命只有36岁；2014年，其人均寿命超过76岁。根据世界银行的统计，大约8.5亿人在35年中脱贫，这在世界历史上是绝无仅有的壮举。从来没有哪个经济体增长得如此之快，持续时间如此之长。中国的文盲率也从80%下降到4%。[②]

每年，美国都有30万人读研究生，而中国的研究生人数是美国的4倍，达到130万人。30万差不多也是中国学生从美国大学毕业的总数。2019年，中国的研发费用超过美国。中国最新的超级计算机运算速度比美国同类型计算机快5倍。中国申请的专利数量是美国的2倍，而工业机器人的数量是美国的2.5倍。斯坦福大学的研究表明，同样是工程和计算机专业的学生，中国学生进入大学的时间比美国学生早3年。按购买力平价计算，也就是一国能将多少本国货币用于采购，中国已经领先于美国。这是21世纪最令人瞠目结舌的事件，因为它是一场彻底的反转。现在，已经到了我们不得不适应这一现状，而且还要为其做出解释的时候了。这也正是本书的宗旨。

不过，正如本书所述，我们已经浪费太多的时间从道德角度对中国的短处说三道四，而几乎没有从中国学到任何东西。我们总是

---

① 1英里约等于1.6千米。——编者注

② 世界银行对中国所做的调查，www.worldbank.org。

指责中国人达不到我们的标准，好像这标准真的通行天下，无论是谁、无论在哪儿，都理所当然地应该将我们的标准奉为圭臬，且任何人都应毫无疑议，认为它们无比正确。我们极少询问中国是否拥有不同的标准，它的标准是否同样具有一定价值，是否对世界上增速最快的经济发展做出了贡献。

·我们的目的是先理解和肯定中国，再进行判断

本书旨在理解中国的一整套价值观，正是这些价值观将东西方区别开来，并揭示了二者之间不断出现的误解。本书尝试做到在理解中国的同时，了解我们自己。三位作者都是西方人。当我们接触到与自身不同的文化，并对这二者加以比较时，我们才会发现自己的立场所在。我们从自己身上已经吸取了宝贵的教训。我们明白，一种不接受我们的价值前提，也不接受亚伯拉罕·林肯（Abraham Lincoln）奉为不言而喻的真理的文化，走上与我们大相径庭的路，同样可以繁荣昌盛。欠发达国家和地区都在关注中国和美国的表现。通过比较双方经济状况，他们会选择跟着哪一方走呢？

本书所采用的研究方法是肯定式探询。肯定式探询是一个较新的术语，但实际上，绝大多数人类学家自从这个学科建立起就已经在使用这种研究方法了。如果你在探索某种文化的时候，不动声色，不偏不倚，客观中立，你就无法探求这种文化的真谛。如果你不带感情地去研究，缺少同这种文化的接触，那么，回应你的也将是同样的冷漠，因为你的研究对象也不会喜欢你。你不和他们打成一片，就得不到信任，也就无法在与对方的交流中获取更多信息。为理解一种文化，你必须首先肯定它，然后再与其接触。你必须遵

循这种文化的规范和价值观,这样才能获得认可并推进得体的话语交流。如果你希望某种文化得到改善,那么,融入比批评更有可能达到目的。只有当彻底理解这种文化所处的社会背景,才能对它提出批评。受访者更倾向于向朋友透露本民族文化的短处和问题,而非批评者。如果你正在探查某种文化的缺点,一定要谦和有礼,这样才能从与你友好相处的合作者那里获知真相。

这并不是说我们认为东亚地区的人完美无缺,而是认为,对别人吹毛求疵看似可以解释一切,但实际上什么也解释不了。凡人多舛误。在这一点上,中国人和我们是一样的。最好先理解对方,之后再寻找对方的弱点。如果我们能恰如其分地理解对方,对方甚至会同意做出适当的改变!当你读到本书挖掘出来的种种误解之后,很可能会问:自己对中国的批评还有多少能站得住脚?如果中国人像美国人一样,屠杀了200万越南人,破坏了越南全境的生态系统,现在又与越南人开展和平贸易,却没有引发任何连锁反应,我们会如何评论中国?中国人通常做他们认为正确的事,我们也一样。二者的差别在于,我们各自代表的文化的是非观不同。中国的经济发展取得了惊人的进步。有鉴于此,中国的价值观看起来确实发挥了作用。难道我们就不应该探究一下这背后的原因吗?

·我们不应重蹈18世纪中国的覆辙

让我们来看看18世纪末中国犯下的大错,然后再扪心自问,现在西方是不是在重蹈覆辙。这个故事是马丁·雅克讲的,在这里简述如下。当时,正处于工业革命大潮中的英国蒸蒸日上,于1792年派遣了一个高级别贸易代表团到中国觐见81岁的乾隆皇帝。英国代表团以资深外交家马戛尔尼勋爵（Lord George Macartney）为首，他乘坐着安装了66门炮的军舰，带了大量象征新工业成果的新鲜礼物，比如，气压计、望远镜、榴弹炮、连发手枪等。代表团中还有700名科学家和专家，准备和中国同行交流。但是，乾隆甚至都不愿屈尊接见马戛尔尼，只是让代表团给英王乔治三世（King George III）捎去了回信。①

在这封回信中，对于英方赠送的礼物，中方认为，中国"……然从不贵奇巧，并无更需尔国制办物件"。英方提出派一名贸易代表前往北京，这一要求也被视为"……于天朝体制既属不合，而于尔国亦殊觉无益"。英国代表团花了数月时间，才经陆路到达目的地觐见了乾隆皇帝。然而，在准备接受召见之时，谈判就已经搁浅了，英国科学家也始终未见到他们的中国同行。

乾隆皇帝召见马戛尔尼的障碍是，中国官员希望他能够向乾隆皇帝磕头行礼。其中包含三次跪拜，每次跪拜都要求做到五体投地，头碰地面。马戛尔尼提出单膝跪地，脱帽示意，甚至可以亲吻皇帝的手背，但是拒绝磕头，除非中方与他相似级别的官员能够在乔治三世的肖像前下跪。不管怎么说，他长途跋涉到达中国是为了和中方交流，所以做了让步。然而，"一统天下"的皇帝拒绝了勋爵的建议，皇帝本人自视高于区区的英国国王。马戛尔尼和人数众多的随行人员花了九个多月的时间为航行做准备，舟车劳顿，却徒劳无功。他们在归途中愤愤不平，预言清朝将覆灭。中国人将马戛尔尼视为又一个屈从于更优越的中国文化而前来进贡的朝臣，就像历

---

① 《当中国引领世界》，第72—73页。

史长河中那些一直屈从于中国的附属国那样。但是，此事件发生48年后，第一次鸦片战争爆发了。在战场上，中国的木质舰船被彻底击垮，而中国也从此开始了"百年屈辱史"。

我们不禁要问，那时中国人这种文化上的内在优越感，现在是不是也体现在许多西方国家看待中国的态度上？那种宣称中国"说谎"的说法，其前提就是只有我们有权定义规则、制定规则、"知道"凑巧是谁违背了规则。有人说，中国在新冠病毒暴发后靠向他国赠送医疗设备来"试图获得影响力"。说这话的前提是我们能读懂中国精神中的善良，但我们肯定读不懂。病毒刚出现时，80个国家向中国提供了金钱和物资，难道中国就不该对这些善意做出回馈吗？又有哪个国家不希望扩大自己的影响力？当然，将世界各地急需的物资销售出去，才是更好的美国发展之道，而不是"威慑与恐吓"数百万伊拉克人，让本国企业因遭到唾弃而被赶走。越南现在是东盟成员国，通过贸易与其他国家和平竞争。西方在做出判断时并不总是正确的。汤尼·布莱尔（Tony Blair）所称颂的伊拉克战争带来了巨大灾难，耗资3万亿美元。由此可见，我们能毁掉他国，却做不到"建设国家"！美国的军费开支是其在外交方面投入的20倍。这说明了西方的什么问题呢？难道每个国家都要先受到胁迫吗？

·在中国向世界解释自身的时候，它需要我们的帮助和理解

撰写本书的另一个原因是，在创造财富和实现经济增长方面，中国很明显成了"致富联盟"的领导者，但是，它在进行自我辩解和辩论方面则逊色许多。的确，那些兢兢业业解释中国美德的，往往是西方人，或是与西方结盟的人士，包括李约瑟（Joseph

Needham），外交和战略研究专家马丁·雅克教授，还有新加坡外交家、学者马凯硕（Kishore Mahbubani）。[①]中国很难有力地自我辩解，这背后的原因有很多。

任何一个实行多党制（也就是党派领袖通过选举产生）的国家，最终都要选出最具代表性的演说家，在资深媒体的支持下，通过撰写文章拥护党派领袖，而这些人都是该国最能言善辩的一批人。在美国生活了20年之后，本书的一名英国籍作者回到祖国，注意到"瑞士小屋"地铁站的涂鸦，上面写着："归根到底，说的总是比做的多。"西方民主国家擅长夸夸其谈，但到了落实承诺之时，就相形见绌了。中国人则恰恰相反。他们通常不善言辞，自我辩解也缺乏说服力，但总能不声不响地将豪言壮语落实到行动中。2000多年来，中国人通过实行任人唯贤的制度和推广儒家道德获得政治权力。我们获得政治权力的手段则是通过各种辩论，以及迎合我们所知的人们的信仰。这样，人们就会将我们的观点转发给朋友，而这恰恰是对深入对话和有效交流的一种嘲弄。共和党人声称，上一场选举就是一场骗局，然后，自己又以专制面目出现，称绝不会输掉公平选举。美国最高法院有五名保守派大法官，任命他们的美国总统在竞选中获得的票数甚至少于竞争对手。

中国人根本不信任那些自我吹嘘的人。特朗普（Donald Trump）总统不停地自我夸耀，声称自己是所在群体智商最高的人，兜售治疗疫病的药方，等到事情出了岔子，他就将责任一推了之。与其相反，你听不到中国国家领导人说类似的话。儒家道德教

[①] 李约瑟撰写的《中国的科学与文明》（*Science and Civilization in China*）多达四卷。

导人们要保持谦虚。苏州有座著名的园林就名为"拙政园"。孔子说："君子欲讷于言而敏于行。""君子求诸己,小人求诸人。""先行其言而后从之。"中国另一位先贤荀子写道:"不闻不若闻之……知之不若行之;学至于行之而止矣。"中国人认为,我们当中有很多人喜欢夸夸其谈,但是他们很有礼貌,不会将这样的评价说出来。那些值得赞扬的人会从别人那里听到赞扬,他们没有必要去炫耀。中国人认为美国民主在一定程度上就是惺惺作态,矫揉造作。

中国人也不像美国人那样,声称具有世界各国都要遵守的信条,即一种普适的天道,就像亚伯拉罕·林肯所说的:"这些真理是不言而喻的:人人生而平等。"这句话中的理想成分远远多于现实。中国人认为,中国人就该有中国人的样子,美国人就该有美国人的样子,他们各有各的"道"。传教士要让异教徒皈依基督教,但中国人就没有这种愿望。不过,当我们无休止地对中国人进行说教,告诉他们该做什么,该如何思考的时候,也同样被中国人拒绝。

本书的三位作者都是西方人,因此我们也渴望创立一种具有普适性的文化学。我们认为,这种想法是可行的,因此试图从本书入手,将这种想法付诸实践。不过,我们并不认为创立这种文化学就等于普及"华盛顿共识",以便让中国人心怀感激地接受西方价值观。拥有几千年历史的中华文明是世界上规模最大、历史最悠久的文明,至少在18个世纪内举足轻重,目前又正在重新崛起。因此,它值得我们去尊重和关注。我们渴望提炼出的普适性包括中国式的思想方法,因此,这就需要在东西方之间和南北方之间展开广泛的对话。我们渴望能在多重视角的基础上构建一种世界文化,这种文化可以从不同的角度看待现实。要做到这一点,就需要我们中那些具有不同于西方人生活经历的人提供视角。而这些不同的视角就包括中国文化。这里,我们旨在说明,更好地理解中国人,也就能更好地理解我们自己。

· 我们的立场是:东西方的价值观应彼此融合而非分化对立

在您继续阅读本书之前,我们希望先阐明自己的立场。东西方文化都是当地的正统文化,发展未曾中断,而且也合乎情理;各自的实践也在逻辑上遵循各自潜在的价值前提。东西方价值观不但彼此完全不同,而且相互形成对照,甚至看似相互否认。作为世界公民,我们彼此分享真相,而两种文化之所以不同,是因为我们遇到了不同的挑战。40多年来,我们一直在评估不同国家的文化。

可以说,如果亚洲人拥有和我们截然相反的价值观,双方的关系就既有可能相辅相成,也可能潜藏矛盾。一方所拥有的,正好是另一方所欠缺的,这就意味着,彼此或和睦相处,或水火不容。本书的作者之一李彼德的妻子是中国人,两人均非常享受跨文化婚姻。而有关跨文化婚姻的研究表明,这种婚姻更容易一拍两散,也更容易创意十足,让人深受启发。没有人会说,西方能够轻易了解中国人,反之亦然。不过,这确实值得尝试。我们没有必要用鸦片毒害中国人,以实现彼此"了解"。我们真正相信的,是西方应当更像中国,而中国和东亚也应当更像西方。我们有很多东西要彼此学习,而价值观也需要和谐共生。

通过准许西方观念传播进来,中国已经获益匪浅,而西方从中国人的观念和行动中看到价值的速度却要慢得多。我们各自拥有对方所欠缺的价值观,有时甚至超过对方所需。当我们彼此争论不休,甚至互相侮辱之时,我们就是在向对方输出过多的价值观。西方越来越受规则的束缚，自以为正直，却越来越突出个人主义；而中国则更加强调例外，以团体为导向。不过，西方所表现的敌意正在加速削弱其自身的影响力，并让我们对缺点视而不见。中国人对我们的东西则照单全收，并付诸实践。

本书作者希望在下文中说明，真正的德行并不存在于价值观本身，而是存在于不同价值观之间的对话。中国人和美国人在很多方面存在着截然相反的价值观，在各自的阵营中对于对方的价值观都感到震惊和担忧。不过，各方如能理解这种对立，认识到自身在文化上的欠缺，那么将受益良多。如能做到这一点，我们将成为有用的世界公民，就能让自己适应所有或绝大部分类似新冠病毒流行、全球变暖或大规模灭绝等局面。不管我们喜欢与否，中国都代表了一种新出现的全球秩序。我们认为，这种秩序完美而合乎逻辑地阐述了中国人的潜在文化，而理解这种秩序对我们是有帮助的。我们需要理解中国思考和行事的原因。

·给我们的主张排个序

我们将按以下顺序探讨前面提出的主张。第一章提出问题：什么是价值？并指出，在价值的定义上，东亚和西方无法达成一致。西方倾向于将价值视为金钱和个人财产，随着物质的不断积累，个人拥有的金钱和财富越多越好；而在汉语普通话中，"致富"这个词的意思是"路路通"，也就是做人左右逢源，一呼百应。因此，邓小平所说的"致富光荣"并非承认西方的致富观念样样都对，而是赞扬那些朋友和盟友众多、善于组织协调、能够成事之人。不同的价值观，体现了中国人和我们对于价值观连续体在认知上的差异，而双方到底有何不同,因为这些不同又导致了哪些重大后果?如果只是将双方争论的焦点两极化,对我们只会毫无裨益!

第二章表明,近40年来,我们一直在探讨,如何评估各种商业文化的价值观。这一章展示了中国和东亚的观念与"华盛顿共识"在诸多方面的不同。我们给受访者设定了令人左右为难的困境,或给出了针锋相对的提议,看哪种意见占上风。总而言之,被调查的中国人所认同的价值观与我们的恰恰相反。这让我们感受到,双方观念大相径庭。不过,对不同价值观做出取舍,并没有同时包容两种观念和把握价值观连续体那般重要。我们的问题就出在这儿。中国人从我们这里学到了大量有关开放市场的知识,也采用了很多相同的做法,而我们虽然看到海外华人在国外及中国人在国内市场的成功,却没有从中学到什么。目前,我们还在对中国人吹毛求疵,这无疑加剧了双方的对立。中国承受了更多指责,且不被理解。

在第三章中,我们总结了与中国人在哪些维度的价值观上无法达成一致,然后建立了一个坐标系,将这些分歧置于不同象限再进行分析。我们认识到,中国人与我们各自执行着势均力敌的政策。我们还发现,各自的政策体现了不同的价值前提,并完整反映出这些价值前提的逻辑结果。我们和中国都在执行各自认为能够成功的政策,而非有悖于各自信念的政策。由于中国没有推崇我们自认为放之四海而皆准的价值观,我们便将中国视为"邪恶的"国度。诸如此类的误解俯拾即是。在剖析这些误解之后,我们会问:中国还剩下多少被误解的行为?我们之间一个主要的区别是:我们关注的是事物和人本身,而中国人关注的是事物和人之间的关系。我们将会看到,人们基于后一种看法创造了大量财富。

第四章提出一个问题：到底是谁真正"拥有"公司？是那些为公司工作，将一生的大部分时光都投入公司业务中，为公司提供其所需，购买公司产品的人（利害关系者），还是购买和交易公司股票的股东（利害关系者也包括股东）？将其他人的天资、信念和勤奋当作商品"拥有"，这是否在根本上存在瑕疵？你如何理解其中涉及的知识？你适合管理这种制度下的公司吗？由于众多原因，这种公司制度正在失灵。因为从时间上看，创造财富才是第一位的。没有利害关系者首先创造财富，股东就不会得到任何回报。将钱存起来留给股东，就等于从后来从事具体工作的人手里把钱拿走，这样你永远不会发现，这些人如果获得更好的资源可能完成什么样的成就。盈利并非先行指标，而是滞后指标。盈利一旦开始下滑，一切就为时已晚了。股东只考虑短期效益，而研发可能需要5到10年才有回报。股东支配被比喻为癌症。当系统中的某个元素只能在牺牲其他元素的情况下才能成长，整个有机体就会患病，并以死亡告终。

第五章关注了知识的本质。假如一根棒棒糖卖1美元，我要么保留棒棒糖，要么卖出棒棒糖拿到1美元，不可能二者兼得。假如出售的是知识，那么，在我以1美元出售自己的知识后，我没有任何损失。知识是没有穷尽的，我给出的知识越多，获得的知识也越多。人们根据已有的知识可以收获更多的知识，获得新知，分享所知，直至建立完整的知识社群。这类社群通常以大学为中心，且从大学不断汲取养分。那种认为"知识财产"像膏药一样依附于人的整套观念都是荒谬的。知识必须传播，而且越快越好。知识并非只是市场上销售的东西，它为整个市场提供养分，促其成长。从这一角度看，教师最重要，因为教师给全社会提供知识养分，而经济就借助这些养分成长。产品的价值并不仅仅体现在价格上,还体现在增长潜力上。芯片能促进头脑的健康发育,而吃薯片只会撑大胃口。中国在学术领域引领世界,且尽可能地为国民提供教育,为此,必须以收获更多的知识、实现更大的目标为方向引导经济向前发展。

第六章考察了政府的双重作用,也就是裁判员和教练员的作用。在西方,当赛场上的竞争对手比拼时,裁判员要保持法律上的中立,不能偏袒任何一方。裁判员的作用举足轻重,他不偏不倚,超然独立,甚至有可能对参赛选手实施处罚。在任何比赛中,裁判都可能被喝倒彩,甚至遭到漫骂。东亚国家允许政府既当裁判又当教练。教练可以制定培养明星运动员的策略。他/她有权力挑选赢家,不过,更多的是观察哪一队领先以及获胜的原因,然后帮助赢家在更广阔的天地中以更快的速度赢得更好的成绩。你会挑选能够拯救环境、促进交流、催生新知和造福人类的产品。你会等待市场推出这类产品,然后给予资助,并助其获得成功。

第七章探讨的问题是:中国的民主是怎样的?这要看我们如何定义民主。如果我们将民主等同于对立派别的唇枪舌剑,那么,中国很有可能在未来很长一段时间都不会出现此类意义上的民主。不过,我们也可以这样界定民主:见解不同但是尊重彼此看法的各个派别展开对话,通过谈判,在利害关系者中达成共识。在这一意义上,具有创造性的党派才会越来越"民主"。党派能够统一的观点越多,就越能让众多背景各异的人满意。此时此刻,西方民主正暴露出严重的衰退迹象,相互竞争的派别穷凶极恶地看待彼此。各种文化都将自己钦羡的事物摆在橱窗里,这就进一步加深了彼此间的误解。西方推崇反抗和异议,于是将激烈的争论摆到台面上,而互相迁就和谦恭有礼退居幕后。中国人则看重文明和秩序,将背后的争吵和分歧掩盖起来。当然，中国人之间也存在分歧，而且，他们只在经过激烈争论后才会为来之不易的共识鼓掌。中国人拥有最古老也可能是最好的行政制度：2000多年来坚持任贤选能。

第八章讨论了中国古代丝绸之路的复兴。中国提出的"一带一路"倡议，内容涵盖横跨世界的陆上和水上丝绸之路。"一带一路"倡议是要让条条道路通往中国。中国经济增速最快的时代，也就是增速达到两位数的年份，正是基础设施建设大干快上的年代。如果通勤时间减半、速度加倍，如果能够避免感染埃博拉病毒，如果能够利用公共交通达到减少路面拥堵的效果……诸如此类的成就的价值之高几乎难以测算，其影响更是不可估量。中国正在尝试为全世界修建基础设施，它将钱借给其他国家，再用本国的承包商改进通信设施。"一带一路"倡议耗资1.7万亿美元，相当于二战过后美国为援救欧洲所提出的马歇尔计划投资总额的14倍。没人会因此贬损中国志向低下，实际上，已经有100多个国家参与到"一带一路"倡议的合作中。

第九章论证的是，我们自己所处的生态系统就是终极基础设施。我们必须顺应自然，不能违背自然。一棵树不会造成任何浪费，反而会在极大程度上丰富周边的环境。经过数百万年的演化，地球已经拥有了自身的智慧，需要我们格外敬重。一味将人类的意志强加给大自然，只会让我们麻烦缠身，让亚马孙雨林沦为只能放牧的灌木丛。一切恰如中国先贤所发出的忠告：我们必须与自然界和谐共生。

第十章批评了"适者生存"理论，也就是社会达尔文主义。我们对霸王龙、《自私的基因》（*The Selfish Gene*）和丛林之王的迷恋，见证了这种理论的盛行。只有人与环境达到最佳匹配状态，人类才能真正生存下来。生存的单位是人类与系统之间的关系。你改变了人，同时也改变了环境。这就是中国目前正在兴建两百多座绿色城市的原因。

在第十一章中，我们重新回到价值观这一主题。价值观并不是圣诞树下让人喜出望外的礼品，它是一个至关重要的过程，类似人类的一呼一吸，只有在它们和谐相处时才能正常发挥作用。的确，这可能是中国最伟大的秘密，就像孔子所教诲的，不同的曲调、观点、文化和价值观都能在美学上融为一体。要完善这种融合过程，中国还有很长的路要走，但是它正在努力尝试，而我们应当祝愿这种尝试获得成功，并且还要迎头赶上。也许宇宙真的存在潜在的秩序，对其进行探索可能会收获满满。

在第十二章中，我们思考了"中国（还有美国）哪些方面可以改进"。我们避免过早进行价值判断，而是在更好地了解价值观之后再进行评判。现在，在列举了众多误解之后，我们必须根据自己的解释做出判断。是什么导致各种文化出现病态特征？是中国还是美国成了病例？我们认为，某种文化之所以会犯错，就是源于过分弘扬其所偏爱的价值观。我们过分热衷于某种价值观，并将其推向了极端。中国文化的一大特点是建立和维系密切的关系，这种关系可以通过礼尚往来来加深。对于做生意的人，常来常往可以锦上添花，但它同时也是腐败之源，因为这种关系的默契是以牺牲大众和第三方利益为代价建立起来的。中国还有一种传统，就是立鸿鹄之志，求上天护佑，而在落实远大志向的过程中难免一败涂地，颜面扫地。中国视有序为天大之事，对失序唯恐避之不及。而美国总在扮演"世界警察"的角色，自诩能够制定普适天下的法律，结果却做过了头。看看特朗普的言行，人们自然会对自吹自擂、我行我素大加讽刺。英国曾经将鸦片非法走私到中国，还用武力搭救毒品贩子；为了弥补贸易逆差，又占领了中国香港。这就是在自由贸易上走极端的表现。

第一章
价值观的性质：积极—消极的关系

本章我们将介绍一种思考体现文化价值观的新方法。我们请您先不加怀疑地相信这种方法。我们希望，仅用几页纸的篇幅就能展示这种思考方法的启发性。我们将按以下次序介绍这种方法。

· 价值观并非事物，只在认知连续体上处于不同位置
· 价值观并不是不变的，而是处于动态之中，在对立的状态间移动
· 价值观总是以截然相反、成双成对的形式或以二进制数字的形式出现
· 所有国家和文化均面临相似的价值观冲突，但在相对偏好上又存在区别
· 我们已经测评过这些相对的价值观，西方和东亚的价值观差别巨大
· 价值观彼此否定，互为补充，就像摄影中的正片和负片
· 为创造财富，与其坚守固定的价值观，不如兼容不同价值观，以及把握它们之间的关系

- 创造财富的价值观促成良性循环
- 流失财富的价值观导致恶性循环
- 中国人能更好地领悟价值观之间的关系吗?
- 中国人所偏好的价值观包容性更强
- 当价值观处于动态平衡时,才能实现经济增长和发展

下面,我们将对以上观点逐一进行论述。

·价值观并非事物,只在认知连续体上处于不同位置

  本书的英国作者年轻时曾广泛阅读伦理学方面的书籍,当时,他总是想到下面这个问题:"这件事是好还是坏?我们如何判断它的好坏?"不过,这个问题本身就是一个悖论。价值观根本就不是事物,只在我们的认知连续体上处于不同的位置。出问题的部分原因是我们生活在一个物欲盛行的社会。在这个社会中,我们买卖商品,拥有的商品越多,就认为自己生活得越宽裕。我们将价值视为可累积的——从某种意义上说确实如此。不过,盈利、收购和大量财产都不是直线增长的。红绿灯的三种颜色分别提示我们停车、准备和启动,它让每年数百万人免于在交通事故中丧生。如果红绿灯在变成绿灯或红灯时出现延误,那么不但发挥不了作用,还会带来致命风险。那些被拦在红灯后面的人会不耐烦,甚至发脾气;那些看到绿灯的司机则认为自己有正当理由高速前行。价值观就是我们彼此交流偏好的唯一途径,如果紧抓某件"事情"不放,就无异于红绿灯出现延时或英国触碰脱欧"红线"。我们需要在对立的价值观之间不断转换。红灯并不意味着"永远停车",而是"等候若干秒后

继续前行"。

·价值观并不是不变的，而是处于动态之中，在对立的状态间移动

许多价值观，包括红绿灯信号，都是按顺序出现的。你制定了一条规则，执行后就会知道是否还有例外。你对某个科学理论提出质疑，是为了以后更加确信。你在今天进行投资，却希望能在未来获得超出投资额的回报。作为个人，你有权自由做出选择，不过，你可能会选择服务于你所在的团体，因为之前你从中获得了种种利益。你冒着损失金钱的风险，就是为了获得日后的回报。你核实了公司的财务状况，这样你才可能信任它。价值观是狂放不羁的。它们自由起舞，无拘无束。我们往往将价值观视为可以依附的静物，宛若磐石。但是，与事物或实体不同，价值观是鲜活的。《传道书》中说："凡事皆有定期，天下万物都有定时；生有时，死有时；栽种有时，拔出所栽种的也有时；拆毁有时，建造有时；哭有时，笑有时；喜爱有时，恨恶有时……"中国的先贤老子也表达了近乎相同的观点。本书的英国作者仍然记得在蒙特利尔世博会期间参观美国通用电气公司（General Electric Company，GE）展馆时的情景。我们穿过琳琅满目的厨房用具和电器产品，却听到彩色玻璃窗后传来的赞美诗诵读声："但我们的价值观永远都不会变！"听到这话，我们几乎栽倒在地。我们的价值观必须迎头赶上，才能适应日新月异的技术发展，并恰当处理环境危机。

· 价值观总是以截然相反、成双成对的形式或以二进制数字的形式出现

从以上分析来看，所有价值观都是以截然相反、成双成对的形式出现的，例如，停—走、鼓励—谨慎、理性—情感、多样性—包容性、教—学、合作—竞争、好—坏、你—我、怀疑—肯定、图形—背景，等等。①其实，截然相反的概念是彼此相互定义的。再特立独行的人，也必须让我们能够包容才行。我们只有先学会才能传授。只有当我们展开有效合作时，团队或公司才能更富有竞争力。我们心生疑问是为了更加肯定和由此产生新的疑问。我想成为的样子，在你的身上才能反映出来。

不同价值观之所以清晰、生动，很大一个原因是它们之间形成了鲜明对比。你爱上一个人，却又痛恨你所爱之人做的错事。如果你能将这种情绪宣泄出来，那么，他可能就不会再让你生气了。事实上，爱得越深，可能就越痛恨某些行为或不忠。在工作单位，仅仅拥有形形色色的人是不够的，你必须确保他们包容彼此，才能体会他们的差异，让他们学有所获。我们知道，人人都会死，所以在当前的新冠大流行期间，我们倍加珍惜生命的每时每刻。上述对比来得既迅猛又强烈。它们也以"二进制位"或"二进制数"的形式出现，而计算机的逻辑和语言正是基于这种二进制。因此，价值

---

① 这种看待价值观的观点来自格雷戈里·贝特森（Gregory Bateson）创作的《迈向心智生态学之路》（*Steps of an Ecology of Mind*，芝加哥：芝加哥大学出版社，2000年）；这种观点也在埃德蒙·利奇（Edmund Leach）的《列维·施特劳斯》（*Levi-Strauss*，"丰塔纳现代大师"系列，1991年）一书中获得认可。

观可以反映我们所处的数字时代。如果价值观彼此不同，那么，随之而来的问题就是，它们和谁不同？所有价值观在一定程度上都是由与之对立的价值观定义的。我们之所以甘冒风险，就是为了维护安全。需要维护的不是风险本身，也不是安全本身，而是通过明智的冒险让自己更加安全的过程。必须加以维护的，是价值观的完整连续体。将这些价值观串联起来的，是下图中显示的图形—背景（Figure-Ground）和文本—语境（Text-Context）所体现的关系。各种价值观浑然一体，共同发展。每种价值观都需要通过与其相对的价值观来突出和表明自身的价值，因此"怀疑"需要"确定"。就算"好"也可能需要"坏"才能衬托出它的重要性。重要的是结果。一件产品，不能说它质量次或价格高，碍眼或没用，粗糙或难用，而是二者兼具。

- **所有国家和文化均面临相似的价值观冲突，但在相对偏好上又存在区别**

就价值观而言，中国文化以及任何一种留存下来的文化，基本上都和西方一样，面临着同样的、成对的二进制价值观。但是，中国对这些价值观的看法与西方大相径庭。例如，在美国等英语国家领导下的西方，重视建立一套人人适用、处处可行的"通用法则"，而不考虑不同人群所属的种族和文化体验的差异。在他们看来，世界上有一种最佳的领导他人、发展经济、统治国家、制定法律和应用科学之道。美国已经位居领导地位或发现了绝大多数"通用法则"，因此它成了超级大国，其他人都要对它俯首帖耳。而中国人对于例外和成为例外更感兴趣。中国人相信，中华文明历史悠久、独一无二。[①]他们认为，外人应效仿但不是抄袭中华文明，也从不会明确提出其他国家和文化需要遵守按中国规则生存的政治准则和要求。各国应当找到各自的独特发展之路，并以多元化的方式与中国互联。

我们已经注意到，各国对于针锋相对的价值观有着各自的偏好。对法律有兴趣，就需要大批律师，因此，美国人均拥有的律师数量是中国的30倍。是美国对法律的依赖"过头"了，还是中国的法律意识"太弱"了？法律合同是否比人际关系更有用？依赖法律的一大问题就是，只有一方能赢，而维持一种双方共赢和获利的关系可能更优。律师本人并不创造财富，拥有过多律师未必能构成竞争优势。

---

① 在前面所引用的《当中国引领世界》(马丁·雅克著)。

·我们已经测评过这些相对的价值观，西方和东亚的价值观差别巨大

过去的40年中，我们已经测评过不少于72个国家的管理文化，而包括中国在内的东亚地区和西方相比，在管理文化方面存在着非常清晰、广泛且始终如一的差别。①文化的变迁非常缓慢，甚至从未改变。我们正在谈论的主要基本假设，都是历史、语言和传统的产物。我们从八个维度做了十六组对比，西方和东亚在所有方面都相差甚远。在全部案例中，美国、以色列、英国和说英语的前英联邦自治领一路向西，走得最远；而中国、日本和韩国则一路向东，走得最远。这一点非常重要，因为我们相信，中国的实力孕育在中国人的文化中。中国共产党的领导维持了这种文化，而不是取代它。有些人认为，中国、日本、韩国、新加坡等国家的经济腾飞，是因为接触了西方文化或吸收了西方价值观，但是，这种推断未必全面、未必正确。中国虽然吸收了部分西方的价值观，但并没有放弃自己的价值观。中国更注重包容，注重关联。

20世纪80年代初，弗恩斯·特朗皮纳斯在沃顿商学院撰写博士论文之际，选择了八个维度中的六个。他的论文获得出版，并特别体现在《在文化的波涛中冲浪》（现已出到第四版）以及《资本主义的七种文化》（*The Seven Cultures of Capitalism*）中。②另外两个维度来自吉尔特·霍夫斯塔德的著作。我们的第一个维度是对**普遍原理—特殊例外**的偏好。第二个维度是对**个人主义和自由—团体和**

---

① 有关中国和东亚的多样性，参考前面所引用的《在文化的波涛中冲浪》。
② 参考本书第一章。

责任的相对偏好。第三个维度是对**具体**（例如金钱或数据）**—广泛**（整体和模式）的偏好。一种文化是喜欢将事物条分缕析地分析，还是对事物略施设计，使其融入更大的整体？第四个维度是关于社会对地位的定义，是基于**获得的成就**（以及成功）还是基于**先赋的归属**（来自同一文化圈的认可）。第五个维度是一种文化侧重于**发挥主观能动**（受个人意识影响），还是偏重于**受外部影响**（受社会和环境系统影响）。第六个维度与时间有关：一种文化将时间想象成**有序的**（Sequential，按序增量）还是**同步的**（Synchronized，准时或恰逢其时）？霍夫斯塔德所采用的另外两个用于测度的维度是**放纵—自律**以及**短期—长期**①。我们会看到，西方，尤其是美国，倾向于选择这些对照项中的前者，而中国和亚洲大部分地区倾向于选择后者。

·价值观彼此否定，互为补充，就像摄影中的正片和负片

无可否认，位于每个维度两端的价值观彼此否定。当规则不再适用时，就会出现例外。当个人反抗其所在的集体并揭露内幕，提出警告时，他们就是选择了听从内心，而非屈服于组织的社会压力。你要么选出具体的元素，要么找到广泛的方式。不过，这些彼此否定的价值观也在互相取长补短。例外的存在告诉你规则的底细，以及规则是否需要变更。揭露内幕的个人可能热爱集体，之所以提出警示，是为了让集体免遭破坏。广泛方式的完整性有赖于各

---

① 小吉尔特·霍夫斯塔德：《文化和组织》。

个具体组成部分的正确性。就像威廉·布莱克（William Blake）指出的，对立是有积极意义的。"我生了朋友的气，发了一顿火，怒气就烟消云散了。"摄影中，先有了负片，才能得到最终的成片。它的影像虽然是反色的，但同时也发挥了自己的作用，因为它能显示光与影的种种差别。

在本书中，我们将通过以下对比，反映中国和东亚其他国家如何扭转西方对事物的看法。

| 西方 | ———— | 中国和东亚其他国家 |

另一个隐喻是镜像。向一方延伸的面部疤痕，在镜子中则是相反的。你在镜子里看到的面部，与实际状况恰恰相反。下图展示了

镜面书写的字体。尽管维度没有变化,字序却完全相反。①

将中国人的价值观和我们的价值观对调。这种对调可能让人感到不解和不快。他们离我们既近又远,且存在对立。在这种排序中,我们放在第二位的价值观被排到了首位。下表展示了八个维度中的不同点。

表1 若干对处于对立面的正面观点和反面观点

西方	东方/东亚
规则	例外
个人主义/利己主义	团体优先/造福他人
具体要点和部分	广泛模式和整体
信念发挥的主观能动性	受外部责任的影响
自致地位	先赋地位
有序时间	同步时间
放纵	控制
短期	长期

这些相对的文化偏好由来已久。如果你已经迁居,离开大多数熟人,移民到美国,那么,你的个性就会得到彰显。如果你上了年纪,无法工作,而家里又没有足够的食物,你就会吩咐儿子将你带到山上,留在山中等死,这样家人能分得的食物就会多一点。不同的价值观与不同的境遇匹配得严丝合缝。几乎可以肯定,英国人凭借着对科学和执政的规则的兴趣,发起第一次工业革命,成为"议

---

① 查尔斯·汉普登-特纳和弗恩斯·特朗皮纳斯著:《建立跨文化竞争力》(*Building Cross-cultural Competence*),奇切斯特:约翰·威利出版公司出版,2000年,第一章。

会之母",也建立了大英帝国。

不过,这些价值观都同等重要吗?西方价值观肯定比东方价值观更加重要吗?许多西方国家就是这样认为的。我们让受访者在上表所示的两方面观点中做出选择的时候,西方人就认为,西方经济和政治治理的规则比东亚国家的规则更重要。不过,我们的看法是,这些价值观同等重要,因为对彼此来说,它们都是必不可少的。改进规则,让规则适用性更广的唯一方法,就得看能否真正处理例外情况。此外,文明本身就充满规则无法解释的独一无二的卓越功绩,这倒是令人感到庆幸。

只有当我们了解规则,才能判断自己是否属于例外;不过,随着时间推移,我们所擅长的一切也会受到规则的约束。需要不惜一切代价维持的是整个连续体,让规则掌控例外,让不同的价值观都能得到发展。让东西方两种价值观发挥协同作用(synergy)①,这才是最要紧的。我们拥有中国所欠缺的东西,中国拥有我们所欠缺的东西,我们能从相互理解中获得一切。不过,我们的优缺点各不相同,这使我们彼此猜忌。这就好像中国由于偏爱自己的规则而批评我们的规则,而我们也凭借自己的规则指责中国的规则。双方都觉得对方否认自己的信仰,意在削弱自己。

是否有证据表明,某些文化更重视规则和法律?我们已经引起了人们对于人均律师数量不平衡的关注,这就是一个巨大的区别。美国国会议员中,很多人都做过出庭律师,他们坚信,我们所有人

---

① "协同作用"这个词是鲁思·本尼迪克特(Ruth Benedict)在《文化模式》(*Patterns of Culture*)一书中发明的。它是指关心他人后得到回报,即向他人行慷慨之举后很快得到报答,所得到的报答就是重获利己之心。

都是敌人。在几乎所有案例中，不是原告赢就是被告赢，而输掉官司的一方就要对另一方做出赔偿。在西方人看来，人与人之间的冲突就是要分个输赢，而胜利通常属于那些愿意在更聪明的律师身上花大价钱的一方。西方人认为，在亚洲的很多地区，法治是"脆弱"的，是发展不充分的。不过，假设双方能拿出一个共赢的方案呢？若干世纪以来，属于少数派的企业家群体就是这么做的。你在自己所属的群体中挑出一个信得过的人，他会拿出一个方案，能够让小小的群体团结起来，而非分裂。在一个少数派商业群体中，若因一场纠纷就失去一半朋友，没有人承担得起这个代价。你需要一个让人人都满意的方案，让双方都能保住声誉，而你的经济财富所依赖的小小网络也不会分崩离析，仍能维持运转。

如果别人的价值观与我们的针锋相对，我们往往会产生怀疑。因此，本书的另一个重要目的就是，让我们学会接受其他国家的价值观，并且明白这些我们不太熟悉的价值观何时是恰当的，何时是存在不足的。如果司机超速驾驶，撞倒了一位行人，而你作为乘客将在此后的诉讼案中如实做证，是不是？不过，如果司机是你十多岁的女儿，她刚刚考取驾照，由于这起事故将面临牢狱之灾，在这种情况下，你还会如实做证吗？其实，我们每个人在内心深处都是东亚人！

· **为创造财富，与其坚守固定的价值观，不如兼容不同价值观，以及把握它们之间的关系**

我们采用相同的办法看待其他七个价值观维度。西方大肆宣扬的**个人主义**在地位上既不低于也不高于**团体**。这是因为，团体对其个体成员服务得越好，个人就能越好地回报扶持其成长的团体；等到个人报答团体的时候，团体就会茁壮成长，培养其他人的个性。最理想的状态，就是个人和团体齐头并进，相互推动。只有个人好好服务于团体，后者才能有所提高。团体是由个人组成的，只谈团体不谈个人就是言之无物。

我们每个人既是个体，也是团体的一部分。只有团体认同个体，我们才能称其为人。苏格拉底坚持以一种特别的方式为自己所在的团体服务，即成为这个团体的批评者、怀疑者和教师，最终为此献出了生命。他并不是因为个性而死——他本可以从所在的城市逃跑，并且也有时间和机会这么做——他因决意将个人融入团体而死，为精神而死。而精神（psyche）这个词，在希腊语中的意思就是灵魂或生命与其价值观之间的联结。苏格拉底不愿因流亡而切断与团体的联系。那些判处苏格拉底死刑的人，很可能希望他能逃离，但是，苏格拉底在我们的记忆中"活得"比这些人长久得多。

我们对于**具体的**部分和**广泛的**整体也持有类似的态度。没有整体就没有部分。所有整体都是由部分组成的。如果你仅仅分析、分解现象，就会埋首于零零碎碎、废品和不值钱的小玩意的蝇头小利中。必须有人将这些细节重新拼凑成一个整体。一家公司**并非**只代表一组数字或一笔款项，而是一张关系网；它不只是若干份财产，还代表了远见卓识，更深远的目的和崇高至极的目标。尽管如此，将这一切统括起来仍然可能引发极权主义。无论是国家还是宗教都可能化为偶像。就像阿尔多斯·赫胥黎（Aldous Huxley）所指出的："任何一种偶像，迟早都会变成渴求人类做出巨大牺牲的可怖事物。"联结具体事物和广泛整体的整个连续体必须发挥桥梁作用，以便在这二者之间往复。

家庭优越、拥有美貌、事业崇高、热衷慈善、皇室关系、个性多样……不管人的地位是因个人成就而**获得的**,还是被外界**赋予的**,都没有他得到的待遇重要。在主张人人平等、看重个人的社会中,人们如果受到重视,他们很可能有所作为,有所成就。很大程度上,成就是机会平等的产物。不过,如果以金钱的多少来彰显成就,那些兜售香烟、让我们吸食鸦片上瘾、引诱我们赌博及做金融期货交易的人,就会被擢拔到比那些挽救濒危动物和避免全球变暖的人更高的位置上。我们应该给那些需要努力才能实现的目标赋予价值,即便经过努力也很难成功,或距离成功尚有相当一段距离。市场不会奖励所有需要有所作为的事情。这种对目标赋予价值的做法也适用于基于**主观能动**采取的行动,也就是受精神及坚定的决心驱使的行动;或受**外部影响**而采取的行动,如对遍体鳞伤的生态系统的求救予以回应。我们需要将身外的危急状况转化为自己的良心,凭良心采取相应的行动。

我们要按照尽可能快的**顺序**做事,这一点非常重要。时间就是金钱。时间也是生命。本·琼森(Ben Jonson)笔下有个清教徒式的商人,他的名字的寓意是"忙碌·本地的狂热分子"(Zeal-of-the-Land-Busy),他利用自己的余生修建上帝的国度。不过,当我们需要同时按顺序完成多项任务时,就需要**同步完成**各项适时出现的任务;分化的价值观要合二为一,各项行动要同时进行,互不干扰,才能节省时间,形成合力。

人人都会寻求**放纵**,尽享快活人生。我们的生活中充斥着新鲜的体验和美酒。不过,我们也会遇到像传染病大流行这种情况,面对这样的局面,我们必须**自律**,否则,还会有成千上万人死去。自律并不好受,但是,为了能尽快再次享受快活人生,这至关重要。请注意,自律并不排斥(之后的)放纵。不过,过惯了放纵生活的人很可能会抵制任何管控措施，在主要以消费为导向的西方经济体中，这种抵制司空见惯。我们要留意**短期**行为，否则就会缺少现金，而现金不足是企业倒闭最常见的原因。不过，当人类预期寿命达到80岁甚至更长，家庭也一直存续之时，想让自己的生命更有意义，我们就需要制订**长期**计划。而且，长期行为往往吞并了多个短期行为，反之则不然。

说起不同价值观之间的关系，关键词就是**协同作用**。当我们按照规则也能处理例外情况，各项事务能按顺序快速适时办结以便同步进行时，价值观就能相互促进（"协同作用"这个单词中，"syn"和"ergo"的意思是"一同工作"）。人类学家鲁思·本尼迪克特在观察多个美洲印第安人部落的文化模式时，发现了这一点。一开始，她观察的对象是价值观表达的强烈程度，因为她以为那些据传最快乐、也最不会上瘾的部落能够更多地展现对他人的慷慨，而非以自我为中心。但观察结果令她失望。有些处境最悲惨的部落将利他行为捧上了天，而最快乐的部落却极少拿利他行为做文章。本尼迪克特感到，自己作为人类学家的工作陷入了危机。[①]

之后她意识到，自己问错了问题。大肆渲染自己文化中所欠缺的价值观并非关键所在。最快乐的部落非常确信，当某人做出了奉献之后，她帮助过的人所给予她的回报让她找回了自负和利己之心。这才是实际发生的情况，超越了价值观之间的差异。为别人奉献得越多的人，得到的回报也越多。这一点很重要，因为中国文化

[①] 本尼迪克特死后，亚伯拉罕·马斯洛（Abraham Maslow）大力推广"协同作用"这个概念，使之得以保留。见《动机与人格》（*Motivation and Personality*），纽约：哈珀斯出版社，1954年。

就特别讲究礼尚往来，而双方对彼此的好感也会随着交往的次数而逐步提升。这种同事间的深入而长久的关系，是外人很难插足的。即使你提出了一个更低的价格，客户也很可能会要求他最喜欢的供应商给出同样的价格，这样他就能继续和该供应商维持长久的合作关系。①

那么，某人向邻居施以援手的动机是什么？她有把握得到回报吗？她是慷慨还是自私？答案是二者皆非，或二者皆可能。这些价值观之间的差别已经消失，取而代之的是两人及两人的价值观之间令人愉悦的关系。这有助于解释为什么那些凡事都要引出道德寓意的人实际上可能郁郁寡欢，为什么林登·约翰逊（Lyndon Johnson）总统告诉美国人他在"祈祷"之际，炸弹就要落到越南，而越南人不得不四散奔逃。我们越是缺乏价值观，对价值观谈论得就越多。一战期间，天使就盘旋在大屠杀的战场上空。在我们将不同价值观混合之后，它们之间的界限就会模糊不清，最终融为一个强大的混合价值观，而不再是先前的任何一种价值观。对立也因此而消失。

·创造财富的价值观促成良性循环

那些能够协同增效的价值观会形成良性循环。②每种价值观都会借由与其"截然相反的"价值观得到增强。连接价值观的绳子表明了二者之间的对立程度。下面通过八组图加以说明。

---

① 《内部》（*Inside*）。
② 《中国经商指南》（*Inside Chinese Business*），第56页。

八组良性循环

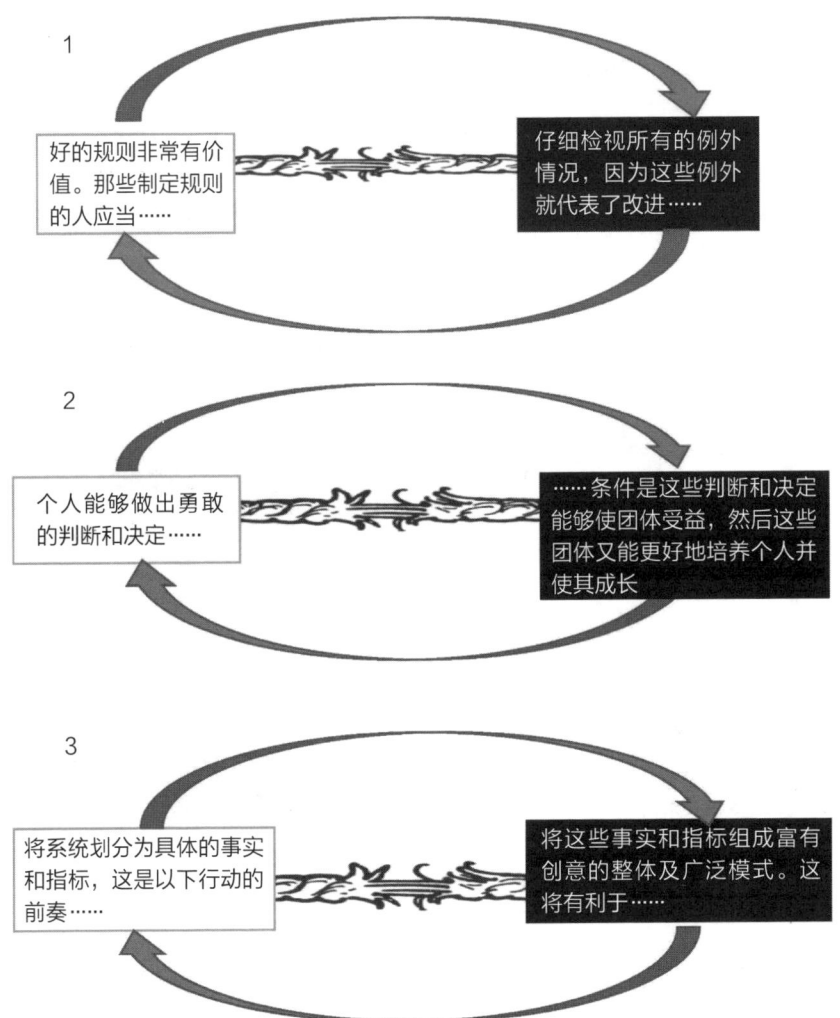

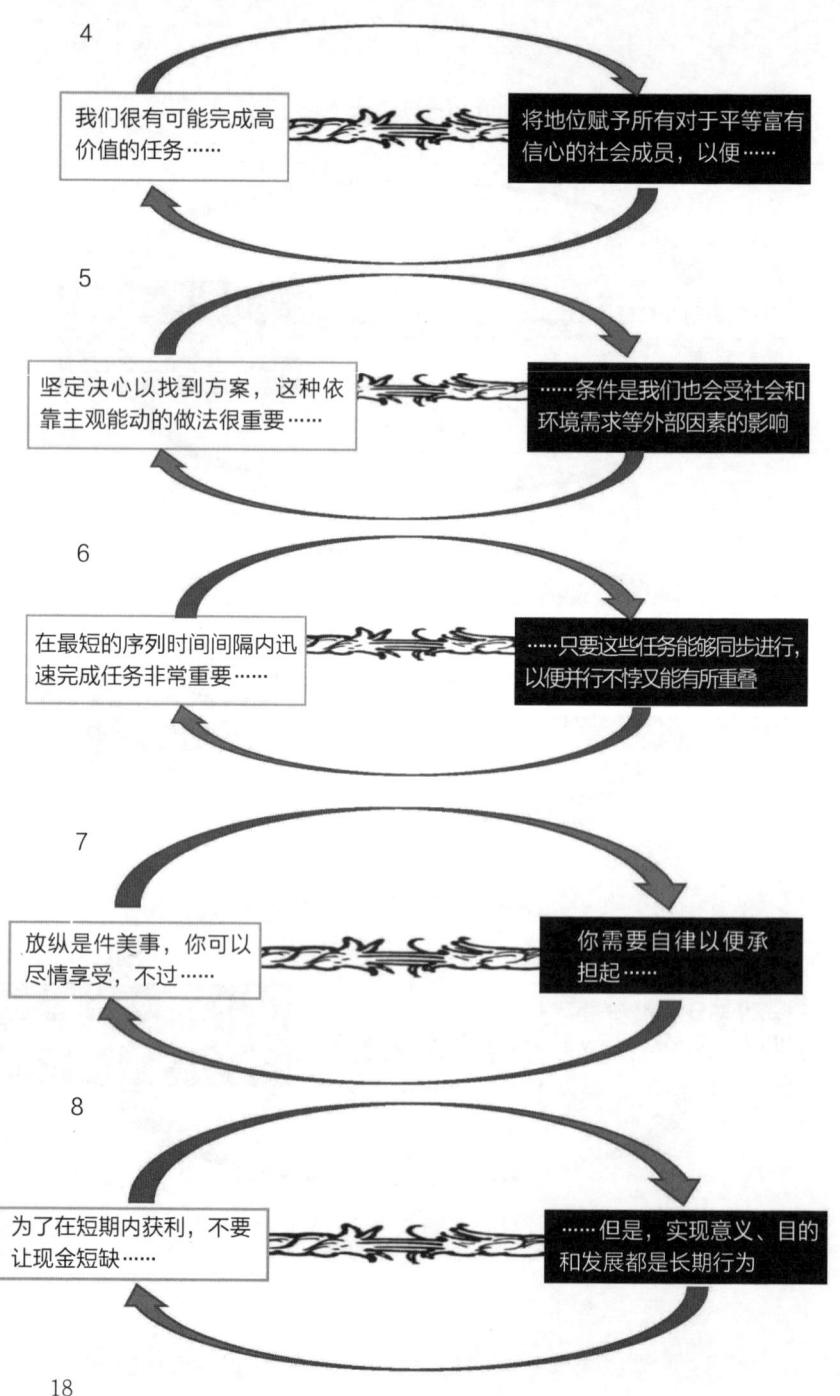

两种价值观通过相互影响都会更加强大,其结果就是呈螺旋式上升态势。有了规则,我们才能看清例外,将其囊括进规则也就改进了规则;个人在团体中得到培养,团体让个人得以发展;通过分析将整体划分为具体部分,这表明其他部分可能组成更好的整体;我们尊重每一位雇员,那么至少部分雇员会有所成就;按顺序快速实施的若干项任务,如果能够适时并行,之后再同步进行,则速度将会更快;你可以尽情放纵,条件是你可能需要自律;实施良好的长期策略也会带来短期回报。

· 流失财富的价值观导致恶性循环

然而,让价值观在协同中发挥作用绝不等于事情就有了保障。在我们那"金句"频现的交流中,人们唇枪舌剑,激烈交锋,双方价值观也因针锋相对而变得强势且好斗。出现这种问题的部分原因是我们没有词语或短语来形容这种变化。格雷戈里·贝特森试着用"竞争性分化"(schismogenesis)这个词来形容。不过,这个词从未被收入词典,因此,我们还没有一个能够被公认的说法来描述这种病态的情况。[①]这个词的字面意思是思想结构中越来越明显的分裂。在当代西方社会,有很多预兆表明,价值观也正在分裂,逐渐极端化。因此,我们能看到,特朗普总统在发表国情咨文演讲时,拒绝和站在他身后的众议院议长佩洛西握手,结果议长转而将特朗普的演讲稿撕成两半,这一切都被现场摄影机记录了下来。网上的

---

① 《走向心灵生态的步骤》(*Steps to an Ecology of Mind*),第163页。

"喷子"向女性反对者口吐恶语,以不堪入耳的性侵犯来威胁对方。下面我们挑出前三组价值观,来看看它们是如何被割裂的。

"事情分崩离析,无法维持平衡。"

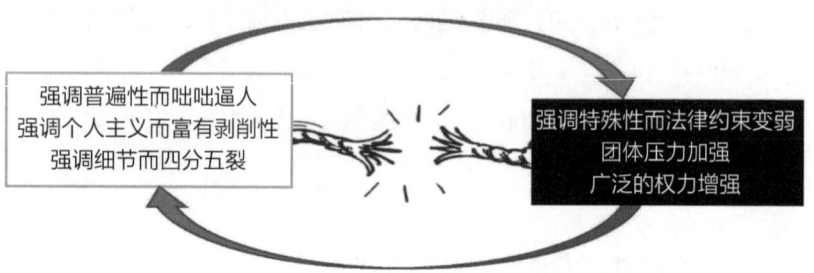

当价值观与其对立面失去联系时,用系统论的术语来说,这些价值观就会"失控"。西方人声称他们获知了人人都适用且放之四海而皆准的真理,因此要求所有人必须接受"华盛顿共识",否则就会遭到经济制裁。个人主义被吹上了天,其结果就是首席执行官的薪酬比一般雇员的薪酬高出244倍,一般雇员的价值只有"大人物"的零头。抽象的数据和最低价格将公司拆解为许多毫无意义的零零碎碎、贿赂行为和利润增长。

不过,东亚一侧的价值观也可能出现恶化。由于其特殊性,可能变得不受法律约束,演变成一种内部腐败和任人唯亲的文化。尽管和谐、团结和完整值得赞美,但是,一旦它们中断了和对立价值观的联系,就会否认具体事实。我们还可以举出另外几个维度的例子,观察当对立价值观之间的绳子绷断时可能发生的情况。

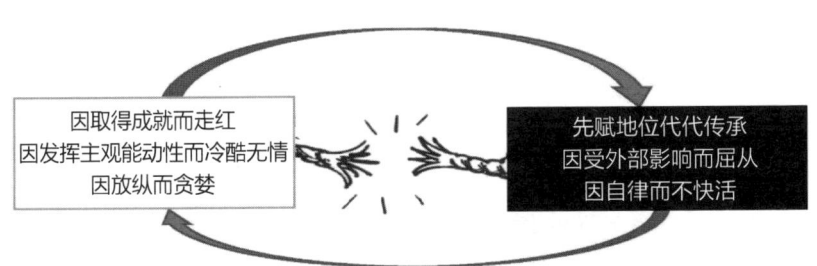

　　人们很容易因有所成就而走红，进而令其他人相形见绌；一夜成名之人，守着名誉陶醉不已。特朗普沉浸在独断专行的角色中不能自拔，他在电视节目《学徒》(*The Apprentice*)中解雇了多少人，在白宫就解雇了多少人。出于一些特别的原因，我们认为，企业就是解雇员工和摧毁他们士气的组织。能发挥主观能动性的人同样倾向于毫不留情地破坏自然环境，在身后留下大片被破坏后的平地及遭受重创的地球。放纵的人会贪心不足，他们挣到的钱，比余生夜夜大摆宴席可能消费的数额还要高出百倍。而且，好像也没有人告诉他们"够了"。

　　不过，东亚有时候也可能会在对立面上走过头。例如，人们的先赋地位达到代代相传的地步；在韩国，家族公司变成了巨大的财阀。当然，人们务必要学会自律，将出口放在第一位；不过，生产者也需要消费，否则就会郁郁寡欢。

　　我们的观点是：东西方之间如果恶语相向，互相冒犯，会导致各方都依赖自己偏好的价值观。结果，特朗普几乎成了对"美国之道"的莫大讽刺，他对待新冠大流行的态度，就好像这场大流行是针对他的自负而发动的一场阴谋。一旦价值观分崩离析，生产力就会垮掉，而人们会因所持价值观膨胀，走到谩骂升级的地步。当人们要在强制性的法律和无法无天的民粹主义中做出"挑选"时，他们的举动就像威廉·巴特勒·叶芝（William Butler Yeats）所说的："至善者毫无信心，而至恶者却躁动不已。"

这几张以绳子绷断来寓意分裂的插图，解释了为什么在西方所推崇的辩论式的诉讼制度中，价值观会发展得格外强势。在西方，实施的法律越多，那些被迫应对的人就会愈加愤愤不平，他们会花更多的钱聘请律师，从技术层面或找出法律的漏洞来赢得诉讼。为了赢，各方都会秉承愈发强势的价值观；在打官司的过程中，法律条款逐渐收紧，强制性也增强了。其结果就是，刊载美国联邦行政机关法规和其他法律文件的《联邦公报》（Federal Register）多达2000页，而美国这块"自由的土地"拥有的法律法规比其他国家都要多，以此抵御那些试图违法者。美国监禁的人员数量在世界上也名列前茅。由于绳索绷断，彼此对立的价值观不再相互遏制和约束。双方的争论升级，整个系统就会失控。这种价值观之间的动态不但代价高昂，而且会让财富流失。更为关键的是，这种状态将会荼毒我们所有人。①

· 中国人能更好地领悟价值观之间的关系吗？

本章详细解释了中国人的一般性常识及文明。邹衍是阴阳家的创始人，奠定了中国宇宙论的基本原则。按照邹衍的观点，对立的双方彼此矛盾，形成对照，但也相互结合，直到永远。这种观点后

---

① 参见搜索引擎："玛格丽特·米德所采用的著名引语"（Famous quotations by Margaret Mead）。米德多次引用上述这句话，每次都有些许改动。

来被老子吸收,成为"道"和道教的一部分。道教既是一种宗教,也是一种生活哲学。因此,它的影响在很大程度上是世俗的,而且与现代的辩证法并不矛盾。这种观点最早出现在百家争鸣时代,被用来调解矛盾,并且对所有学派都有接近真理的方法做出了解释。

西方所称的"普世主义"在中国古代被称为法家思想,法家思想本身就是一个思想流派。秦始皇就信奉法家,但因为他过于强调严刑峻法,秦朝很快就灭亡了。其后,儒家思想兴盛发达,人们可以在亲密的家庭氛围中学习道德,而非通过钉在私塾墙上的法律条令。唐朝被认为是古代中国的黄金时期,皇帝都是狂热的道教徒。"道"的意思就是天下之道。唐朝开辟了丝绸之路,将东西方连接起来,这个理念现在应"一带一路"倡议被重新应用。在一些著名画作中,在观点上有明显分歧的老子、孔子和佛陀三人,仍然相伴而行。道家思想和儒家思想近乎是彼此的对立面,但依然能够友好相处。用一个词来形容,就是调和(syncretism),也就是将不同的信仰、文化和思想流派混同、综合在一起。中国突然采用西方的商业惯例,又让这些惯例服务于其优先目标,就是一种典型的调和。

关于阴阳的灵感,据说来自环绕在山顶此消彼长的浓淡云雾。这些彼此对立的事物有何象征意义,可以拉一张很长的单子,在此概述如下。面对这些形形色色的对立事物,我们的结论是,阴阳是一门关系哲学,不过不是关于事物的关系,也不是相关状态之间的关系。这门哲学的原则之一是完整性。看起来对立的事物,实属同一个整体,反映了同一个真相的不同侧面。原则之二是和谐,这也是孔子和孟子反复强调的一点,和谐也被比作音乐和融合曲调。这些曲调配合默契,绕梁三日,像一对情侣翩然起舞。中医认为,如果身体的各个器官不能达到平衡,人就会生病。第三个原则是动态，彼此对立的事物处于此消彼长的状态。当某种状态占据主导地位，它就会在内部孕育出其对立面的种子，看看黑白棋的游戏规则就知道了，像冬天埋下的根茎、种子，到了夏天就会蔓延、生长。两种对立状态你中有我、我中有你，相互孕育生命。最终，这个过程循环往复，生生不息。本章上文的内容可以用此原则概括。

关系哲学

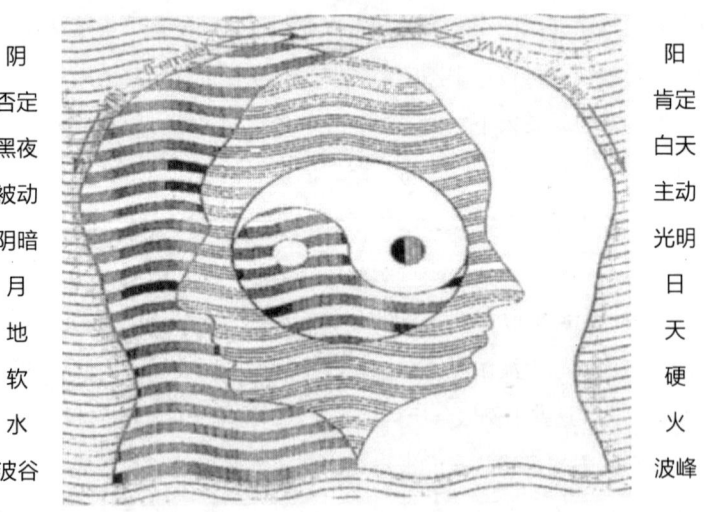

阴　否定　黑夜　被动　阴暗　月　地　软　水　波谷

阳　肯定　白天　主动　光明　日　天　硬　火　波峰

中国人的思维方式是不是不科学到无可救药？一点也不。我们知道，人的大脑有两个半球，分别处理彼此相对的心理过程，其中包括静态的局部和动态的整体。量子力学也告诉我们，能量的终极性质既能表现出粒子性，也能表现出波动性，我们需要使用不同的仪器来分别观察粒子性和波动性。我们的大脑产生的波形也彼此干涉。阴和阳与正在兴起的数字世界完全一致。丹麦政府授予物理学家尼尔斯·波尔（Niels Bohr）爵位后，波尔在设计家族族徽时，加入了中国的太极图。中国人所拥有的,是一种将对立面联合起来的民间智慧,也就是将持有对立价值观的人团结在一起。而对日本人来说,达成和谐或和谐状态就是他们主要的商业价值观。对中国人来说,关系,也就是加强人和人之间以及价值观与价值观之间的纽带,这对于制造一流的产品是最重要的,中国古代的丝绸和瓷器就是一个例子。中国人不遗余力地试图说服我们,他们和我们能够实现双赢,而我们却固执地认为,中国在帮助我们安装电信设备时不怀好意,意图从内部颠覆我们。是的,他们可能这样做,但是,他们为什么要这样做?如果中国人能让我们团结起来,就没有必要搞破坏。志向远大的音乐指挥家怎么会将自己的乐团批得一文不值?

·中国人所偏好的价值观包容性更强

看看上文列举的文化的八个维度,总的来说,中国和东亚大部分地区所偏好的黑底白字价值观更具包容性。团体中有个人,广泛性的整体包含每个具体部分,赋予地位的众多方式中包括给予获得成就的人恰如其分的地位,许多循序推进的事物可以同步进行,这些都是显而易见的。但是,反过来就没那么容易了。因为个人无法代表团体;具体的部分极少包括整体;除了利润,所取得的成就可能并没有被赋予价值;测试、追踪、溯源和隔离可能同步进行,也可能不会。只有第一个维度可能是特例。法律法规确实试图囊括尽可能多的例外,这大概能够解释为何西方在众多科学领域仍然引领世界。

当中国与外界的交流受阻,各种困难便接踵而至;当中国打开大门,接纳世界,才能快速发展。这种做法就是阴阳兼顾,在一个国家里，两种价值观相互影响，并产生了积极的作用。

让我们回忆前言中提到的故事：乔治·马戛尔尼勋爵于1792年出访中国，他和随行的700名专家受到乾隆皇帝的接待。皇帝本人对西方的**科学**没有兴趣，他是个非常**特别**和**独特**的人，不仅代表一个**国家**，还是整个文明的象征性领袖。他代表了广泛性的整体，而马戛尔尼代表的则是整体中的一个谦卑的**具体**部分。马戛尔尼携带的小小的战利品和上天**赋予**皇帝的地位相比不值一提！英国，就像东南亚的其他国家一样，携带礼物和**随俗**的贡品向位居世界中心的灿烂的中华文明朝觐，这当然再正常不过。中国人以为看到的又将是诚惶诚恐匍匐在地的朝贡者，而我们都知道紧随其后的事情。马戛尔尼在中国的遭遇表明，在我们所提出的八个价值观连续体中，对价值观的崇拜走向任何一个极端都要付出偏执的代价。我们既需要阴，也需要阳。

·当价值观处于动态平衡时，才能实现经济增长和发展

玛丽安娜·刘易斯（Marianne Lewis）、温迪·希尔（Wendy Hill）和迈克尔·塔什曼（Michael Tushman）在《哈佛商业评论》（*Harvard Business Review*）上撰文指出，一旦价值观实现了动态平衡，就可以创造财富。对此，我们表示认同。这是美国人又一次捷足先登提出的众多洞见中的一个，甚至基于这个观点提出了人际关系运动学说（Human Relations Movement）！不过，这并不意味着美国文化看重这个学说。对大多数美国人来说，要事第一，而与女性的关系只能排在后面。美国人"知道"改进人际关系可以提高生产力。这条规律已被多次证实，但是，他们对此不那么在乎。

在下图中，我们展示了本章肯定的几种主要素质，它们对创造财富来说也是最重要的。我们将在后面几章中表明，中国人和受中国影响的东亚环太平洋地区的人们将这些素质发挥得淋漓尽致。有两位滑板手，每个人都具有**不一般的**运动素养，还能即兴发挥，但是，他们共同制定了若干条严格的**规则**。他们的表现中的精华部分被纳入其标准表演程序。作为**个人**，他们都非常出色，不逊于专业运动员，并通过为下图中的**团体**表演谋生。他们每人都有一套**特别的**绝活，在细节上从不出错；而他们的表演是一个**广泛的**整体，因此两人必须将相撞的风险降到最低。每位滑板手的**成就**是没有限制的，但为了避免事故，彼此必须将对方**置于**首位。在表演中，他们既要发挥必不可少的**主观能动性**，下定决心取得成功，也要对**外部影响**快速做出反应，针对彼此运动轨迹中最细微的变化做出调整。每个人都要**有序**地迅速完成自己的动作，但实际上，两人之间的**同步**才是至关重要的。

动态平衡的过程

此外，图片还展现了创造财富的其他原则。价值观是快速**变化**的，彼此对立的价值观只有处于动态**平衡**、和谐相处时才能同时获得改善。相互对立价值观的形成路径既相反又互补，**竞争**与**合作**并存。两位滑板手的表演技巧并不体现在**个人**身上，而是体现在两个人**之间**的关系上。表演时，他们**往来穿梭**，周而复始。**风险**越大，**回报**就越多。两人通过**犯错**和**纠错**相互学习。他们**平等**对待彼此，也因此取得**佳绩**。尽管各自**花样繁多**，两个人的不同点却又能被**包容**。如果一方出了**岔子**，另一方必须**顺势而为**，以免相撞。他们既**全力以赴**，又**彼此关照**。**个人**的创造力依靠**合作**体现。他们分享的收获既**一目了然**又**心照不宣**。每位滑板手都在**探索**新的技艺，然后研习**精进**，并以此谋生。每个人都能出色地协调**头脑**和**身体**。当客户为表演付钱时，就拥有了这些价值观的全新组合。在上述事例中，客户不仅花钱看到了一场令他们赞不绝口的演出，也见证了价值观的融合。我们已经明确了创造财富和树立价值观的方法，接下来让我们继续研究东西方的具体做法。

第二章
我们如何评估各国的商业文化

你如何评估不同国家的管理文化？特朗皮纳斯向世界各地成千上万参加我们讲座的经理人提出了一系列让人左右为难的矛盾问题，看看他们在处理此类问题时倾向于做何种选择。[①]提出矛盾问题的目的是迫使受访者在两个主张中选出一个优先项。"矛盾"这个词的意思就是看似冲突的"两个主张"。这些矛盾的问题非常不受欢迎，几乎所有经理人都告诉我们，他们在做出选择时会产生一种撕裂感。但是，做这种挑选被证明是辨识文化偏见的很好的办法。大多数来自西方的经理人都会选择自由而非团体，尽管团体才是获得自由的保证，而且，如果没有团体，自由也会大打折扣。我们将按以下顺序进行探讨。

- 普遍规则和特别例外之间的矛盾
- 个人主义和团体之间的矛盾

---

① 按卫生总开支数额排序的国家名单，来自维基百科。2021年，另见世界卫生组织。

- 具体任务和人际关系之间的矛盾
- 自致地位和先赋地位之间的矛盾
- 主观能动和外部影响之间的矛盾
- 有序时间和同步时间之间的矛盾
- 短期和长期、放纵和自律之间的矛盾
- 总结各种维度,在东西方之间做出比较
- 在坐标系中更多地认识维度
- 中国人处理矛盾是否更加得心应手?
- 中国从20世纪80年代开始如火箭般飞速发展的原因是什么?

· 普遍规则和特别例外之间的矛盾

第一个维度测评的是我们更倾向于**按规则办事**还是**特事特办**。我们告诉每一个受访者,假设她/他是一名乘客,乘坐的车辆因超速行驶而碰倒并撞伤了行人,而司机是她/他最好的朋友。朋友被告上法庭,而受访者是唯一证人。如果受访者不透露她/他的朋友当时超速驾驶的情况,朋友就有可能逃脱惩罚。这位朋友有何权利或理由期待受访者的帮助?如果选择恪守规则,在法庭上就要如实做证;不过,这就和顾及友情、履行帮助朋友的义务形成了矛盾。面对这一矛盾,你会做出何种选择?是说明真相还是顾及友情?

在讲座过程中,韩国人找到我们,对这个案例能证明美国人不道德而向我们表示感谢:"他们就连自己最好的朋友都不肯帮!"美国人同样找到我们,对这个案例能证明韩国人不诚实而向我们表示感谢:"他们都发过誓了,还说谎!"而真相却是,潜藏在我们心中的是外国文化的价值观。假设我们将"朋友"替换成你生命中的挚爱之人，一位你不久前还向她求婚的女性，你还会揭发她的所作所为，让她难以收场吗？我们都在根据不同情况做出不同的选择，而历史上，不同国度的处理方式也有所不同。

当然，我们并不只靠讲这么一个故事说明问题，而是提出许多类似的矛盾，其中之一就是：你的好友开了一家餐馆，你提出在自己的报纸上写一篇餐馆的推介，结果发现这家餐馆糟透了！你应当作为批评者透露餐馆的实情，还是不动声色，继续维持深厚的友谊？再举第三个例子。你和身为工厂安全工程师的朋友闲谈，正当他走神之际，发生了一起事故。那么，你要为这一事实做证吗？这些事例令人饶有兴味之处在于，在大相径庭的场景中，各国得分非常相似。安全工程师走神，你要负部分责任，所以总体上有更多人同情工程师，想要帮助他。而且，不同国家的人在面对矛盾时所做的非此即彼的选择也基本相同，这一点非常明显。此外，还应注意，在受访者中，没有人愿意置身于这种必须做出选择的境地。就算某种价值观没有另一种那样有影响力，秉持该价值观的人在面临选择时仍然会感到困难重重。针对交通事故中行人受伤后事故证人应做何种选择，不同国家的受访者给出了不同答案，下图显示了各国的得分。

请注意，总体上看，所选样本偏向于在法庭上实话实说。这个问题最早是由萨缪尔·斯托弗（Samuel Stouffer）设计的，旨在表明美国的道德优势。除了实话实说这个答案，其他答案都不合法！韩国和尼泊尔是仅有的大多数受访者偏向于维持友谊的国家。中国的受访者中，有65%的人称将如实做证。不过，其中的差别是巨大且显著的，多达50个百分点。瑞士人中有94%会如实做证，而只有65%的中国人会如实做证。此外，日本、中国和韩国都位于图表的

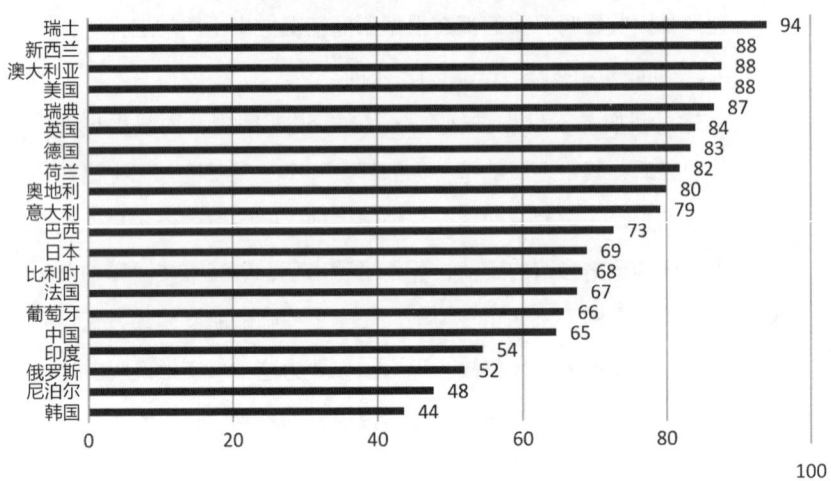

下半部，而位于图表上部的前八个国家全都是信奉基督教新教的国家。对于这些信奉新教的国家来说，"上帝之言"已经在《圣经·新约》中写明，要求信徒服从；而对于受儒家思想影响的人来说，家庭和家人之间的爱才是全部道德准则的基石。有很多指标表明，东亚的大部分国家和地区比欧洲或北美更加重视独一无二和特别的人际关系，而儒家思想的影响只不过是其中一个指标。人的素质对所提供的产品质量产生了深刻的影响。

· **个人主义和团体之间的矛盾**

经理人工作的初衷是为了获得"尽可能多的个人自由"，还是为了"持续照顾同事的需要"？我们的**第二个维度**就与其中的原因有关。这个维度体现了**个人主义—团体**之间的矛盾，如下图所示。

受访者的选择有一个有趣的特点,就是少数派的规模。尽管在美国人中,三个人中就有两个人支持自由,但是,大约32%的人为团体工作。中国人在选择上各占一半,这就表明,中国人一直具有个人创业精神。但就算是这样,除了日本,所有亚洲国家都位于图表的下半部,这表明这些国家的人对集体的关心远胜于对个人私利的关心。华人在许多国家都受到歧视,也可能因此才投身商界,就像英美的贵格会教徒、英格兰和威尔士的不从国教者以及胡格诺派教徒、犹太人一样。如果你投身于一个实用的行业,约束和政府的管制都会少得多。为了生存,你需要具备一身皮囊以外的东西。你得会娱乐、擅长运动、提供资金、治愈和帮助他人、在学术上出类拔萃,等等。看看犹太族裔身份的人是怎么选择职业的,你就明白这一点了。

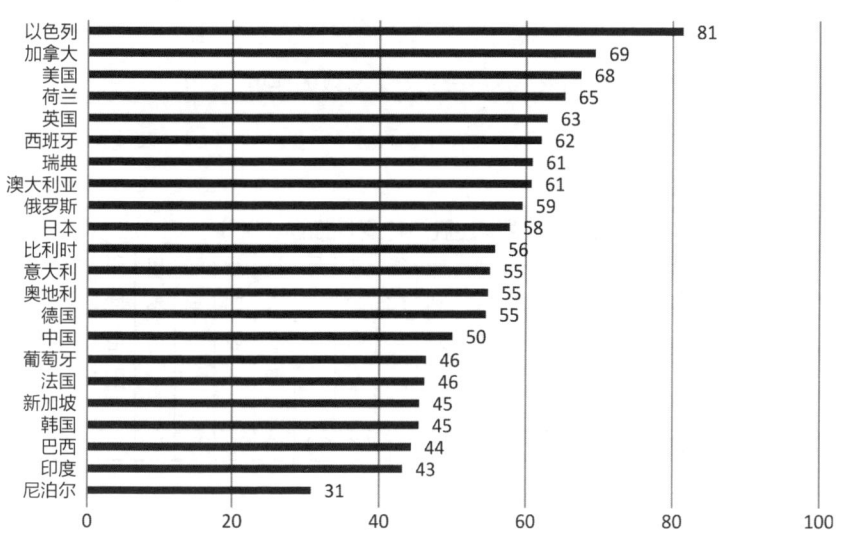

选择"尽可能多的个人自由"的经理人比例

能够外出工作就表明人是自由的,这在美国人当前因新冠疫情而遭受痛苦之际体现得非常明显。到底是应限制活动自由以挽救**团体**,还是为体现**个人**反抗而大胆前行?当死亡人数飙升,客户选择闭门在家的时候,会发生什么事?

· **具体任务和人际关系之间的矛盾**

我们的**第三个维度**是**具体的—广泛的**。一种文化是倾向于分析和分解事物,还是在事物间建立联系,将其连接起来进行建构?我们询问受访者,在他们看来,何谓公司?在以下的描述中,他们喜欢哪一种?我们将表示具体性和广泛性的词语分别用斜体标注出来。公司代表的是一组事物还是一张关系网?

"公司发挥各种各样的作用或完成各种任务。受雇人员在机械和设备的帮助下工作。公司向完成任务的人员支付报酬。"

"公司就是一群一起工作的人。他们和彼此以及组织之间都维持着社会关系。他们依靠这些关系发挥有效的作用。"

以下就是我们的调查结果。

偏好具体性描述胜过广泛性描述(%)

美国	荷兰	英国	加拿大	澳大利亚	芬兰	瑞典	土耳其	比利时	德国	法国	丹麦	马来西亚	新加坡	韩国	日本	印度尼西亚	中国
91	86	83	72	69	65	64	62	58	54	51	50	40	38	27	25	23	17

这些结果显示，北美、英国和澳大利亚位于偏好具体性描述的一端，斯堪的纳维亚国家和欧洲其他国家位于中部，而东亚位于广泛性描述的一端。在受访者中，美国有91%的人选择具体性描述，而中国只有17%，二者差距是巨大的，这可能有助于解释两国之间当下的敌意。没有一个东亚国家喜欢具体性描述，而没有那么刻意回避具体性描述的国家和地区都是前英国殖民地，例如马来西亚和新加坡。

具体性程度高的一个重要特点，就是确信盈利能力代表了我们对于公司所需要知道的一切。公司所做的一切都可归结为最终利润，也就是说明一切的单个统计数据。我们提出的问题是："公司的唯一目标就是盈利吗？"我们得到的答案如下。

唯一的目标是盈利（%）

美国	澳大利亚	加拿大	英国	新西兰	意大利	荷兰	德国	芬兰	新加坡	法国	印度尼西亚	中国	日本
40	35	34	33	32	28	26	24	22	18	16	14	9	8

目前，支持这种说法的经理人在各国受访者中都没有超过一半。不过，来自美国、英国和前英联邦自治领的人仍然支持这种说法。对参与调查的经理人和金融家来说，尽管支持者并不占多数，但他们仍忍不住想将一切都归结于单一的数字。可以从上表看出，东亚国家对"将利润作为唯一指标"较为不屑一顾；而最看重利润的五个国家都是英语国家。

·自致地位和先赋地位之间的矛盾

我们的**第四个维度**有关不同文化如何决定地位。一个人的地位，可以是基于其成就而**取得**的，也可以是基于其他原因被**赋予**的，这些原因包括人的外貌、阶层、家庭、潜力、身份、职业、民族或人性。我们向受访者建议，就算他们没有把事情办好，也应遵循自我行动。我们预计，那些倾向于以成就论地位的人会拒绝这种说法，而他们也的确是这样做的。调查结果如下。

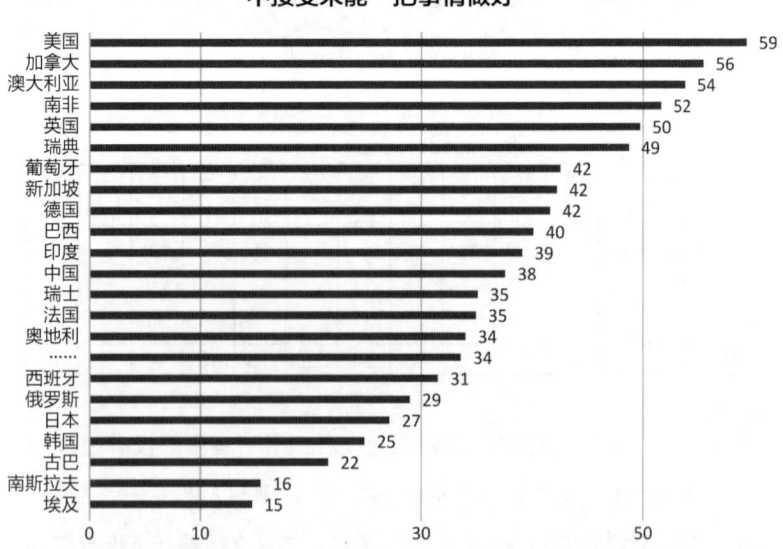

不接受未能"把事情做好"

让人感到惊奇的是，来自世界各地的人都不太支持仅凭个人成就即获得地位。美国人认同者最多，但也只有59%；只有四个国家得分超过50%，其他国家都不高于这个比例。个人成就似乎与公众认可关系密切，能够在知名度高且广受赞誉的比赛中获胜和/或挣了大钱，就会引起别人的关注。能够吸引客户的人会在市场上获得财富，后一种成就即取决于这一点，但还有很多人得不到市场的回馈。那些接受最严酷的挑战、解决了难题、帮助和支持他人、展示同情心、与不公平做斗争、保护环境的人，都没有取得传统意义上的"成就"。他们为了保护环境、维护社会公平、促进监狱改革、推动女性平等和改善人权等议题奋斗终生，不过可能没有多少具体的"成就"能够拿出来展示，但人们更应该向他们表达感谢和敬意。

此外，还有平等问题。如果我们不考虑某些人以往的成绩，只是单纯赋予他们一定的地位，这些人将更有可能在日后取得成就。因为我们赋予了这些人"跃跃欲试"的信心。对我们来说，他们在取得成就之前就很重要。我们难道不能按这种方式教育人吗？

中国人提出"致富光荣"，这句话的意思其实是指一个人关系广，而不是比别人更有钱。当朋友和同事都愿意与这个人接触，给他合作机会、赋予他地位的时候，这个人就富裕起来了。重要的并不是获取一大堆肮脏的战利品，而是加入他人的队列，将你的财富和他人的财富融为一体。中国设想的是发展共享经济，但这不代表美国人不知道这一点。在电影《生活多美好》(*It's a Wonderful Life*) 的高潮部分，有人提醒主人公："只要还有朋友在，你的人生就算不上失败。"只是我们西方人对这一点不够在意罢了。

·主观能动和外部影响之间的矛盾

我们的**第五个维度**与受本人信念影响的**主观能动**和社会与自然环境带来的**外部影响**有关。资本主义的先驱为塑造整套制度而自豪,成为该制度正常运行的权威。而白手起家者仅凭意志力就出人头地,在很大程度上是自己造就了自己的伟大,就像弗兰克·辛纳特拉(Frank Sinatra)所唱的:"我行我路。"如果你要感谢上帝,那也是因为我具有"不可征服的灵魂"。面对不幸,你"满头鲜血都不低头"。发挥主观能动的问题是,它在很大程度上造成了当前的气候危机。我们在开发地球的过程中,没有想过要保护地球生态,而且相信我们想要什么就该得到什么,也不考虑这样做对生态环境及其他人会造成多大的伤害。这种做法在很大程度上塑造了我们那种"索取—制造—浪费"的文化。我们一直在"繁衍并征服地球",但是,"被征服的地球"可能不能再维持生命。我们认为,除了我们自身无休止的欲望,没有什么更重要的逻辑。本着这种想法,长期以来,我们低估了进化中的奇迹,而是将经营工厂的思路强加给大自然。我们通过一系列表述来评估主观能动和外部影响,例如,"我的一切是我自己的事,与他人无关""压根儿就没有运气这回事"。我们的发现见下表。

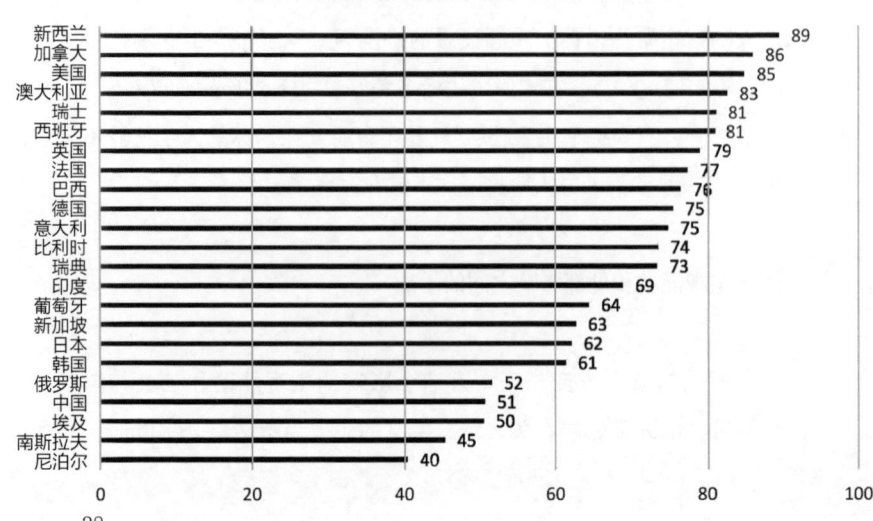

"我的一切是我自己的事情,与他人无关"

我们掌控或应当掌控自己的命运，这句话在英语国家极富号召力。英国下决心脱欧，独自开辟未来，这种"掌控自己命运"的想法发挥了关键作用。其中的含义就是本着坚韧不拔的决心，创造自己的未来，"驾驭风浪"。西班牙有大男子主义的悠久传统，也就是男人将自己的意志强加给女性。在全球体系中是否能保持独立而非互相依靠，这个问题尚无定论。从上表中，我们再次看到，东亚更易受外部影响。

之前没有发展资本主义而现在又奋起直追的国家，更可能感到自己被抛到惊涛骇浪的大海上，周围列强环伺，而自己必须适应这种环境。日本的高级经理人自称为"白色船工"，因为他们在迅速通过急流之际还要躲避礁石。在中国人的认知中，无论是好运还是厄运，都有重要的作用。强调主观能动的人有另一个问题，就是自信的人更容易说得多、听得少。日本有一句谚语：人有两只耳朵，却只有一张嘴巴。这句谚语旨在告诉我们要多听少说。不过，非常自信的人对此话容易掉以轻心。我们说得太多就会带来一个问题：东亚人更愿意向我们学习，而且比我们向他们学习要快得多。我们谴责东亚人"抄袭"，这不过是对于我们好为人师、渴望表达的一种回应。同西方喋喋不休的文化相比，东亚文化被认为是洗耳恭听的文化。[①]当你奋起直追的时候，有必要听一听外部的指点，这样就能学得更快。

· 有序时间和同步时间之间的矛盾

我们的**第六个维度**与一种文化如何看待时间有关。由于时间是

---

① 《经济学人》，2021年3月20日。

看不见、摸不着的，只能通过各种设备予以评估，因此，这在很大程度上需要文化做出解释。许多国家的文化往往将时间视为**有序**流逝的，犹如一列正在行进的列车，就像人们所说的"岁月不等人"；或将时间视为**同步**流逝的，就像人们所说的"同步手表的时间"或"抓紧时间"。这种差别在美国和日本的制造业体现得最为明显。美国人做事情讲究快速，开创了"时间和动作研究"以及"科学管理方法"。保证速度的诀窍是让工人跟上传送带或机器运转的速度，即使当螺栓从身旁经过时，工人所要做的只是拧两下。强调速度，工作内容就会大大简化，但与此同时，工人也就沦为了机器的助手，很快会被取代。

相比之下，日本人发明了适时制生产。在这种管理模式下，完成工作所需的若干道工序是相连的，以便协调运作。日本仍然勤勤恳恳地研究泰勒主义，但是让泰勒管理制中的生产工序适时进行，这样就创造出了"跳得更快的舞蹈"。能让一道又一道工序和谐并进的经理人，就能做长远思考，而那些只能按次序一步步推进的经理人则想的是"赚快钱"。[1]

·短期和长期、放纵和自律之间的矛盾

我们问经理人，他们的投资回报期有多长，结果发现，尽管东方经理人比西方经理人更多地进行长远思考，但他们之间的差别并不大。吉尔特·霍夫斯塔德成功地发现了二者之间的一组区别。[2]他

---

[1] 弗恩斯·特朗皮纳斯和查尔斯·汉普登-特纳：《在文化的波涛中冲浪》，芝加哥：麦格劳·希尔出版公司，2021年。

[2] 特朗皮纳斯-汉普登-特纳咨询公司，阿姆斯特丹：2020年"文化和新冠疫情"。

制定了长期和短期的对比标准，发现该标准与短期放纵和长期自律高度相关。以下是他的发现。

短期（西方） **长期（东方）**

英国	肯尼亚	美国	希腊	澳大利亚	瑞士	荷兰	韩国	泰国	中国
75%	75%	71%	69%	68%	67%	56%	25%	13%	0%

放纵（西方） **自律（东方）**

澳大利亚	英国	美国	加拿大	荷兰	芬兰	挪威	希腊	泰国	韩国	中国
71%	69%	68%	68%	67%	57%	55%	40%	34%	29%	24%

请注意，上表中荷兰的比例为56%，而韩国的比例为25%，二者之间相差31个百分点，从荷兰到韩国出现了"断崖式下跌"。三个东亚国家基本上都倾向于更长的期限。看起来，导致这种情况出现的部分原因是自律需要等待，而自我放纵需要及时行乐。中国的长期主义体现在它愿意投资可再生技术和电动车；在修建基础设施方面，中国领先世界其他地区，并将健康作为基础设施的一部分。总的来说，东亚的储蓄率也高得多，而许多西方国家却深陷债务危机。

有人过度强调，中国也在向外借钱。但那是为了塑造自身工业而做出的长期努力，并非迁就消费者。我们可能已经注意到，长期投资也包括短期投资，过一段时间就会奏效，每天都能得到收益。但是，强调短期收益，特别是来自金融投机的收益，就无法实施长期的工业建设。你可以用耐心投资需要的钱下1000个有趣的赌注。几乎每件有价值的事情都需要付出时间和耐心。人们普遍承认，无论是华尔街还是伦敦金融城，对于创立产业都兴趣寥寥。今天，英国不可能再兴建劳斯莱斯和帝国化学工业（ICI）这类公司。他们倾向于从产业中抽走资金而不是投入资金。现在，我们可以从"正面观点—反面观点的区别"这一角度总结上面的六个维度（如果将霍夫斯塔德总结的放纵—自律计算在内，就有七个维度）。

· **总结各种维度，在东西方之间做出比较**

下面我们总体展示各国的得分，以便在西方和东方之间做出比较。东西方之间具有较大的差距，而各自又有一致性。

1.普遍规则　　　　　　　　　　　　　　　　特别例外
在法庭上举证你最好的朋友超速，或选择站在他/她的那一边

瑞士	美国	英国	荷兰	新加坡	中国		韩国			
100	90	80	70	60	50	40	30	20	10	0

2.个人主义　　　　　　　　　　　　　　　　团体主义
我工作是为了尽可能获得自由……　　　　　或照顾其他人的需要

	以色列		美国	芬兰 英国		法国 中国	日本 印尼	韩国		
100	90	80	70	60	50	40	30	20	10	0

3.具体的　　　　　　　　　　　　　　　　　广泛的
一个组织就代表一系列任务　　　　　　　　或一张关系网

美国	英国/荷兰	加拿大	瑞典		德国	新加坡	韩国 中国			
100	90	80	70	60	50	40	30	20	10	0

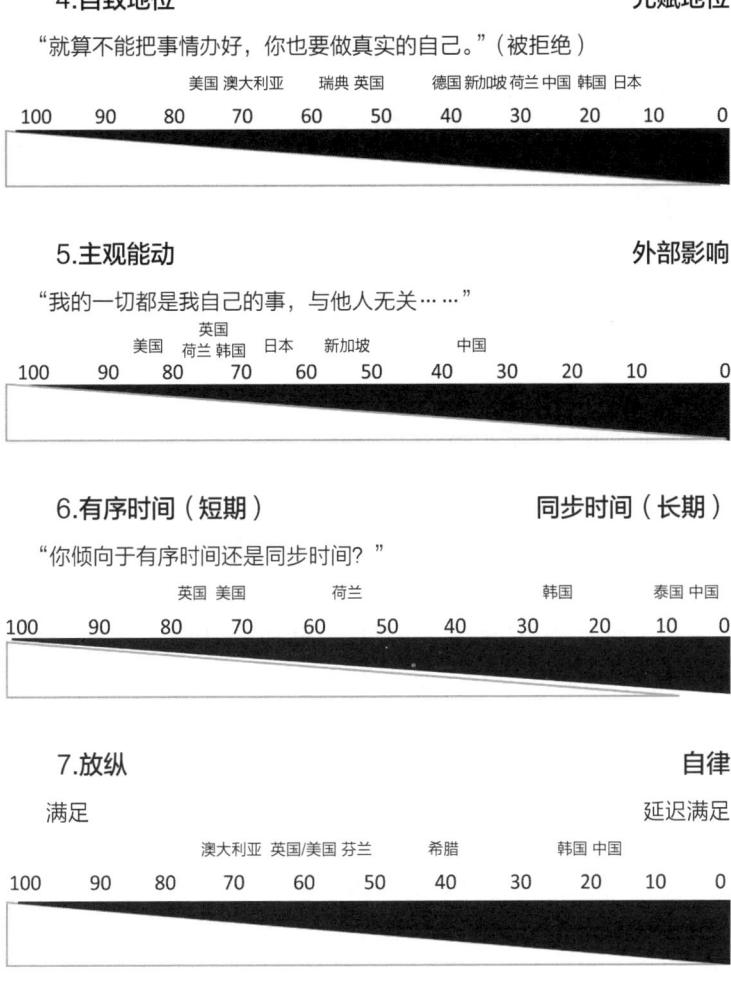

我们省略了弗恩斯·特朗皮纳斯设立的"情感内敛—情感外露"这一维度,因为该维度没有评估最明显的特征。某个人表露更多的情感并不意味着这个人所属的文化就严肃地对待情感。大喊大叫可能会缓解情绪,但当你真正郁郁寡欢时,是没有办法让人注意到的。大多数东亚国家处理情感较为轻描淡写,但后果就是拓宽了情感维度。某人的房子着火了,你惊叫着报警,很快就会引起人们的注意。难以捉摸的情感可能吸引人们对其做更多研究。你要学会读懂情感的迹象。一篇有关越战时期越南大医院病房的文章写道,在这家有数百张床位的医院里,尽管很多病人奄奄一息,身旁围满了家属,但现场几乎没有人啜泣或号哭。

· **在坐标系中更多地认识维度**

至此,我们已经思考过每一个维度,但是,真实的生活不会如此简单。在实践中,两个或者多个维度常常共同发挥作用,确立道德定位并指导行动展开。例如,普遍规律会化为具体指示,应用到每个人身上,将三个维度融为一体。

以上面考虑过的最后两个维度"**短期—长期**"和"**放纵—自律**"为例。如果我们建立坐标系观察这两个维度,就会看到两种完全不同的现象。西方人似乎沉迷于短期消费和放纵,因此,我们**消费失控,债台高筑**。2008年经济衰退以来,我们一直通过降低利率的方式刺激消费,结果利率接近于零。我们似乎十分害怕通过征税从经济体中带走货币,唯恐人们停止购买。国际收支平衡的统计结果显示,美国和英国的进口量远大于出口量。相比之下,中国展示的则是**耐心生产和储蓄**模式,这种模式是通过**长期**导向下的**自律**形成的。中国人在很大程度上依赖通过生产打开出口市场,增加其在世界市场上的份额。中国人有储蓄和自律的传统,他们的信用卡支出少于在工厂和设备上的投资。

要想知道美国出了什么问题，看看通用汽车公司就知道了。多年来，它从生产获得的利润越来越少，越来越严重地依赖客户贷款购车，让他们先付首付，再逐月支付本金和利息。相比之下，中国人则注重生产和出口，累积了高额国际收支顺差。中国位于右侧坐标系中右下侧象限。

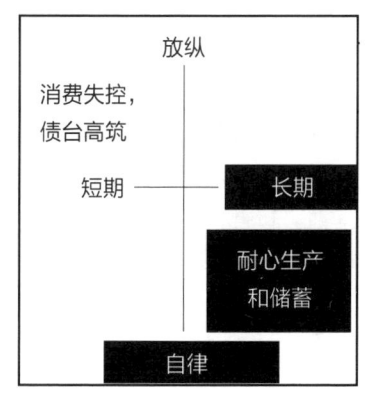

许多经济学家认为，不能断言中美间的这种劳动分工谁处于劣势。进出口最终会实现平衡。中国需要美国购买其产品。但事实上，美国在债务危机中越陷越深，因其自我放纵，又对资金索求无度，这就形同国民性退步。由于这种退步，我们从创造者和生产者沦为欲壑难填、只顾摄取食物的机制执行者，随后变得焦虑、胆怯、缺乏自信，在债主面前格外脆弱。

还有一个重点，我们会在本书中反复提及。以生产为导向并不会阻挡日后消费所生产的产品，前提是你首先提供了需要的产品，然后需求得到了鼓励。不过，反过来就没有这么有效了。如果一种文化的主流倾向于提倡短期行为、娱乐消遣，那么，延迟满足的能力就会降低，你就会期盼"挣快钱"，钱一到手就会立刻花掉。衰落的帝国就像古罗马斗兽场，给人看的都是野蛮的把戏，也像魏玛共和国的残息。衰退的国家会变成世界的娱乐品。这样的国家还会大量进口，以适应人们的习惯性购物。下图说的是"中美国"（Chimerica）现象。这个词是尼尔·弗格森（Niall Ferguson）提出的，说的是中国人作为一个群体，储蓄、生产得越多，就越能长期自律；美国人个人开销越大，在短期内放纵的意愿就越强。对中国来说，"中美国"的意义在于中国越来越活跃、外向，而美国则越来越被动、妥协。在一段时间内注重自律，就会产生强烈的欲望，这种欲望会得到延迟满足；而如果从一开始就放纵，没有给自己留余地，日后便会既没有能量也没有意志去从事生产。这种劳动分工一旦升级，人们就会形成截然相反的价值观，会比以往更加看不起那些拥有我们所欠缺的东西，又当着我们的面加以炫耀的国家。消费是个人行为，我们由于习惯消费而越发奉行个人主义。但是，生产是通过集体行动完成的，因此，中国愈加强调人与社群的联系。

实际上，我们可以把**短期—长期**维度和**个人主义—团体**维度放入一个坐标系，以获得额外两个象限中的内容。当我们作为个人进行消费的时候，以冲动消费为例，我们的行为始终是短期的；当

我们作为群体从事生产的时候，这种行为几乎总是长期性的。我们不知道自己生产的东西能否满足购物者的需要，因此，必须等待结果。我们的满足的前提是先满足其他人。**购物中心是消费性**社会的**理想**，而**创意工作室则是生产性**社会的**理想**。不过请注意，创意工作室包括购物中心，而购物中心却排斥创意工作室。在创意工作室工作需要付出长期努力，雇员必须耐心工作，还要逐步掌握工作室的产品，而购物中心没有时间等待这一切。

东西方之间的一个主要差别是，西方认为，自由市场应主导经济，消费者的选择就是"美元选票"，看投票结果就可以判断什么是需要的、什么是不需要的。我们应当买什么并不由政府说了算，应由服务于公民的市场说了算。过去，我们看到，有的国家试图规定人民应当买什么，结果这种制度以惨败收场。极端复杂的细节足以让最精明的政府官员应接不暇。例如，政府公务员因疏忽大意而忘记订购一批3号光头螺栓，结果，数千辆拖拉机被丢弃在农田里生锈。政府要和市场的力量合作，才能找出世界市场上的最佳产品及

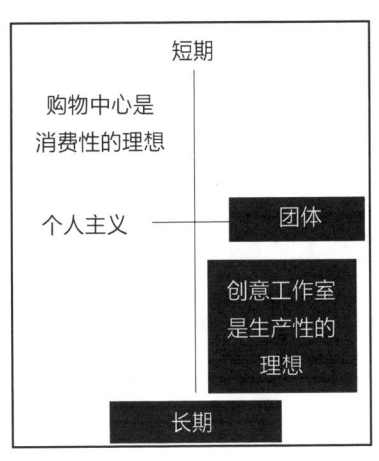

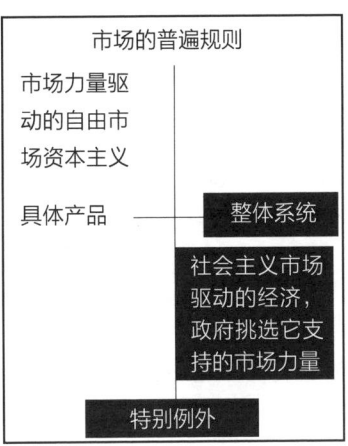

政府的需求，如可再生能源、绿色城市，以及更快速、更清洁的交通工具。中国政府首先做到了这一点。

如果我们将**市场的普遍规则—特别例外**这一维度，以及**具体产品—整体系统**这一维度放在一个坐标系中，就能更好地理解上述这段话的含义。在坐标系中，我们看到，美国、英国和大部分西方英语国家都宣扬**市场力量驱动的自由市场资本主义**。人们认为，这种做法要胜过由政府规定和要求生产它所需要的东西。不过，假设政府接受市场的调节结果，反而会加强市场的力量，推动市场沿着政府选择的方向前进。在这种情况下，出现的就是**社会主义市场推动的经济，政府挑选它支持的市场力量**。这样，政府就不会与市场相互抵触，而是会选择市场中最有利的技术和制度，并保证它们能够成长壮大。中国政府做到了这一切。请注意，中国的市场既需要煤炭，也需要发展太阳能和风能，但政府更偏向后者，并努力让其发展进步。

能赚钱的并非科学本身，而是体现这些科学规律的应用成果。石墨烯是英国曼彻斯特大学发明的一种崭新而极富价值的材料。到2016年，发明者已经通过应用石墨烯取得了100项专利，但同一时期，中国却取得了1700项专利，达到英国的17倍之多！我们需要的不只是科学规律，专门的应用成果加上政府的激励必不可少。在韩国，军人执政时期的经济增速最高，而非经济学家说了算的时期。鉴于中国和韩国等经济体的增长数值，现在已经到了我们西方的经济学家对这些国家的科学表现出些许谦逊的时候了。自由市场可以选择信用卡、电子游戏、豪饮、欠债甚至整形外科。它缺乏警惕，对突发状况做出反应的速度太慢。

·中国人处理矛盾是否更加得心应手?

我们在本书中讨论的进退两难的困境和矛盾体现了阴阳的两个方面。对此,中华文明有一套有趣的处理方式。下图就阐释了"矛盾"一词的由来。这个词包含"矛"和"盾"两个字。战士身处战场,是用矛去刺杀敌人,还是用盾去抵挡敌人的攻击,这是一个时不时会碰到的选择困境。另外,每个战士都会同时携带矛和盾上战场。因此,矛和盾又是互补的。

关于矛盾的中国故事

关于"矛盾"这个词的来源,有个广为流传的中国故事。从前有个武器商,造出一种锋利无比、可以穿透任何盾牌的矛。他叫卖这把矛无坚不摧,但是,战士们都担心被对手用这样的矛刺中。因此,他又设计出一面盾牌,它坚固无比,没有矛能刺穿它。这个人又开始叫卖他的盾。当然，有了矛，才引出对盾的需求；而有了盾，又导致了对矛的需求。矛盾的双方为彼此制造出需求。看起来，这就是中国人做生意的基本方式，在西方人眼中看起来对立的矛和盾，在东方人眼中却大有潜力，相得益彰。在上图中，顾客先排队买矛，之后又去排另一个队买盾。他们心里没底——正是这种没把握推动了整个买卖过程。

相比之下，西方人讨厌任何看起来不合逻辑、相互矛盾或不近情理的事物，对此类伤脑筋的难题唯恐避之不及。从定义上讲，自相矛盾就是无稽之谈。西方人在书名里采用似是而非的矛盾说法，是因为这样的标题醒目且与众不同，例如，《正午的黑暗》(*Darkness at Noon*)、《荷花和机器人》(*Lotus and Robot*)、《菊与刀》(*The Chrysanthemum and the Sword*)、《高级车和橄榄树》(*The Lexus and the Olive Tree*)、《早逝》(*Death at an Early Age*)、《机械里的幽灵》(*Ghost in the Machine*)、《孤独的人群》(*The Lonely Crowd*)和《阿喀琉斯的脚踵》(*The Heel of Achilles*)。不过，这样的标题都是文学辞藻，并非逻辑论证；或者，它们也算逻辑论证？存在给对立的双方赋予价值的逻辑吗？

·中国从20世纪80年代开始如火箭般飞速发展的原因是什么？

最后，我们觉得自己能够解释改革开放以来中国发生巨变、经济如火箭般腾飞的原因了。中国允许引进外资，并让外资彰显其价值，这是1979年之后发生的事情。一夜之间，下图右栏中描述的黑底白字的东方价值观中渗入了左栏中白底黑字的西方价值观，而这种融合唤醒了沉睡多年的巨人。从一开始，我们就在证明，东西方价值观必须融合,才能创造出财富。

在上表中我们看到,西方人的行为方式轻而易举地被吸收进了中国人的实践中,就像早在新加坡发生的那样。① 中国人无论在哪里

---

① 马丁·雅克的《当中国引领世界》(企鹅出版公司,2012年)中巧妙地举了这个例子。

定居，都能在商业上取得巨大成功，这就是事情的真相。如果这种成功发生在新加坡等地，我们会深表赞同；可是，这种成功一旦在中国这种拥有巨大体量的国度被放大，我们就立刻感到惶恐不安。多项技术和规律通过数十万份廉价的供应合同被引入中国，用于各种具体操作。供应商很快就从产品的规格中搞清楚了其全部功能。另外，高度数字化的科学技术很容易得到转化，因此，中国能够迅速掌握。为进入世界市场，中国需要为成百上千万独具个性的人创造机会，这样，作为团体中的一员，个人的历史性创造力就会迸发出来。

数百万具体的市场信号出现了。中国将对广泛性整体和模式的偏爱发挥得淋漓尽致。在应接不暇的信息洪流中，中国找到了机会。美国拥有成千上万项可供选择的成就，而中国看重风能和太阳能等能源技术，以及建设绿色城市所需的技巧。因为它已经看出，地球正面临危机，而它要争取做一个拯救者。我们愿意表达主观意见，将知道的东西告诉每一个人。中国人只是洗耳恭听，接受我们的引导，然后便迎头赶上并超越我们。他们研究了我们的有序流水线，然后设置出多条，让这些流水线同步高效处理任务，几天之内就建起一座又一座大楼。他们轻而易举地了解到我们对于短期盈利的渴求，并以低廉的价格做我们的分包商，长此以往，他们就从我们这里学到了该做什么及如何做。中国人虽然被指责"抄袭"，但他们并不需要这样做，因为我们为了钱而让出了过多的利益！美国人和欧洲人对于购物和消费过于执着，结果激发了中国人自律和从事生产的意愿。

但是，请注意，那些黑底白字的价值观还不足以让中国发展。中国人拥有一半的真理，而西方人拥有另一半。中国的实力来源于虚心求教，而我们却一口回绝，还抓住一切机会表达轻视。就像邓小平所说的："不管黑猫白猫，能捉老鼠的就是好猫。"这句话也适用于上图。重要的是弄清楚是何种因素在起作用，而且知道它们发挥作用是通过协作，而非单打独斗。

第三章
合法性、关系和多重误解

西方的道德准则来源于《圣经》中所记载的上帝的话。上帝给我们留下了需要遵守的律令，我们都要服从并遵守上帝制定的法律和戒条。没有一个臣民能够高于法律。纵然是尼克松（Nixon）总统，当被发现违反法律之后，他宁愿引咎辞职也不愿受到弹劾。法律面前人人平等，但法律本身要高于所有人。这一点既适用于国内法，也适用于科学定律。我们必须遵守国内法，因为我们选出的代表在议会/国会通过了法案和法规，又或者因为国内法的内容已被宪法所涵盖。经济学定律则规定了我们处理有关金钱的事务的方式，并对我们加以塑造，不管意愿如何。

根据这种学说，在不远的将来，我们将会发现社会科学是如何支配我们的行为的，特别是经济学。这些规律适用于天下大众，无论是东方人还是西方人，那些能够先于他人发现人类行为动机并熟练运用这些规律的人将会统治世界。在这方面，中国人和我们是一样的。我们在寻找这些规律方面展开了竞争，都在寻找能够决定我们行为的因素，但这在中国和西方之间造成了对彼此的严重误解。

本章将探讨以下话题。

- 是价值观定义关系,还是关系定义价值观?
- 耻感文化和罪感文化
- 两只看得见的手,而不是一只看不见的手及整个循环
- 将对私利的严加管束和相关的世界性团体进行对比
- 标准产品和优质产品:两种可供选择的财富创造策略
- 将论输赢的有限比赛与论双赢的无限比赛做对比
- 公司和供应商之间的关系
- 为什么中国人从我们这里学得又多又快,而我们从他们那里却收获寥寥?

在东方,孔子和孟子所教导的道德规则体现在家庭和家人之间的关系上。通常,家人彼此关爱,而他们之间的亲密关系也成为每个人在更广阔的天地中为人处世的典范。我们爱护自己最熟悉的人,深厚而持久的关系维系着社区、社会和企业。人际关系是独一无二的纽带,对于身处其中的人,每种关系都是特别的。这些特别的关系不受法律管束。日本和中华文明都认为自己的历史发展进程是独特的,并非法律、成文宪法或公众认可的典范所能解释。中国不但认为自己的文明举世无双,而且相信所有国家都有权成为特例,也不要求它们遵循中国的标准。在意识上和行为上更为现代化的国民中,那些被挑选出来为政府服务的栋梁之材必须能很好地遵循儒家思想。

·是价值观定义关系,还是关系定义价值观?

价值观从一开始就存在于我们的意识中,而定义价值观的"圣

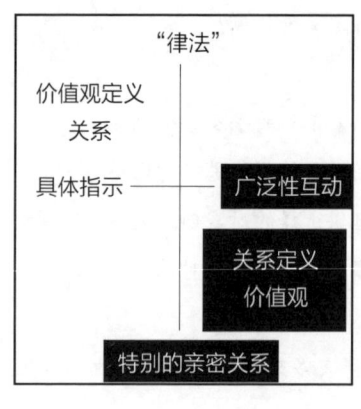

言"则被写入了《圣经》，"**律法**"给出了**具体的指示**。这些价值观连在一起，就成为左图中左上方象限里的**价值观定义关系**，也构成了价值观系统。不过，如果像中国人所认为的，家庭是价值观的源头，那么，从"一开始"，家人之间的关系就是由**特别的亲密关系**中存在的许多**广泛性互动**所组成的。这些互动汇集在一起，让**关系定义价值观**，不管结果是好是坏。从家人间的彼此关爱发展出了价值观的完整性，完整的价值观定义了什么是好，而分崩离析、彼此贬损的价值观则定义了什么是坏。在理想状态下，我们对待他人就如同这些人是我们的知己至交一样。我们意识到友谊的行为准则的重要性，并且清楚为了维护准则，我们应如何自处。我们凭借与他人关系的质量，成为一个完整的人。

·耻感文化和罪感文化

我们如何才能纠正和控制彼此的行为？当我们违反了规则或触犯了法律，内心是否会产生一种负疚感？或者，当我们伤害了他人，是否会感到羞耻？我们所处的文化不同，针对这些问题的答案也各不相同。有了负疚感，我们就会知道自己存在不足之处，并且可能会为此感到后悔。当我们没有遵守规定且违规情节比较严重，如果毫无悔意，就很可能会被罚款或被监禁。还有另一种情况。最亲近的家人、同事或邻居可能会当面谴责我们的行为，让我们对所作所为感到羞耻。如果我们让他人接触到病毒，那么，在面对这些人时我们就会感到痛苦，而整个群体也会因此对我们表示排斥。

我们有可能远不像以往那样受到朋友和邻居的欢迎了。实际上，所有文化都会利用内疚感和羞耻心，只是程度不同而已。在中国，人们可能要求你当众赔罪，甚至"自扇耳光"。但在以罪感为主的文化中，这种事情极少发生。以个人主义为导向的文化，往往更多地让人感到内疚，而不是羞耻；而以团体为导向的文化则相反。人们在初级群体（例如家庭）中会感到羞耻，而在次级群体（例如同车司机）中会感到内疚。有人因为违法犯规且没有表现出足够的内疚而受到惩罚。不过，接受高高在上的政府机构的惩罚，与受到朋友的责备大不相同。让我们看看能不能用图示将这一点表达清楚。

人们经常评论说，西方人在**罪感文化**中抚养孩子，如果孩子作为**个人**没有遵守**法规**和规范，就会为**没有达到标准**而感到内疚。而东亚人在**耻感文化**中培养孩子，也就是让孩子**面对他人的敌意**。羞耻感包括在别人面前显得愚蠢或有犯罪情况，可能还包括要做自我批评并请求宽恕。当同事不满地看着你时，你就会明显感觉"丢了脸"。这就是将**团体**和**特别关系**混同的做法。在罪感文化中，法官、当局或父母会向个人发出指令；在耻感文化中，这种指令则是由违法者的同事或其所在团体发出，而其人际关系也会

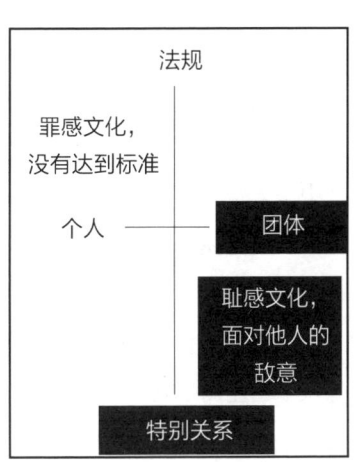

受损。我们如何看待自己往往取决于他人，而羞耻心则会伤人。当然，在一些情况下羞耻心也更有说服力。

中国的先贤孔子说："欲治其国者，先齐其家。""不逆诈，不亿不信。"任何一位喜爱礼乐与和谐的领导都懂得治理之道。美德并不在于洁身自好或遗世独立，而在于能够通过实践取悦邻里。孟子也持同样的看法。"王之好乐甚，则齐国其庶几乎！""诚者，天之道也。""大人者，不失其赤子之心者也。""友也者，友其德也。""道在迩而求诸远。""人不可以无耻。"

人们认为，老子的哲学思想足以与儒家思想相抗衡，但道家思想与儒家思想在人际关系这个议题上却是不谋而合。"夫唯不争，故天下莫能与之争。""心善渊，与善仁，言善信。"领导者应能深入人心，让下属甚至意识不到他们的存在。"太上，不知有之。功成事遂，百姓皆谓我自然。"不管是普遍执行的律法还是其他形式的法令，老子皆不推崇。他说："法令滋彰，盗贼多有。"中国拥有世界上最广阔的世俗价值观体系，这种体系从家人间的亲情中发展而来，并不受许诺复仇的超自然力量的主宰。

西方人谋求通过法律解决的问题，中国人却争取通过人际关系加以解决。比如，当美国人和中国人洽谈合同的时候，经理人总会碰到这一场景：两者的侧重点不同，美国人将律师送到谈判桌上，而中国人带来的则是组织者。美国人单刀直入，一上来就谈交易的细节："这就是我们提议的条款。这是合同草稿。你们会从销售的每种产品中获得下述比例的收益。"这就是西方人与陌生人打交道的方式。如果你迎合他/她的个人利益，他/她就知道你是认真的。你就像从下图左侧螺旋的中心开始，自内向外移动。"这里有个机会。你感兴趣吗？如果不感兴趣，我们就会和其他中国公司谈。"

认识一个陌生人

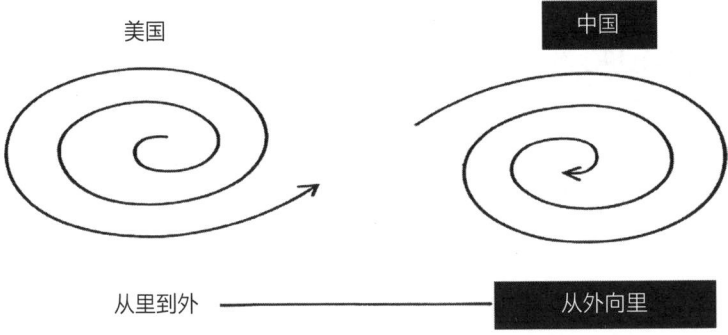

请注意,美国人对于人际关系也很感兴趣,不过,原则上他们要等到签约之后才会发展这种关系。如果东方人要和我们做生意,我们就需要和他们建立联系;但是,如果和可能不与我们做生意的人建立联系,那就是在浪费时间,就是拐弯抹角。《合同法》条款及其**具体**规定会保证中国人履约。我们的律师很棒!**凭借法律智慧,我们能通过艰难的谈判达成交易**。而中国人的侧重点恰恰相反。对于他们来说,最重要的是在各方之间建立一种**广泛的**信任感和一种**特殊关系**。**能够互利的情感网络**至关重要。人们想要挣钱,不等于他们是正直诚实的,真实情况往往事与愿违。如上图所示,中国人的螺旋是从外向内部移动的。他们会和你谈论怎么教育孩子、怎么辅导孩子作业,这些话听起来像是闲谈,其实是在尝试

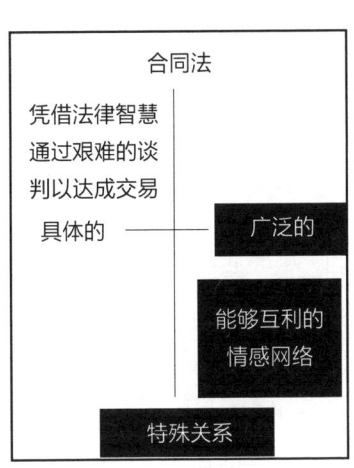

建立亲密关系。如果花上几天时间进行这种交流，那可不算浪费时间，因为这样建立起来的关系能维持十多年甚至更久，中国人不愿意和想利用他们谋利的人建立持久的关系。精明的律师和小号的附加细则都是小问题，而非解决方案。中国人考虑的是，我们会被公平对待吗？美国人的目的是互利还是想比我们智高一筹？我们不会和不喜欢的人做生意。

说到良好的商业惯例，双方基于共赢而建立起来的持久关系，明显优于因为要给"赢家"好处而为了合同上的附加细则大打出手。我们应彼此帮助，共同受益。在这样的前提下，友谊也会随机应变，各方可根据情况做出调整；与之相比，合同的白纸黑字将你限制在条条框框中，未必能够持久。此外，还请注意，你签过名的合同是存在友谊的，条款也已经被提炼过，但反之则不然。合同中可能没有友谊，只有较量。友谊更具有广泛性和包容性。

·两只看得见的手，而不是一只看不见的手及整个循环

古典经济学发挥了哪些作用？是"看不见的手"重要，还是政府有意识地在必要的方向上掌控经济重要？这是中国和西方争论的一个主要话题。亚当·斯密有关"看不见的手"的学说所阐明的经济规律，对我们思考商业事务至关重要。这种学说称，不论何处，谋求私利，尽可能赚钱和获取财产才是经济发展的动力。当我们争先恐后为客户提供服务的时候，"看不见的手"将我们的动机转换为公共利益，因为优秀的供应商会淘汰差劲的供应商，客户将从竞争中受益。亚当·斯密坚持认为，同有意识地改善公共利益的尝试相比，以获得私人收益为宗旨的自私动机反而能让我们获得更好的服务，而且商人很

少会支持前者。他认为，那些口口声声服务于公众利益的人，大部分都是地主阶层和伪君子。我们所有人竭尽全力，都是为了自己。①

认为人类只拥有凌驾一切之上的动机的想法是错误的。当然，企业需要盈利，否则就无法生存下去。当然，我们通过努力工作获益和谋生，但是，仍有其他动机存在的时间和空间。当面包师天亮前就起床开始烘焙时，聪明人就会先想想，前一天顾客最喜欢的是哪种面包。他对顾客越上心，记得就越清楚，能提供的面包也就越美味。一天工作下来，他将当天的收益存入银行，这就到了计算收益的时候了。早上6点，他想到的是其他人的需要；而到了下午4点，他想到的是自己的收益。这乃是人之常情，可以理解。实际上，他对顾客的关心程度也决定了他的个人收益。

不过，**"看不见的手"** 分配资源这种学说将两种价值观维度合二为一。也就是说，市场通过我们的需求分配物品，比任何团体或个人都更有效，这就是经济学的**科学规律**。而追求**个人私利**就是经济的发动机。这种说法部分正确，所以不算错，但还不够充分。毫无疑问，市场在一定程度上是能发挥作用的，但是，当人们面临新冠疫情或环境危机时，市场似乎就失灵了。可以说，**为了让我们存活下去**，在传染病大流行时穿戴上保护性装置，由政府做出**可见的决定**，由此实现**特定的目标**，来维护**团体利益**。中国一直就是这样做的，而且成效颇丰。市场力量的强度不可否认，当人们认为依靠市场力量能够帮助重要目标实现的时候，就会选择或依赖它。右下方象限中的内容再度包含了左上方象限中的内容，而反过来则不行。

---

① "Worldometer" 平台每天会发布统计数字。约翰斯·霍普金斯大学是更可信的信息来源，发布的数据与前者大体上相似。

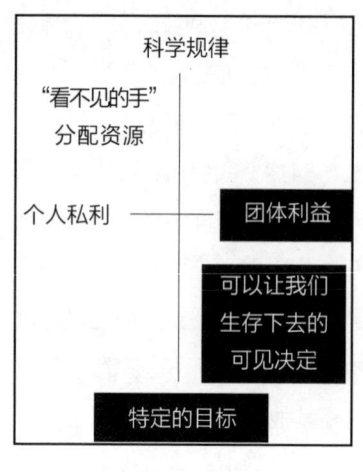

另外,人们会期待市场日后的表现。如果环境危机持续下去,那么,中国的太阳能和风能就会炙手可热。

激烈的竞争会促进与客户的密切合作,这一看法曾是真知灼见,这在一定程度上揭示了英国曾在世界上独占鳌头,又被美国后来居上的原因。《国富论》出版于1776年,也就是《独立宣言》公布的年份。当时,大多数美国开国元勋很有可能读过《国富论》。不过,我们难道就到此为止了吗?阳会转化为阴,这很好。如果激烈的竞争会让合作更紧密,那么,接下来的合作又会带来什么呢?与顾客契合得最紧密的面包师,肯定也会成为镇子上最有竞争力的面包师。这个顺序是可以颠倒过来的,因此——

两只看得见的手,而不是一只看不见的手和整个循环

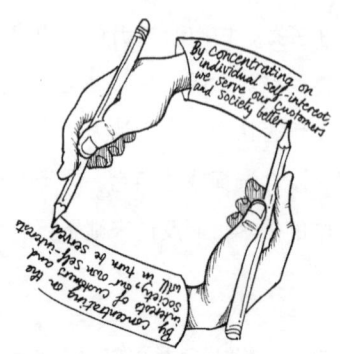

通过专心谋求个人私利,我们可以更好地服务于客户和社会

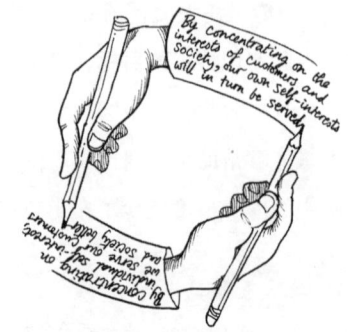

通过专心为客户和社会谋利,我们的私利也会相应地得到满足

上面是模仿荷兰画家埃舍尔（Maurits Cornelis Escher）的风格画的两幅画，请注意画中的模棱两可之处。到底是哪一只手在写字，哪一只手被写上了字？是私利推动了客户服务，还是客户服务推动了私利？事实上，画中有两只看得见的手，共同组成了一个良性循环。左侧的循环将私利转化为客户服务，而右侧的循环将客户服务重新转化为私利，因为我们所有人都是客户。无论是利己主义还是利他主义都不是完全独立的。二者彼此促进，协同作业。关键在于二者的关系。

亚当·斯密将私利比作公共利益，但是这并不公平，因为公共利益存在于更抽象的层面，而在经济上能生存下去则是我们所有人日复一日必须做到的。当然，商人对于公共利益贡献甚少，对增进公共利益所能做的也很少，不像斯密所攻击的那些拥有土地的贵族。如果对商人服务的客户群体进行比较，会更公平一些。商人难道不该关心客户吗？人们引用斯密的话："我从来没有见过那些自我标榜为公共利益服务的人做了多少好事。"要是将这句话改成下面这样可能就公平多了："我从来没有见过那些声称为客户服务的人做了多少好事。"

亚当·斯密之所以出名，是因为他精确地阐述了英语世界的价值观偏见，即把**经济学**和**个人主义**置于两者对比之前。亚当·斯密试图当一个科学家，正像艾萨克·牛顿（Isaac Newton）教导他的，物理学是一门关于因果关系的学问。因此，亚当·斯密相信，**私利直截了当地"促成"了服务客户**，就像一个台球撞击另一个台球。但是，当现象发生的时候，它们各有各的能量，与其说我们促成了它们的运转，不如说其通过交流触发了内部的能量。**服务客户促成了私利，反之亦然，这就形成了一个循环**，就像阴和阳都属于

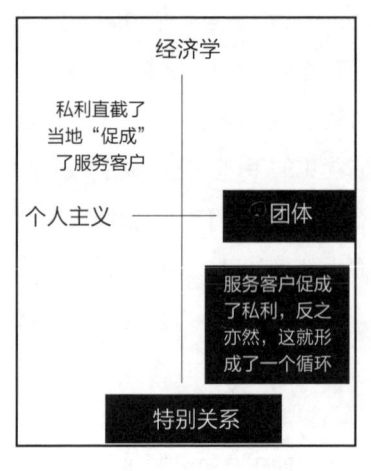

一个更宏大的整体一样。两个对立面都有**特别关系**，又同属一个更广泛的**团体**。中国人又一次没有对亚当·斯密表示反对。他们只是将斯密的观点吸收进了一个更宏大的框架中，并对成员互助的有组织的团体表示了赞美。

西方商业由于提倡纯粹的私利而使声誉受损，而且还让人们认为，你可以一边诅咒法规本身，一边在法律许可范围内为所欲为，还游说别人钻法律漏洞。"如果对方容易上当受骗，你就不用讲公平仁义。"其他人之所以存在，就是为了上当受骗。这就是买者自慎之。亚当·斯密留给英国的思想遗产是不确定的。英国从未真正将商业放在心上，而是仅仅将其视为实现崇高事业的途径。英国的贸易因怀有自私自利的野心，声誉受到玷污，少了些许文雅。富人家的孩子接受的是古典教育，让孩子们延续希腊和罗马帝国的历史，准备自己统治一个帝国。查理斯·狄更斯（Charles Dickens）曾如此评论："美国人做生意很精明"。这话就定了调子。贪婪者欲壑难填。英国有一档很受欢迎的电视节目，叫作《英国骗局》（*Rip-off Britain*）。在12季的节目中，我们满怀兴致地看着骗子们走投无路，原形毕露，给出各种似是而非的借口。

根据《商业和创新》（*Business and Innovation*）给出的数字，英国的诈骗成本总计高达1330亿英镑，按益博睿集团（Experian）的计算，如果将身份诈骗也计算在内的话，诈骗成本总计高达1930亿英镑。自2009年以来，英国的诈骗行为增加了50%以上，仅2018年一年就增长了7.15%。如果诈骗数量减少40%，将有760亿英镑的资金释放到市场，因为诈骗成本比因诈骗而损失的资金数量高得多。这笔钱相当于英国国防预算的1.5倍。美国金融公司每损失1美元，就要为此支付2.92美元；美国数字技术公司每损失1美元，就要为此支付3.27美元。因被诈骗和身份被盗用，1540万美国人共损失160亿美元。①

中国在相同领域损失的数字目前尚不得而知，不过，据美国出版的《诈骗》(*Fraud*)期刊估计，在人口相当于美国3倍的中国，因诈骗损失的金额高达180亿美元。全球因诈骗而遭受的损失平均相当于国民生产总值的6.5%。当然，所有这些数字没有一个接近于估算出来的诈骗真实成本，因为调查、审计和法律防范，诉讼和惩罚过程还要产生其他一些成本，更不用提人们因怀疑和不信任而订立严格的合同条款，使成本提高。你必须谨防ву骗。由新冠疫情而引发的诈骗数量急剧增加。②人人铤而走险。本书的英国作者一周之内接到三次要抢劫他的电话。

· **将对私利的严加管束和相关的世界性团体进行对比**

企业经营是由追求**个人收益**驱动的，而且这种动机既自然又恰

---

① D.R·克瑞奇（D. R. Krech），R.S·克拉奇菲尔德（R. S. Crutchfield）和B·巴拉奇（B. Ballachey）：《社会中的个人》(*Individual in Society*)，芝加哥：麦格劳·希尔出版公司，1981。

② 来自与弗里茨·罗斯里斯伯格（Fritz Roethlisberger）的个人交流。

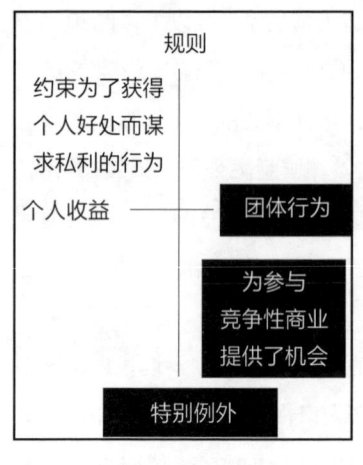

当；这种看法在西方被普遍接受，由此带来的一个后果是，如果企业要为其他对象服务，就必须接受管制。在各种规则的引导下，企业的行为越来越能为人们所接受。国内法律所做的，就是创造一种约束环境，**约束为了获得个人好处而谋求自利的行为**。能量和干劲来自企业，而各种限制来自政府颁布的**规则**，这些规则禁止企业采取诸如买断竞争对手以及向消费者强加垄断价格等策略。但是，中国和东亚其他地区对价值观的轻重缓急的看法也有不同。对他们来说，商业是一种**团体行为**，旨在互利并为完成**特别和例外**的业绩提供机会。这就**为参与竞争性商业提供了机会**。追求私利就等于要受规则管制。中国也制定了规章制度，所有国家都需要在一定程度上约束对谋利的欲望。但是，以特别方式参与到团体中实在是良机，不容错过；而相互帮助及友好接触则不那么需要更高当局的限制。

　　对于谋求自利进行约束也会产生问题。一方面，它是人们所迫切需要的；另一方面，这样做就等于政府侵犯了个人自由。民主党人和共和党人在电视广告中手持电锯，摆出要将法典锯掉一半的架势，美国正竭尽全力打赢管住这些民主党人和共和党人的战争。如果砍掉一半的法律援助基金，我们大多数人甚至无法利用法律来保护自己。如果你无法阻止一部法律被通过，你可以拒绝给予专门的政府机构足够的执法资金，这样法律就会失去尊重，无力执行。

但是，遭到挑战的法律会变得更精确且吹毛求疵，这是最麻烦的事情。法律明确地告诉你该怎么做，以免你试图逃避责任。即使个人表示反对时是无视法律的，在昂贵的诉讼过程中，价值观会分崩离析，法律的强制性也并不会减弱。中国再次将对私利的约束囊括进法律条文，但其宗旨是让所有参与者共同致富。

在创造财富的过程中，团体，特别是知识型团体的重要性逐渐增加。大学成了创新机构聚集的枢纽，在汇集知识方面发挥着核心作用。而公司围着大学转，这种情况往往事出有因。无论是上海的复旦大学还是北京的清华大学，情况都是如此。我们知道，产业也在聚集。供应商聚集在大公司周围。受过良好教育的人聚集在有可能雇佣他们的公司周围。十多个国际型的大学团体撑起了美国的创新技术。

·标准产品和优质产品：两种可供选择的财富创造策略

按照迈克尔·波特（Michael Porter）的说法，创造财富有两种可供选择的策略。①这两种策略大不相同，彼此对立，我们不能将这二者混为一谈，必须将其严格区分开。第一种策略是制造**低成本、大规模生产和标准化的**专门产品，**将低廉的定价当作规律**，这样就不会有人花不必要的钱购买产品。如果一家公司能以最低成本生产产品，就能将其他公司挤垮，这就是为了经济生存，必须严格控制成本的原因。不过，还有第二种致富策略，那就是制造**具有独

---

① 见格雷厄姆·艾利森的"TED"演讲。

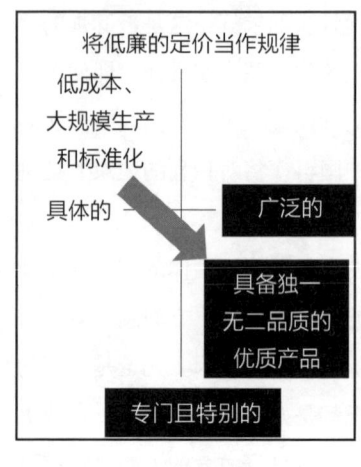

一无二的品质，别人无法匹敌的**优质产品**。这种产品是**专门且特别**的，并与其他产品具有**广泛性**的联系。它具有独一无二的品质，对它赞赏有加的人无法从其他人那里得到它。这种产品新颖而富有个性，卖家实际上垄断了它。从定义上看，这种产品极为稀缺。大多数创新者都是靠这种办法赚钱的。华为的5G电信系统就是这样一个例子。G代表"代"，代表了一个广泛性的创新产品系统，每一代创新产品都基于之前的发展。如果你不想购买华为的5G产品，你就得花大价钱拆除华为早先安装的4G设备和基站，这会浪费很多钱和时间。英国在特朗普的施压下，选择拆除华为设备，但目前的系统几乎无法替代。

在两种致富策略中，采用低成本生产产品是最初期也是最简单的，而生产具有独一无二品质的优质产品则是最现代也是最复杂的策略。前者利用的是规模效应，而后者利用的是范围经济。由于每种标准化的产品都可以在低薪国家以更低成本生产，因此，富裕的经济体特别依靠上表中的右下方象限，也就是中国和东亚价值观体现的区域。不过，让人感到讽刺的是，左上方象限是中国起步的区域。在20世纪80年代，中国人的工资较低，因此能以更低的成本生产世界上几乎所有标准化产品。来自世界各地的公司大规模地将合同分包给中国，还将产品规格也告诉了中国，由此，中国就可以轻而易举地弄清楚各种产品的生产方法。

但是，中国并不满足于此。毕竟，实行低薪的国家是相对贫穷的。它启动了高等教育和培训计划，与外国公司建立合资企业，由此能够从外方学到东西。通过以发展高科技为目标，中国确保了技术和教育的快速发展，因此它生产的产品从廉价货变成复杂、稀缺而富有价值的东西。另外，政府出面主办也确保了华为和中国移动公司在生产5G蜂窝网络上超越爱立信（Ericsson）、诺基亚（Nokia）和威瑞森通信公司（Verizon）。利用5G技术可以支持100万个来电，是4G技术的10倍。见上图中的箭头，中国已经从左上方象限移到了右下方象限。

从历史角度看，中国的核心实力一直位于右下方象限，也就是制造优质产品。中国人早在公元前2世纪就开辟了著名的丝绸之路，并通过这条商路给中东和欧洲送去了珍贵的手工艺品，而丝绸甚至一度被当作货币。继丝绸之后，一直到18世纪，中国通过丝绸之路向外运送的产品包括玉器、瓷器、纺织品、绘画作品、陶瓷制品、科学仪器、挂毯、书法和各种生产和印刷纸张的技术。这种贸易不是单向的，商人们也从国外带回了金银盘、香料和罗马绿色玻璃器皿。这些产品的基本共同点是它们的美学价值和精湛工艺。长期以来，中国商品一直体现着艺术性，向世人展示着中华文明。历史上中国屡次遭到劫掠，不得不修筑长城，原因之一就是中国是一个巨大的宝库，让数不清的他国侵略者垂涎。西方至今还存有许多从中国掠夺的珍宝。

中国的四大发明包括指南针、造纸术、印刷术和火药，某些发明比西方要早若干个世纪。这里仅举几例：鼓风炉、水钟、擒纵器、木质棺材、烧结砖、漆器、犁铧、水稻栽培、养蚕（采桑）、大豆栽培、利用煤炭、牙刷、纺车、铸铁术、彩色印刷术、炼油、燃香、弩机、人痘接种术等。在过去的3年里，中国制造出了世界上第一台医用机器人，这台机器人以接近最高分的成绩通过了医学考试；中国还研制出首个肺脏再生疗法、首列无轨智能火车、首个可操作式无人机送货服务、首艘纯电动货船、最大的单孔径射电望远镜，以及最大的漂浮式太阳能农场。这些成就的共同点就是意图创造一个环境更加宜人的世界。①

西方的电视广告告诉我们"货比三家"，看哪家价格最低就买哪家。不过，这种做法忽视了质量这一重要问题，只有当所有产品和服务都具有相同质量时才更省钱。认同生产廉价品的观点就是自暴自弃，因为它放弃了创造性，会导致出现工资滞胀的经济局面，因为必须降低包括工资在内的所有成本。采纳这种观点，我们就会局限于计较是多一些还是少一些的灰色单一文化中。正面竞争会让两者互相碰撞，导致两败俱伤。最好还是绕开曾经的竞争对手，或与它擦身而过，或绕道而行，向客户提供新颖和无可比拟的产品及服务。我们身处富裕国家，必须致力于创新，否则就是死路一条。不过，话说回来，并非所有的优质产品都是真正有价值的。美容业就是对女性大肆敲竹杠的行业。它宣称能够永葆青春，结果女性耗费大量财力，将昂贵却无用的物质涂抹到脸上。

· **将论输赢的有限比赛与论双赢的无限比赛做对比**

如果将创造财富设想为比赛，能不能讲得通？一个真正的文

---

① 吉尔特·霍夫斯塔德提出的文化维度，见 Mindtools.com。

明的标志之一就是玩耍能力。当我们玩耍的时候,会试图在不给对手造成实际伤害的前提下"击败"另一支队伍。我们玩耍是为了取乐,让观众开心,磨炼技能,与对手的队伍一决高下。经商并非一场你死我活的冲突,我们竞争是为了服务客户,而不是为了打垮对方。如果不提供其他国家重视且愿意购买的商品和服务,一个国家是不可能在商业上获得成功的。创造财富很有可能是有史以来最好的战争和杀戮的替代品。通过创造财富,我们在一场赋予他人财富的比赛中进行竞争,测试胆量,体会权力和影响力的沉浮;同时,这场比赛是对所有人都有帮助的。

我们比赛的时候遵循规则。这些规则会判定谁赢谁输。其实,在比赛中最令双方队员们兴奋不已的就是争个输赢,论个高下。两支队伍各自的"粉丝"如痴如醉,而队员、教练和经理人的命运也都维系在比赛输赢上。如果比赛终止时,双方成了平局,或者有人以洪亮的声音宣布"双方都赢了",那么,两支队伍的"粉丝"该有多么失望!但是,规则也可能规定允许双方都赢。这会导致有人闹事吗?如果出现双赢,这种比赛会被抛弃吗?这全看你看重的是什么了。詹姆斯.P·卡尔斯(James P. Carse)对论输赢的有限比赛和论双赢的无限比赛做了比较。每场比赛的象征如下。①

---

① 这一见解来自尼尔·弗格森和广播采访。

有限的比赛就像两条缠斗的蛇，只有一方能赢。而无限的比赛就像没有终结的莫比乌斯环，双方能够彼此学习。无限的比赛能吞噬有限的比赛，将其纳入更大的整体。

有限的比赛	无限的比赛
目标是赢	目标是改进比赛
适者生存	比赛本身会逐渐发展
获胜者排斥失败者	获胜者教失败者更好地比赛
赢家通吃	获胜者的奖金大家分
目标是完全相同而且是短期的	目标多种多样而且是长期的
赛前就预先制定好规则	根据协议可以改动规则
规则类似辩论赛	规则类似原始语言的语法

如果比赛中只有一方能获胜，我们就会兴致盎然，觉得比赛充满悬念。不过，如果比赛精彩纷呈，就会有所改观，从而吸引更多的爱好者。最优秀的选手肯定会反复参赛，但比赛本身难度也会提升，对选手产生越来越强的吸引力。如果想听喝彩、做宣传，获胜者就会排斥失败者；不过，获胜者也会向失败者介绍经验，后者会从中有所感悟，可能在之后的比赛中获胜。赛后，虽说是赢家通吃，但是人人都获得了宝贵的经验，能力有所提高。

参加比赛的双方肯定都想在短期内获胜，然而，从长期来看，双方可能分道扬镳。规则应该确定下来，提前达成一致，但是比赛结束后，为什么不能修改规则，让参赛者更快乐？毕竟，我们玩耍是为了愉悦自我，制定规则也是为了达到这个目的。在辩论赛中，双方唇枪舌剑，但具有原创性的言论本身就是一个具有创造性的工具。无论是一首诗还是一篇散文，都既受写作规范约束，又有独到之处。上文显示，有限比赛是范围更广阔的无限比赛的一个有限子集。谁在上周六获胜并不重要，重要的是比赛自身的未来，以及它能挖掘才华，让后人尽情享受的能力。我们认为，中国人正在参与无限比赛，而西方却常常深陷有限比赛不能自拔。

东亚人对比赛的看法与我们截然不同，亚洲的武术不像西方那种不折不扣的竞赛。武术看似与竞赛相似，但是它的内涵远超后者。武术象征自律，是为实现自我升华而进行的磨炼，是习武之人共有的精神追求，是一种自制，是通过练习就会得到回报的生活方式。武术深受道家思想，即"道"的影响。所谓"道"，在合气道、剑道、武士道、跆拳道、柔道和空手道等词汇中的词尾出现，表示"……的方法"（这是从中文"道教"一词中借来的字）。这个字的内涵极广，可以涵盖哲学、宗教和冥想。中国功夫也是如此。其流派众多，有的流派既能保护自己，也能让攻击者免于受伤。亚洲武术强调对于对手的尊重，反映了一种深度尊重的关系，从中你能学到提高技艺的方法。人们常常看到，每场比赛前后，双方都要向对方深深鞠躬，这表示的是互相尊重。"道"比任何对手都重要，它不是用来炫耀的，而是表示尊重这项运动，为比赛增添光彩。如果你赢的方式与"道"不符，就不能算数，而且，比赛还会根据双方的作风举止及是否表示出对赛事和对手的尊重而加分或减分。从那些技艺高超并示范了"道"的人身上，你将受益匪浅。

许多武术流派的核心技术，是将双方看作一个整体，利用固有能量随心所欲地推动对手，也就是所说的"借力打力"。与使用蛮力相比，技巧更为重要，这是一项脑力胜过体力的运动。许多亚洲人的体重轻于欧洲人，因此，要想改变局面，不能靠纯粹的力量，而是要依靠智慧。有些武术流派起步时并不占优势，如空手道就来源于一项禁止携带武器的禁令，它的意思就是"唐手"。你张开手掌，用掌外缘攻击对手。很多人为练习武术而奉献终生，各种级别的武术技巧都需要花费多年才能掌握。下图对东西方两种比赛形式做了对比，证实了上面的论点。对许多东亚人来说，至少，创造财富有可能已成为一种习武之术。

西方人将重点置于**论输赢的有限比赛以及占用实物财产**上，见左上方象限里的内容；东亚人将重点置于**论双赢的无限比赛以及多种参与方式**上，见右下方象限里的内容。东亚的做法旨在让最佳做法在全国普及，让每个人都能从赢家身上学到东西。如果输赢是**具体的**，唯一重要的事情就是最后的得分，那么，双赢就是**广泛的**。所有选手都对比赛表示了尊重吗？他们是否从彼此身上学到了东西？哪支队伍获胜，可能没有他们获胜的原因重要。从比赛中能汲取哪些教训？过于执著于遵守**比赛规则**带来的问题之一，就是这些规则敌对性太强，这也是西方普遍存在的一个问题。无论如何都会有人输。为什么不能**选择**大多数人都乐于参与的**特定种类**的比赛，然后再对其加以改进？通过比较能吸取教训。相比之下，一心一意打败其他人就显得微不足道了。在西方，直到不久前，甚至连离婚诉讼都要分清离婚双方谁有过，谁无辜，谁该受到责备，谁又该得到表扬。当没有必要分出高下的时候，我们却坚

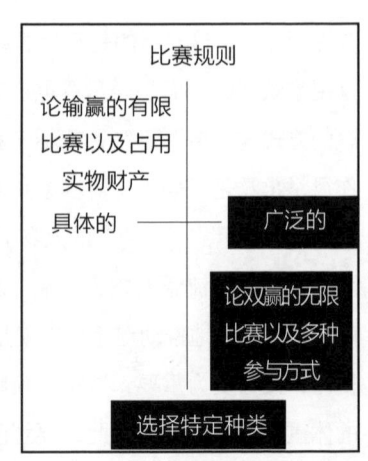

持要找出一个输家,就好像一家公司接管另一家时,就要撬走后者的人才一样。不过,如果没有对对方的敬意和理解,你能撬走被接管公司的人才吗?各方应自由地设计一个新比赛,能匹配他们的才能,挖掘出更多潜力。这个比赛的目的就是推动人才进步。当然,比赛的输赢依然反映了才华的高低,告诉我们谁学哪样东西学得更快,不过,这都是更广阔的无限比赛的标志,即让每个人都卓越发展。

·公司和供应商之间的关系

我们在超市购物的时候,商品80%的价值已由供应商确定。一家原始设备制造商可能有多达四到五层的供应商,从最底层提供原材料的供应商,到提供原件的中间层供应商,再到提供全套子系统和模块的最高一级,也就是第一线的供应商。总的来说,商品的附加值中有至少一半来自供应商,而不是原始设备制造商自身。缺少高质量的供应商,一件商品就无论如何也达不到高品质,也就是说,一家公司要对其供应链的质量负责。

西方和东方对待供应商的态度大相径庭。在西方,最常见的做法是要求供应商竞标。竞标采用密封投标的方式,招标公司一般挑选出价最低的投标方,而且它们有法律义务这样做,以免"浪费钱"。这种招标方式的意图是让供应商互相竞争,以降低成本,让最高效者胜出。这些供应商还会以类似的方式对待供应链上比它层级更低的供应商,目的也是一样的。供应商的优势靠的就是提供物有所值的商品。就这一点而言,整个竞标过程都是极为高效的,依靠的是平等竞争。如果这套系统崩溃了,我们就会看到"裙带资本主义",也就是合同都在暗中轻而易举地给了朋友。应当注意到,我们有多么不信任亲密关系，认为这种关系会招致勾结串通！亚当·斯密说过，当商人会面的时候，通常就是要垄断价格和密谋采取不利于客户的行为。无可否认的是，这种竞标制度是开放且透明的。同一种产品的规格送交所有的供应商，让它们能够在"平等的环境"中竞争。

可惜的是，事情远没有这么简单，招投标这种常见的方式同样存在很多瑕疵。首先，将标准产品规格发送给所有参与竞争的供应商就表明，所提供的产品不容改变或改进，除非有人对此提出要求。某个供应商可能已经开发出更好的子系统或模块，但是，它没有机会说明其产品的优势。其次，价格最低的投标可能来自远方，也就是说可能来自中国，或价格更低的越南，而这就导致了语言障碍，买卖双方无法进行深度交流。由此还可能造成原始设备制造商周边的供应商垮台，永远无法东山再起，导致员工失业，劳动力分散。与大公司形成紧密联系的群体逐渐被削弱，原来的关系愈加疏远。再次，假设有六家供应商参与合同投标，评标就会浪费不少时间，给竞标失败的五家供应商带来麻烦，而它们在财务方面的损失不得不依靠其他项目弥补。这些输家的现金流也会变得不稳定。最后，如果输掉竞标的公司铤而走险，它们会暗地里降低质量，也许不是降低产品本身的质量，而是在卫生、安全和员工薪酬方面打折扣。这些公司由于竞标失败，利润变少，甚至不得不承担亏损，而其管理费用都是固定成本。它们承担不起下一次竞标失败！因此，它们欢迎任何能降低管理费用的举措。

人们经常采用招投标的方式选择供应商，而在其中受伤害的是开放式创新。这是指供应商和客户之间达成新的约定。假设你生产太阳能屋顶板，那么，储存太阳向地球输送热量的光伏电池的质量对于成功至关重要。如果和供应商没有紧密的联系，你就不会得知质量更好的新款电池即将问世,也不会成为最早将这种电池用于屋顶板的公司。因此,降低成本,不能仅仅依靠竞标,也要依靠公司向其各自的供应商投资,这样才能以更低的价格获得更新、更好的零部件。所有成本都具有特定属性,而质量才是最重要的。

许多东亚国家之所以胜过西方国家,就在于它们使用首选供应商,甚至是独家供应商。独家供应商的优势在于,随着时间推移,它与客户的联系越发紧密,可能比客户还要了解其自身的需要。由客户和供应商组成的团队会重新设计,以便让所提供的零部件更好地适应流水线,而这个过程需要双方共同做出调整。只有供应商和客户都参与到生产工艺的设计和再设计中,才能实现低成本生产。只有共同参与创造和分享经验,团队成员才能形成牢不可破、深入细致的关系。公司善待第一线供应商,及时给这些供应商付款,它们就会同样善待第二线供应商,以此类推。韩国浦项钢铁公司(POSCO)就有一个面向供应商的双赢局,确保供应商三天之内就能收到现金付款,因此,全世界最好的供应商都争相为浦项提供服务,而它们也会像浦项善待它们一样善待自己的供应商。浦项甚至会帮到第三层供应商,在优秀供应商遇到现金流危机时伸出援手,而现金流危机则是破产最常见的原因。

与此形成对照的是,被迫竞争,与客户保持距离的供应商只能在收到款后才能给自己的供应商付款。许多全球性公司的政策是,收货或收到发票80天之后才给供应商打款,这种拖欠从第一级供应商一路传到最后一级供应商,导致情况越往后越糟糕,最终影响整个西方经济体的成千上万家小公司。本质上,这种拖欠就是从最不能承受拖欠的公司身上强迫抽贷,而向那些可以轻而易举偿还贷款的公司支付货款。现在,我们可以通过图来显示这种差别。

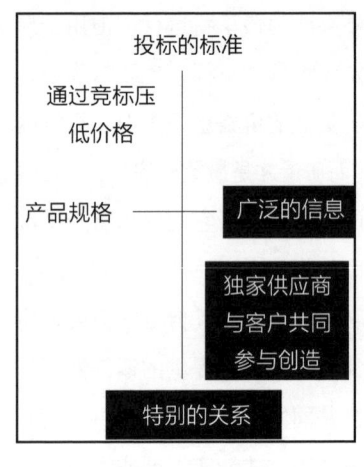

西方的价值观偏好遵守**投标的标准**,而东方则看重与独家或首选供应商维持**特别的关系**。西方坚持统一**产品规格**,因此,竞标公司的出价可以拿来比较。提出创新的供应商等于自动取消资格,因为如果有一家公司标新立异,所有投标公司就无法比较成本。而东方的公司则倾向于通过供应商了解包括质量在内的**广泛的信息**。在左上方象限内,出现了**通过竞标压低价格**的选项,这是西方公司偏好的逻辑;与此相反,在右下方象限内,出现了**独家供应商与客户共同参与创造**的选项。如果你能认识到,与对方之间是彼此依存的关系且能够按时付款,就会和对方建立紧密的关系,双方就能共同承担风险。就像我们以前经常发现的那样,右下方象限里的内容包括了左上方象限里的内容。你虽然只拥有唯一的供应商,但并不妨碍坚持让该供应商给出市场价格,甚至给出比其他供应商更低的价格。成为独家供应商就是为了获得优先地位,而供应商必须提供广泛的附加信息和服务,而非仅靠提供廉价的货品。供应商就是你的密友和盟友,你和他建立了关系。

· 为什么中国人从我们这里学得又多又快,而我们从他们那里却收获寥寥?

看看有多少中国学生在西方留学吧。在新冠疫情暴发前,在美国大学攻读本科及以上学位的中国留学生多达36万，在英国有4.3万，而在地理上与中国更为接近的澳大利亚，则有惊人的180万。在美国留学的中国留学生数量比在中国留学的美国留学生数量多出30倍。[1]为什么会出现如此大的差异？部分原因是语言。使用汉字的普通话是一种很难掌握的语言，而对于中国人来说，掌握英语也并非易事，但是他们做到了。另一个原因是美国和部分西方国家更加富裕，因此，那些追赶它们的后来者在努力向其看齐。不过，根据世界银行的报告，中国已经使8.5亿人脱贫，这在世界历史上是无与伦比的，我们当中至少有一部分人应当对此感兴趣。

现在，还有一种见解，认为西方人的文化是一种诉说型文化，而中国人的文化则是一种倾听型文化。那些能够倾听别人说话的人比高谈阔论的人学得更快。不过，中国人学习速度快的主要原因恐怕是西方人的知识和他们的并不相同。中国人从我们这里学到的**知识经过高度数字化，易于传递**。最新的技术和工具在全世界范围内都一样，也就是**科学**和**特定技术**，只要花钱就能获取。因此，我们竞相向中国人提供科学知识和特定技术，教会中国学生如何使用它们。我们提供技术，但是，中国人将其用于实现社会目标——从他们的角度来看，这是为了达到某些特定目的，比如，致力于希望工程、开发脱碳煤、兴建基础设施等关键项目。这些都是彼此关联的**广泛性应用**。通过实施这些项目，中国形成了一种**独一无二的文化**，即**由政府批准实施倡议和方案**。所有这些项目，都旨在让中国为全世界供应产品以挽救环境、保持健康、阻止物种灭绝和发展经济。

---

[1] 全球卫生开支数据库。

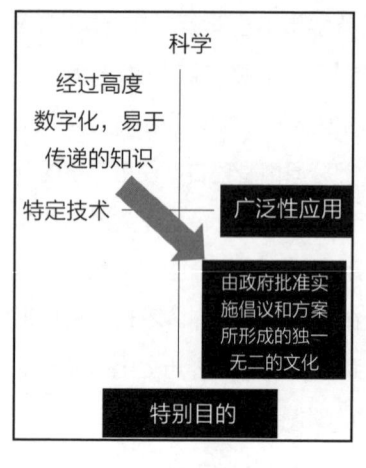

请注意，中国式的知识并不能轻而易举地掌握，这些知识与使用者不可分割，需要我们认同中国社会和政治目标，但是，对此我们通常都是不赞成和轻视的。这就是我们向中国学习很慢，而中国向我们学习很快的原因。我们认为，市场能够最优地分配资源。而中国人相信，能够有意识地进行深入思考的政府，可以制定产业政策，甚至为所有事情做好方案，目的就是实现具有国家级和国际级重要战略意义的目标，但其中的具体细节可以留给市场去完善。有了我们的贡献，中国人掌握了整个价值观连续体，运用我们的特定技术实现了特定目标。具体内容见图中的箭头。

在本章中我们看到，西方达成目标的方式是依靠对所有公民都具有约束力的法律，而中国则依靠人际关系网。后者很难避免利益冲突，但实施起来更灵活、适应力强、以人为本，容易掌握，对抗性较弱，更注重卓越品质，与客户更亲密。双方能够通过改进比赛规则和普及最佳做法实现共赢，帮助彼此走向繁荣。建立双赢关系不像雇用好律师来胜诉那样花钱，压榨性也没那么强。客户和供应商相互配合、共同创新，反而是一个更可取的方式。

第四章
股东还是利害关系者：
谁是公司的所有者？

公司的所有者是谁？大多数公司规模都很小，被称为私营企业，由创办人及其家族所有。如果我们创办、投资和经营公司，那么，我们就是公司所有者。不过，当公司越做越大，可能需要更多的资金，这时候就通过首次公开募股邀请股东认购股票，成为在股票交易所上市的公开招股公司。尽管这些公司起步阶段属于私营，但是逐步演变为公有制。即便到了这个阶段，公司的所有权仍属于特殊类型，存有疑义。中国和东亚大部分地区也欢迎来自国外的资金，但这些国家并不看重股东主权。目前，在美国股票交易所上市的中国公司有270多家，这是史无前例的。

股东真正拥有的是股权证书，而不是公司本身。股东不能擅自进入公司、占有一台电脑或一辆推车，就像他们的私人财产一样。他们只是拥有时价的股份、分红和对某些议题的投票权。是否可以说股东"掌握"公司的存续、智慧、事业和积累的经验，这是一个悬而未决的问题。不过，股东领导公司按照符合西方价值观的方式经营，这种所谓的权利只是次优选。如果有人说"这里有些钱，我用它来雇你为我工作,你为我工作的时间取决于我能雇你多久",那么,人们可能会认为这缺少天然公正。

如果我们认为公司的所有者是股东,这就意味着其他参与者都只是股东的代理人,包括雇员、首席执行官、承包商和供应商。这些人都像客户一样签了合同,而合同规定了他们拥有的权利。超过这些"成本"的剩余财产就属于股东。请注意,股东所有制将股东以外的每个人都变成了投资者的成本。有人可能认为,我们可以投资员工,其能力会随着时间的推移而增长。不过,如果我们将员工视为成本,可能就不太会倾向于对他们进行投资、教育和培训。

公司依靠裁员抬升股价,这种做法并不罕见。这样做是因为留下来的雇员会感到害怕而更加努力地工作吗?难道员工的发展和培训就不重要吗?我们对这样的裁员理由表示怀疑。钱从员工手中转到持股人手中,于是股价开始上升。股东认为,提高赚钱这条"底线"是所有代表公司工作的代理人的共同职责。衡量公司是否成功,是否业绩超群,唯一的标准就是利害关系者代表其"所有者"赚了多少钱。

不过,有关这种看法的争议越来越大。美国商业圆桌会议以前支持"利害关系者资本主义"的观点,但是到了撒切尔夫人(Margaret Thatcher)和里根(Ronald Reagan)的时代,参加圆桌会议的企业家受到这两位领导人和米尔顿·弗里德曼(Milton Friedman)的影响,转而支持让股东收入最大化的"股东资本主义"观点。而几个月前,商业圆桌会议的看法又重新回归到"利害关系者资本主义"。我们在第二章看到,只有40%的美国经理人支持公司的"唯一目标就是盈利"这种观点,但在各国受访者中,这已经是最高比例了。中国经理人只有9%同意这种说法。诺贝尔奖评审委员会两头下注：给两种派别的经济学家颁奖。毋庸置疑的一点是，东亚人更倾向于认为，对企业来说，利害关系者更为重要，10个受访者中有9个人排斥公司属于股东的观念。在"利害关系者更重要"这一观点的支持者中，首位的就是日本人，新加坡、马来西亚、韩国甚至法国人也表示认同。绝大多数东方人都支持"利害关系者更重要"的观点。环太平洋地区开始经济腾飞时，日本走向巅峰，它对资本主义的定义已经被中国和该地区的其他公司所接受。

在本章中，我们将探讨以下话题：

- 最终利润的局限
- 股东位居首位还是末位？
- 一家东亚利害关系者公司战胜一家得克萨斯股东公司的经过
- 发展产业是为了给股东挣钱，还是将钱投向生产部门？
- 获利能力还是市场份额：谁在战略上更有效？
- 在中国和东亚其他地区，外国公司有义务承担利害关系者的责任
- 股票市场会被主权财富基金取代吗？
- 股东支配能力类似癌症？
- 美国人对一切心知肚明，但是没有付诸行动

· 最终利润的局限

我们有理由提出以下问题：同认为"公司属于承担实际工作及生产和购买产品的人"的观点相比，那种认为"公司属于股东"的观点在世界上有多高的认同度？我们看到，在美国、澳大利亚、加

拿大和英国等英语国家，支持这种观点的人只占少数。在英国，只有32.8%的经理人支持这一观点；在美国，只有40.4%。经理人也属于利害关系者，他们并不全然是不偏不倚的观众。以下结果显示，对于这种从未给出过充分解释的观点，没有多少有力的支持。如果大多数人都不支持这种观点，怎能指望经理人做出成绩？难道那些创造财富的人不应拥有公司吗？

公司属于股东个人还是利害关系者群体？

偏爱利害关系者模式的经理人占比			
日本	92.4%	芬兰	75.1%
中国	91.3%	比利时	74.9%
新加坡	89.1%	荷兰	73.9%
马来西亚	87.0%	瑞典	72.5%
韩国	86.2%	意大利	71.4%
法国	84.2%	英国	67.2%
印度尼西亚	81.7%	加拿大	65.3%
德国	76.1%	澳大利亚	64.1%
		美国	59.6%
·请注意，经理人也是利害关系者，因此他们占比很大。			
四个英语国家最主张个体股东的地位应高于其他人。			

*来自特朗皮纳斯和汉普登-特纳数据库。

我们当中有多少人因让股东致富而扬扬得意，或有多少人的伴侣下班回家后因为让股东发了财而看起来心满意足？我们通常不知道谁投资了，谁没有投资。股东每时每刻都在买进卖出，他们的持股时间可能仅有几周，有时候甚至只有几秒钟！而实际工作的员工可能要为公司奉献一生。大多数股东对他们投资的公司所知甚少，不仅如此，股东之间也几乎不认识。股东就是流动的个体的集合，并非有意识结成的群体。股东只有一个共同点：他们希望赚到更多的钱，并且愿意为赚钱而投资。

现在，我们能够思考东西方的价值观如何解释这两种观念的不同。本章主要涉及我们提到的第二个维度：**个人主义—团体**。我们需要搞清楚的是：最终利润是最**具体**的。所有的混乱和行为最终将凝聚为一个纯粹的简单数字！这是还原论者的梦想成真，是对简单明了的结果的庆祝。行业中所有的混乱和丑陋，都被那些置一切于不顾就想拿钱的人归纳为一个纯粹的统计数字。相比之下，形形色色、五花八门的利害关系者争论不休，结果招来一片混乱，**错综复杂**的材料让人头大，如何处理它们成了会计师的噩梦。一方面，左上方象限标明了**个体股东的最终利润**，而右下方象限中则是面向重视**团体**和**广泛性**信息流的**利害关系者的生态系统**。我们应当注意到，股东作为一种利害关系者，可以纳入右下方象限中。没有人说我们可以忽视投资者，也没有人认为投资者不重要，但是，股东并非事关企业成败的唯一。所有起关键作用的各方都应接触，根据自己在现金及实物方面对公司所做的贡献，按比例赚取收入。没有任何一方能够享有特权，尤其是那些对公司本身一无所知或所知甚少，只将公司当成收入来源的人。利害关系者可以聚会、

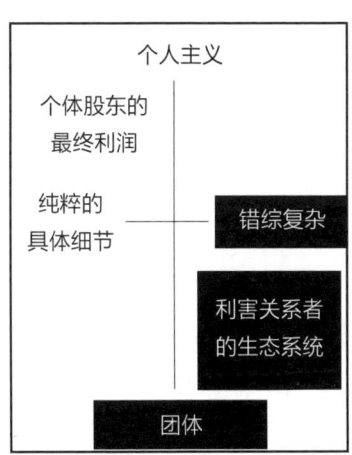

提出新观念,随时间推移分享收益。

· **股东位居首位还是末位?**

上面这个问题含义不明确。当我们说到首位的时候,我们是指重要性还是指创造财富的一系列行动中的第一步?二者都有。股东主权的问题是,就重要性而言,股东位居首位,但是在财富的创造过程中,股东位居末位。想一想,财富是如何被创造出来的。公司领导和雇员构想一种产品或服务,之后利用供应商提供的资源供应它。公司将产品或服务分销给客户,再从客户那里获得收入。公司有望从中获利,再从获利中缴纳税款。截至目前,除了雇员、供应商、客户和政府等利害关系者,没有其他人参与创造财富,但是,有一部分盈利付给了股东。这就是我们所说的"居末位"。只有产品已经售出,公司获得收入,并缴纳税款之后,股东才会拿到红利。股东所获得的,正是利害关系者所创造的。

这种做法会引发严重的问题。应该给完成工作的利害关系者付多少钱呢?在这些人员的培训、使用的设备、所做的研发和信息流处理上到底应该花多少钱?只有在这些人完成工作之后,我们才能真正回答这个问题,而到了那时,一切都晚了。根据官方的经济学学说,股东应当获得剩余财产,也就是利害关系者在尽最大努力后剩余的价值。但实际情况却是另外一回事。几乎所有的公司都设定"利润指标",经理人有义务实现这些目标。为此,他们能做的只有付给利害关系者更少的报酬,在他们身上花更少的钱。

培训和研发都被砍掉,剩下的钱用来奖励股东。在创造财富的过程中股东"居末位",但是到了分红的时候,他们却先声夺人,拿走了实际工作者该拿的钱!而如果公司将更多的钱用于奖励利害关系者,改进他们的工具,对他们进行培训,这些人据此将更加出色地完成任务。至于有多出色,我们已经不做这方面的调研了。甚至已经没有人愿意在人力资源方面大力投资了。这又是东西方偏好的价值观带来的结果。新加坡的口号是"雇员优先、客户第二",因为只有雇员感到快乐,才能真心为客户提供优质服务。这句口号没有提到股东。新加坡人的平价购买力是其原宗主国英国的两倍。

麦肯锡管理咨询公司出具的一份报告中表明,如果达不到承诺的公司季报利润目标,美国80%的经理人会砍掉研发等领域的开支。就算这种削减开支意味着会破坏公司的长期价值(加重语气),他们也会照做不误。实现股东的收入目标已经成为重中之重。[1]难怪美国的大公司正在裁员,而中小型公司却经济增长。

我们似乎更偏爱那些分散的个人投资者。这些人持有公司股份可能只有几周时间,他们利用经纪人下赌注,甚至对自己到底投资了哪家公司都毫不知情,因为他们对于任何一家公司的投资都不会占到其投资总数的1%。这确实将我们对于这种对公司毫无承诺,甚至完全陌生的**个人**的偏爱推向极端,而且,我们还心甘情愿地在连自己都不知道公司收入几何的情况下就向他们支付**具体的**款项。其结果就是左上方象限中所写的:**提前向股东保证盈利目标**。这种做法必然导致减少对利害关系者**团体**和更**广泛的**间接成本的投入,例如,培训、技能开发及改进人际关系。公司财产必须用来让雇员辛苦工作,而不能让他们用来享受。结果,**在西方而非东方,由于生**

---

[1] 测度短期主义的经济影响,www.mckinsey.com,长期资本主义。

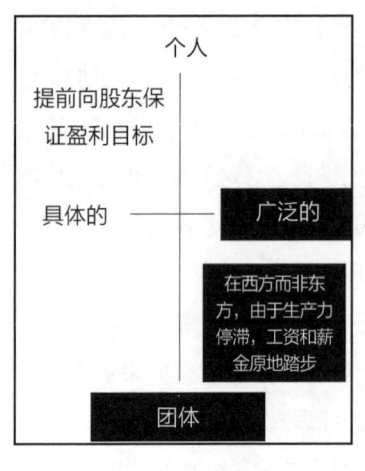

产力停滞,工资和薪金原地踏步。在美国,工人工资在一代人的时间内没有增长,现在,就连中产阶级的收入都在减少。尽管疫情肆虐,股票市场价格依然猛涨。现在,遭受损失的已经不是华尔街的投资人,而是美国中小城镇的居民了。在这些时期,实际从事生产的人的回报都在减少,而生产力也随之衰退。上一次社会出现如此不平等的局面还是在1929年,当年恰逢股票市场崩盘前夕。西方轻视利害关系者的表现之一,就是将工作外包给中国和东亚其他国家和地区。当然,这些地区由于拿到外包合同而变得越来越强盛。实际上,我们所有人都在依靠东亚地区创造的财富生存。我们现在要谈的就是这一点。

·一家东亚利害关系者公司战胜一家得克萨斯股东公司的经过

下面讲个故事。伟创力国际有限公司(Flextronics)位于新加坡,是个不起眼的小公司,它是得克萨斯州的电脑巨头康柏(Compaq)的分包商,对康柏的股东有求必应,为其不断带来盈利,最后却置康柏于死地。讲故事的人是哈佛大学已故教授克莱顿·克里斯坦森(Clayton Christensen)。我们将这个故事拍成了电影,在此处直接引用了克里斯坦森的评论音轨。这个故事表明,只追求盈利既可以造就公司,也能毁掉公司。这两家公司都曾在一段时间内获利甚丰，但是这种获利对其中一方来说却是致命的。故事如下。

"一开始，伟创力制造康柏电脑中最简单的电路板。但是它向康柏提出一个建议：'既然我们能做好你们的电路板，为什么不让我们也做主机板呢？电路装配并非你们的核心竞争力，由我们来做的话，成本可降低20%。'康柏的分析师研究之后说道：'他们真的能说到做到！如果我们将所有电路装配生产外包给伟创力，就能将电路装配生产从资产负债表中划去。'之后康柏就放弃了这项业务，但是公司的收入未受影响，盈利却实打实地增加了。伟创力的收入和盈利同样增加了。一项业务从一家公司倒手到另一家，看起来感觉不错。之后伟创力再次找到康柏：'我们一直做你们的主机板，它算得上是计算机的核心部件了。想想看，你们干吗还要费心组装呢？组装不是你们的核心竞争力，由我们来做，成本可降低20%。'……康柏的分析师经过研究，认为伟创力能够做到这一点。'如果我们将组装外包给伟创力，就可以从资产负债表中清除掉所有的制造资产。'康柏还真这么做了。

"（同样的故事又发生在供应链和物流。伟创力履行康柏的外包合同，因此获悉了所有生产细节，而新加坡又拥有首屈一指的基础设施。伟创力不仅能将产品做得更好，成本也更低廉。康柏将供应链和物流也交给了伟创力，现在，它的资产所剩无几，盈利资产比率棒极了！）伟创力再一次找到康柏。

"'我们一直为贵公司管理供应链。想想看，你们不必费心自行设计电脑。设计，不过就是选择零部件，反正我们与所有的零配件供应商都有联系。你们的核心竞争力在于经营品牌。'之后，伟创力又回来了，不过这一次没有找康柏，而是找到了零售巨头百思买

（Best Buy）。'我们生产世界上最好的电子产品和计算机。我们可以让你们销售这个品牌、那个品牌、任何品牌，反正我们也在生产这么多品牌的产品。让我们来干，成本可以降低20%。'好了！来一个，走一个……"①

通过一系列谈判，康柏和伟创力都获益匪浅。那么，究竟是什么原因导致康柏退出市场呢？两家公司各取所需。很明显，区别并非在于获利能力，而是各自获利的目的。康柏希望将获利全部输送给股东。它将生产都外包给新加坡，宣称美国不需要那么多本土工人，这样就能节省工钱和工资，而省下来的钱都分给了股东。康柏不断抛出资产，以提高盈利资产比率，对此，华尔街一路叫好。提供具有附加值的服务才能赚钱。硬件本身毛利较低，IBM就将硬件卖给了中国的联想公司，结果所有与硬件有关的工作都由联想接手。而伟创力想要在真正工作的利害关系者当中分配获利。康柏为了给股东谋利，将生意拱手送人，掏空了自己。打败美国公司很容易。美国公司希望少干实际工作而能赚到更多的钱，你只需投其所好即可！与此同时，东亚学到了生产产品的方法，而这些产品原来都是西方生产的。

东西方看重的价值观不同，也可以据此将上文中提到的区别标示在图上。在有关的维度中，一方是全球股东的**个人主义**，这些股东中很少有人将康柏当成一个经营实体而对它全心全意地投入；另一方是普遍看重利害关系者**群体**的伟创力和新加坡。我们可以列出七个维度中横向连接的两个，其一是对于股东分红的**具体而短期的**

---

① 录像片《创新和各国的命运》(*Innovation and the Fate of Nations*)。

需求，这比其他因素都重要；其二是在利害关系者群体中对于学习和积累技能的**广泛而长期的**兴趣。左上方象限中标明的内容是**外包给成本更低廉的国家会增加股东收益**，而右下方象限中标明的内容是**利害关系者为了日后发展而提高自己的产业实力**。箭头从左上方指向右下方，表明了权力转移的方向。请注意，从事实际产业生产的是东方的利害关系者，而西方则坐收现金。特朗普抱怨，西方正在遭受中国的蹂躏，中国因此获得了大量贸易顺差。而实际上，当前的贸易状况是基于各方承诺达成的平衡局面，各方各取所需。用一个更为恰当的比喻就是，这种贸易关系体现了一种心甘情愿的关系，美国为了坐享其成，选择做最少的承诺，仅支付开支。问题在于，西方看重和偏爱什么价值观。它只想付出最少的努力且获取最大的收益，并将其视为"聪明的"做法。

看来，为股东谋求短期收益就是西方的致命弱点。只要中国对我们的公众股东许以金钱的诱惑，而我们又邀请中国人做实际工作，那么，同中国打贸易战，对中国商品大规模征税，对我们来说就是搬起石头砸自己的脚。为了换取收入，我们和中国人建立合资公司，分享知识，向他们支付费用，难道这样做就是为了让他们超过我们？我们拿到了现金，而中国人则获得了技能和知识等具有长久价值的东西。为了短期的获利，美国公司失去了长期拥有的核心竞争力，但是，就算是一直叫嚷要对中国实施惩罚的美

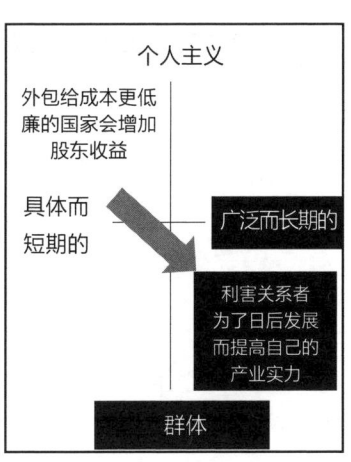

国政府也无力阻止美国公司这样做。美国公司从中获利满满，它们不会放下中国。2019年，贸易战打得如火如荼之际，中国吸收的外国直接投资超过了1349.7亿美元，位于世界第二。2020年，当新冠病毒肆虐八方时，对中国的外国直接投资超过了1630亿美元，达到历史最高值。

·发展产业是为了给股东挣钱，还是将钱投向生产部门？

如果从企业中抽出更多资金，作为分红分配给股东，而不是将钱重新投入企业让其进一步成长，就会出现资金的净转移，从实际工作的利害关系者群体手中转入不从事实际工作的分散的股东集合体手中。利害关系者基本上都在公司内部上班，或与企业进行交易，而股东基本不会出现在工作场所。从企业中抽出资金与向企业投资之间形成一种循环，这种关系如下图所示：

**你能在短期内从企业中抽出的资金数量，
取决于你长期向企业投入的资金数量。股权与资金的提取有关。**

发展企业是赚钱的手段

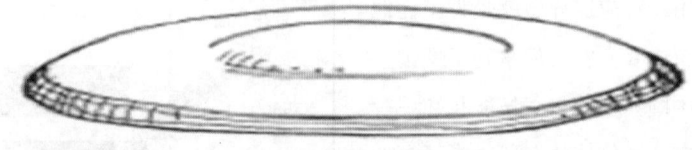

金钱是发展企业的手段

如果我们回首从2008年金融危机到2020年的这12年，就能看到，美国股市表现得非常好。与此同时，利害关系者的工资、薪金和收入却一路下滑，很多人称这10年都浪费掉了。生产力的各项指标停滞不前，生产增速比中国慢得多，且慢于历史发展趋势。华尔街和伦敦金融城似乎更擅长短期从企业中抽出资金，而不是对企业进行长期投资。在英国，人们普遍认为，目前无法创立像劳斯莱斯和帝国化学工业集团这样的公司。人们既没有耐心也没有毅力创办和经营，而数量众多的大公司已经消失不见。问题在于，公众持股公司为了吸引回报而彼此竞争。如果有公司在这场竞赛中落后，那么，股东就会转投其他公司，而落后的公司就会缺少资金。

一家公开招股公司如果同意先分红和抬升股价，接下来它就必须考虑如何支付费用。一个办法就是尽可能少付工人和经理人应得的报酬。前面已经提到，将工厂的活计外包给东方国家和地区，就是压低利害关系者的工资和薪酬的方法，如能采用威胁手段就更好了。如果有人要求涨工资，那么，这个人的职位有可能不保！而他的工作将会在其他地方完成。降低工资就好比一场比赛，看谁能付出尽可能低的工钱。中国在其崛起的早期，就是凭借这一优势赢得了大量发达国家外包的合同。

英国通用电气公司（General Electric Company，GEC）曾经赫赫有名，而今已不复存在，它的前任总裁阿诺德·温斯托克（Arnold Weinstock）这样说道：

"秘密在于，看市场愿意为该产品支付多少钱，然后再看你能否在这个价位上生产该产品，之后再想办法降低成本：压榨供应商的利润空间、大批量生产、减少人力，由此你就可以获利了。"[1]

---

[1] 科林·迈耶（Colin Mayer）在《公司的承诺》（*Firm Commitment*）中的引用。牛津：牛津大学出版社，第164—165页。

这就是盈利的定义，它明确表明要从其他利害关系者那里抢钱，而且，为了盈利，可以完全不顾及产品或服务的质量及创新。你让员工努力工作，又吝于让他们获得各方面提升，与此同时，又将收益分给股东。

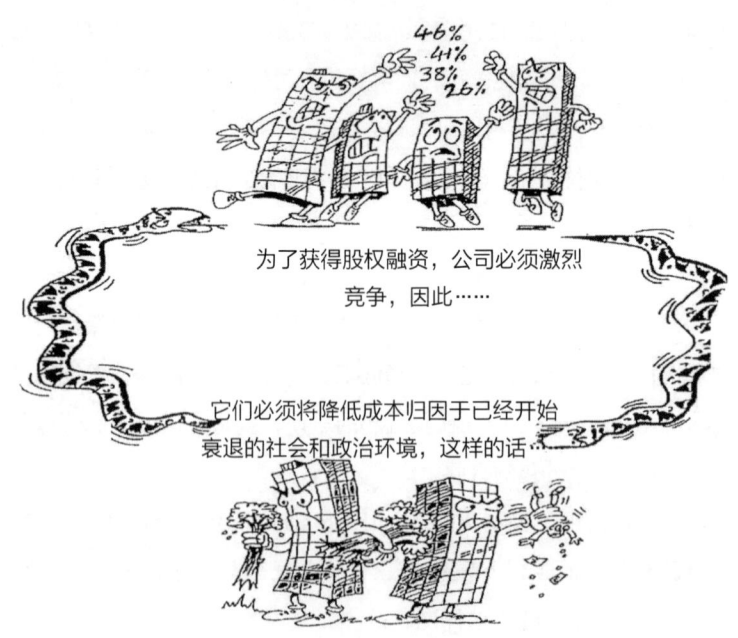

股东支配的恶性循环

为了获得股权融资，公司必须激烈竞争，因此……

它们必须将降低成本归因于已经开始衰退的社会和政治环境，这样的话……

牛津大学赛德商学院教授科林·迈耶指出，温斯托克"为股东创造了巨额的金融财富"。但伦敦金融城的成功并不等于企业的成功。英国电气公司可以让投资者变富，但作为一家公司及电子设备和部件的供应商，它却一败涂地。在公司关门之前，其股价每股下跌了12.5英镑，最后只剩下4便士。在20世纪80年代，它在180

个地区雇用了25万名员工。在垂死挣扎阶段，它经过76次重组，其中采取了多次让人感到"老一套又来了，忍着点"的措施，最终公司于1999年倒闭。现在，英国已经没有大型电信设备供应商了，却还想摆脱华为公司。喜不自胜的股东与电子设备本身没有任何关系。公司的使命就是以其专业为民众服务，没有比这个更重要的了。从某种意义上说，西方似乎相信"一切都归结于金钱"，但从另外一层意义上看，"一切又都是为了提供更专业的服务"。一个国家要磨炼技能，夯实基础，还是要醉心于提供回报？弗洛伊德（Freud）提出，我们活着是为了爱和工作。我们当中有些人非常幸运，他们热爱自己的工作，而热爱工作才是让经济更有起色的唯一途径，因为人们提供服务的方式与其本人有着重大的利害关系。

如果都市金融家和股权持有人获利太多，那么，他们的获利就是以必须从事实际工作的人员的利益损失为代价的。有些人认为，公司并非科技成就的代表，只是一堆有待剥离的财产；在他们看来，公司就是为了**个人**获利而被洗劫的对象。这种看法毫无价值。想要创造财富，就需要有一个稳定而长久的**团队**，还需要有一个**内容广泛**且为期至少五年的**长期**承诺。但是，在一心只考虑现金流折现的会计师的操作下，这种奉献精神很难保留下来。会计师往往认为，远期的资金流动情况无关紧要；实际上，其尽管暗藏着重重风险，却可能包含真正的潜力。而眼下，会计师需要考虑的是**具体而短期的**财务状况。通过投机，在明天就能挣到的钱才永远是你的。哪个正常人会去下一个为期八年的赌注，而不是用客户的钱去下八百次赌注呢？左上方象限中写着，**从企业中提取的资金能挣快钱**；右下方象限中写着，**任何有价值的事业都有赖于时间和技能的**

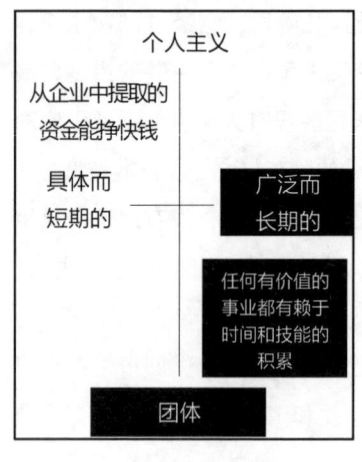

积累。在杰克·韦尔奇（Jack Welch）领导下的美国通用电气公司及安然公司（Enron）曾经每年裁掉10%的经理人，他们并非做错了事，只是在评比中得分较低。而这些人之所以得分低，部分原因可能是他们所在的群体或他们的老板一贯如此地对待他们，但是，没有人考虑这一点。如果你在十个人中解雇了一个人，就好比你失去了九层人际关系；或在一百人中解雇十个人，相当于失去了九十层人际关系。有了人际关系，才能积累知识和技能，这些知识和技能也才能被公司使用。杰克·韦尔奇被亲昵地称为"中子弹杰克"，因为这种炸弹可以仅仅杀死人，却留下其财产。韦尔奇最终宣布，让股东收入最大化就是"世界上最愚蠢的想法"。他应该知道这一点，却一生都在这么做，直到到了退休年龄，无法再继续造成伤害的时候，才做了彻底的转变。

认定股东价值最大化的观点都有一定价值，而我们有可能因为奉行这种观点而损失惨重。在2016年之前的10年中，英国五分之一的公开招股公司从股票交易所消失了。1991年至2015年，在英国的养老基金中，英国公司的股票占比从50%下降到了15%。[①]现代资本主义究竟是否还需要股票市场，这是一个严肃的问题。股票市场

---

① 威廉·霍顿（Will Hutton）在《我们能够有多好？》（*How Good Can We Be?*）当中引用，伦敦：小布朗出版社，2015年，第3页。

之所以兴起，是因为最早开办纺织厂、化工公司和造轮船都蕴含巨大的风险，有钱人如果将钱投入这些缺钱的事业中，就必须得到回报。然而，到了兴建若干代之后的轧钢厂和汽车厂的时候，由于可以利用转让技术建厂，几乎没有任何风险，还可以使用个人储蓄融资，而东亚又有充足的储蓄额，资本成本因而大幅下降。

·获利能力还是市场份额：谁在战略上更有效？

获得盈利和获得更大的市场份额，哪个相对来说更重要？信奉个人主义或公有制社会的国家往往对此意见不一。出现分歧的原因是，盈利是为了给股东分红，而获得市场份额是为了更多群体的利益，这个群体包括雇员、供应商和客户，也就是公司的利害关系者。如果你讨好更多客户，他们就会选择从你那里购物。在日本、中国和东亚大部分地区，人们宣传的都是公司为他人赢得的市场份额。毫无疑问，通过降低盈利来增加市场份额已被证明是非常有效的策略，在日本经济繁荣的年代和当今的中国，这一策略被广泛使用。为了降低产品价格，东方的公司通常会有意减少盈利，它们希望由于没有足够的盈利，西方公司会觉得不值得经营并退出市场。西方公司一旦退出，东方的公司就会再次涨价，将失去的盈利补回来。不过，与其说这是投机者的诡计，不如说不断增长的市场份额值得获胜的一方骄傲，也值得庆贺，因为你成功地让群体满意，也挣够了钱，能够继续实施扩大市场份额的策略，并扩张公司规模。

例如，在英国，森特理克集团（Centrica）可以被视为私有化版本的英国燃气公司。该公司退出了欣克利角（Hinkley Point）核电站的投标，因为英国政府保证，公司的利润幅度"只"有10.5%。

取代森特理克集团投标的是两家中国国有公司。一边学习建造更好的基础设施,一边还能收到项目付费,这在中国人看来是划算的。对于森特理克集团来说,这个项目能吸引的股东实在太少。看一看东方的公司是如何渗透到西方市场的,我们就会注意到市场份额所起的作用。一开始是日本入侵美国的汽车市场。日本生产出了外观紧凑、价格低廉的汽车,例如丰田卡罗拉,这种车非常经济,但是利润最低。用这种车打开美国市场,旨在扩大销量,增加市场份额。而实施这一策略时,恰逢石油输出国组织抬高油价,燃料经济性日益重要。这一市场区隔也是底特律汽车城防范外国车最薄弱的市场。底特律的汽车生产商根据每辆车的利润给厂家主管付报酬,由此让大赚特赚的"油老虎"大出风头,而忽视了低利润的紧凑车型。丰田车和本田车长驱直入美国市场,几乎挖了整个汽车市场的墙角。这一策略奏效后,日本人又在美国市场上推出了雷克萨斯等价格更高的汽车品牌。

　　中国人使用同样的策略占领了全球船用集装箱市场,办法是同时推出高利润和低利润的集装箱。他们推出的产品中,既有那些构造复杂、密不透气、可冷冻货物并装有能够记录箱内情况的软件的集装箱,也有外观普通、功能原始,简直就是大钢罐的集装箱。中国人选择生产那些外观粗糙、利润单薄的集装箱,而这些集装箱正因为几乎无法盈利而被西方忽视,中国就此占领了50%以上的集装箱市场。之后,中国人利用从这种低利润的集装箱中所获得的收入研发生产专业的、精密的集装箱,在产品附加值链条上力争上游。现在,中国人在全世界各种类型的集装箱市场上都能独占鳌头。[①]

　　[①] 曾鸣,彼得·威廉森(Peter Williamson):《龙行天下》(*Dragons at Your Door*),波士顿:哈佛商学院出版社,2007年。

只讲获利能力，在季报中详述收益的来龙去脉，这在引领公司发展的方式中就落了下风。获利能力并非领先指标，而是滞后指标。如果情况开始出岔子，最先发现问题的是利害关系者，也就是客户和服务于客户的人。接下来就是销售收入下滑，订单减少。而这些迹象在几周甚至几个月内还不会影响盈利，不过，等到发现盈利受影响的时候再去避免危机，就可能为时已晚。以获利作为引导公司发展的指标，就像根据船只留下的长尾流来驾船一样。你得尊重那些最先注意到问题的人，也就是客户和服务客户的雇员。要个财务上的鬼把戏以推高股价是不得要领的，也是以形式代替实质。

当然，为了快速提升市场份额，不惜以巨大的损失为代价，这是西方"独角兽"公司采用的策略，特别是亚马逊（Amazon）、爱彼迎（Airbnb）、优步（Uber）等公司。不过，这里的核心问题在于，先拿下整个市场的大部分份额，以后再求公司盈利。这仍然是以牺牲所有其他利害关系者的利益为代价而为股东谋利的做法。问题是，你的首要目标是为群体服务，还是为你自己服务。就像东亚的大部分国家和地区展现的，那些希望为群体服务的人能够赢得最终胜利，因为这种做法有可能让所有人获益。

当瑞士企业集团雀巢公司（Nestlé）收购中国罐头食品生产商银鹭食品公司时，就出现了典型的东西方之间的误解。该收购分三次完成，雀巢分别收购了银鹭60%、20%和20%的股权。但是，在彻底完成收购后，雀巢很快决定再次出售公司，给出的原因是在收购之后的前18个月没有产生足够的盈利。这个理由非常具体，而且是基于短期经营效果得出的。雀巢几乎没有给自己留时间来彻底了解此次收购！如果它做了研究，就有可能发现银鹭已经经营了35年，在其35周年生日之际，有篇文章祝贺银鹭推出多款创新产品和获得多个质量奖项,这篇文章在社交软件上已经被转发了1.5亿次!银鹭在各地生产和分销产品,就差和客户谈恋爱了。但是,这些根植于中国社会的行动和措施无法打动雀巢。雀巢最关心的是获得即时利益。银鹭必须为它的新东家出钱。[1]

上述内容都反映出价值观之间的差异。几乎完全以赚钱这个最具体的目标为中心的个人主义态度,再配上**具体的短期落实措施**,就形成了**把为股东谋取高盈利作为导向**的价值观。对冲基金交易频繁。眼下,股东持有大宗股份也就22秒钟,除了考虑收益,股东几乎无暇思考或顾及其他。1947年,公司股票的平均持有时间超过10年,自此之后,持有时间一路缩水。威廉·霍顿估计,股票交易中有72%都是投机性质的,根本不会创造财富,因为收益和损失相抵。[2]另外一种相对的价值观是**把为利害关系者增加市场份额作为导向**,它所体现的是**团体**成员之间的**长期的广泛性**关系,这个群体中包括雇员、供应商和客户。遵循这种价值观经营公司也能获利,不过这种获利并非基于用别人的钱下聪明的赌注,而是基于所完成的创造性劳动。为什么偏偏要考虑股东的利益,而不是偏向设计师、工程师、科学家、创新者,尤其是当后者对产品的质

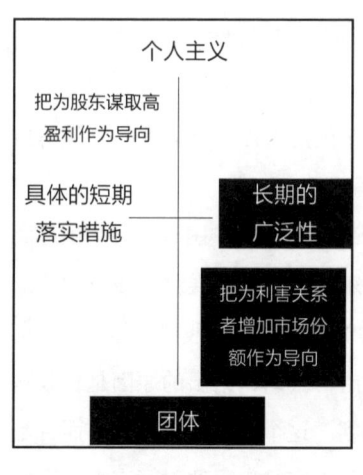

---

[1] 李彼德在中国做的研究。
[2] 威廉·霍顿:《我们能够有多好?》,见上。

量负责的时候，这其中并没有讲得通的道理。利害关系者并不仅仅是实现让股东挣到钱的目标的工具，他们就是我们每个人，我们自己就是最终目的。他们体现的是勤劳的一生和自我实现的秘密。请注意，当所有利害关系者都能有所收益的时候，股东会得到更好的收益。其实，股东就是利害关系者，是多个利害关系者之一。我们这么说绝不是在贬低股东。

· **在中国和东亚其他地区，外国公司有义务承担利害关系者的责任**

有证据表明，相比股东，中国更多地支持利害关系者，这些证据来自中国政府对待外国公司的方式。外国公司在母国的所作所为属于该公司自己的事情。但在中国，这些公司需要承担更广泛的义务，其中涉及许多中国公民。总的来说，人们期待这些公司完成社会效益。中国拥有巨大的国内市场，人口多达14亿，是美国的四倍。如果你想打开这个市场，必须在某种程度上按照政府和人民的需要提供帮助。政府会向企业提出很多要求，并监督落实。

中国对来自西方的跨国公司有些诉求，如包括与中方合伙人成立合资企业并分享某些信息；双方必须共同投资建立培训学校，而前来接受培训的人甚至可以包括公司的竞争对手；以及参加绿树造林活动等。"希望工程"是中国面向在册的农村户籍人口兴办的教育项目，而人们也希望外国公司提供帮助。英特尔公司（Intel）主办的国际科技展览会在美国吸引了数万名学生观展；但在中国，前来观展的学生超过了600万。大众汽车公司（Volkswagen）创立和赞助了一家汽车博物馆，可能是因为该公司41%的全球销售量来自中国。中国人还劝说德国AEG公司开办了一所面向所有保险代理人的学校。为了让外国公司不断尝试，中国想出了一个点子，让这些公司一个省接一个省地开拓经营。如果外国公司表现得慷慨大度，那么，中国就会允许它们到下一个省份开办业务。外国公司为中国社会所做的贡献，可能要超过对本国社会所做的贡献。

　　本书的英国作者采访了英特尔公司在马来西亚槟城的总经理，这位总经理是中国公民。① 尽管他为美国公司工作，却不事声张地在马来西亚公司上上下下的利害关系者中培植关系。公司创办了一所英语小学，对高管子女之外的所有人免费开放，还给婴幼儿办了个托儿所。此外，其还在毗邻工厂的地方开办了一家成人活动中心。公司内部开办的商店向自由贸易区的若干公司投资，如果英特尔公司的某位员工不再具备生产奔腾芯片所需要的知识，他就可以到附近英特尔投资的公司申请职位，宣布自己是这家公司的股东。就算离开英特尔公司，离职员工也能找到本地工作，不会无处可去。每天早晚都有免费巴士接送员工往返于自由贸易区，这项服务是由英特尔公司发起的。英特尔公司的当地员工对这些特别优待感激不已，他们建立了利益分配体系，旨在通过更明智地工作来削减成本、提高产品质量，以此回报公司。如果英特尔公司要搞清楚这位总经理在利害关系者身上的支出，他就会列举这些优惠待遇。不过他并没有将这些告诉总部，而总部则放手让他单独经营这个盈利颇丰的公司。

　　贯穿本章的维度是**个人—团体**，该维度同样体现在下方的图

---

　　① 查尔斯·汉普登-特纳：《公司文化》（*Corporate Culture*），伦敦：Piatkus图书公司，第4章。

中。横轴上标明的仍是**具体的、短期—广泛的、长期**两个维度。但是，坐标系左上方的说明文字和右下方的说明文字再次大相径庭。在西方，人们提倡**为了一小批上层股权拥有者和金融家盈利**；在包括中国的东方，人们提倡**将盈利投资于利害关系者和更广泛的社会层面**。到底哪一种模式更有成效，这一点毫无疑问。

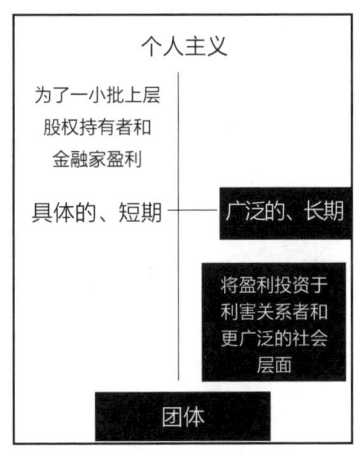

由于看到当地员工的感激之情，英特尔公司下决心将对马来西亚公司员工的投入应用到美国公司的员工身上。次日，我拜访了摩托罗拉公司在槟城的一家工厂的总经理，这位女士来自中国台湾。当天凑巧是她的生日，我一进门就看到至少100束送给她的鲜花，从门厅摆到楼梯，又沿着走廊一直延伸到她的办公室里。我小心翼翼地从花丛中走过。女经理面有难色，她已经接到了来自总部的指示。"他们觉得我应该是肯定了每个人的'个人尊严'。我不敢确定自己的话里是否有这样的含义。"

·股票市场会被主权财富基金取代吗？

1997年，亚洲金融危机爆发。在泰国，出现了令人担忧的混乱景象，泰铢突然大幅贬值。在印尼，围绕着苏哈托的"裙带资本主义"也出了麻烦。不过，当亚洲几乎所有国家经济依然快速增长之时，股东和银行贷款机构却突然大规模从亚洲市场退出，没人能对此做出合理解释。就算是新加坡和韩国等增长强劲、发展迅速的经济体都遭受了巨大打击。韩国人甚至将自己的珠宝和金饰品捐献给政府以支撑经济,这个体现社区伦理的例子,真是令人惊奇不已。到底是什么原因造成如此动荡的危机,人们依然为此大伤脑筋。我们认为,投资者自不量力,而他们在矫正错误时因一败涂地而惊慌失措。

危机爆发之后,国际货币基金组织的所作所为也招致批评。它向多个经济体提供紧急财政援助,但附有苛刻的条件。援助的目的是缓解西方债权人和股东的困境,还要求各国砍掉社会项目,削减社会支出。很明显,国际货币基金组织想要挽救的是股东资本主义,而不是亚洲政府治下的国民经济。由于并没有出现什么问题,后来东亚经济很快得以恢复,不过东亚不再信任股东和投资银行。

为了在市场出现大规模恐慌之际能起到缓冲作用,主权财富基金应运而生。来自西方的投资依然受欢迎,但是东亚不会再依赖它们。一开始,新加坡政府投资公司(Government of Singapore's Investment Corporation)和淡马锡控股公司(Temasek Holdings)成立了主权财富基金。目前,100多个国家设立了主权财富基金,储备资金高达4.7万亿美元。40%的主权财富基金都设立在东亚,其余大部分设立于挪威和中东地区等石油储量丰富的国家和地区,它们从石油生意中获取暴利,又想长期维持这种从暴利中获益的局面。

中国拥有全世界最大的非资源型主权财富基金,金额为9410亿美元。挪威拥有全世界最大的主权财富基金,金额超过1万亿美元。排在世界前十的主权财富基金中,有四家是中国人设立的,还有一家是新加坡设立的。韩国、日本、马来西亚设立的主权财富基金都在排行榜上遥遥领先。主权财富基金这个词是2005年才发明出来的，但是美国有多家国营教育基金后来经过追溯，也获得了主权财富基金的资格。这些基金目标明确，就是为国家服务，促进国家作为一个整体的利益。它们表达了国家的主权，体现了国家在世界上追求的影响力，旨在产生积极的社会影响和环境影响。

我们用**个人主义—团体**和**短期—长期**这两个维度在图中加以说明。**短期**与股票明天是涨是跌以及其他人怎么想有关，不管你认为别人的想法靠不靠谱。就算觉得市场上出现的恐慌情绪毫无道理，你也只需随大流出售股票。你本质上是在下赌注，赌其他人怎么看，就算你自己看不出其中的门道也要赌。你必须跟着别人狂奔，否则自己也会被人踩踏。左上方象限中写着**股东投资于飞速发展的东亚，不过，他们产生了恐慌情绪，退出了市场**；右下方象限中则是稳定得多的长期评价，即**主权财富基金能够恢复稳定，帮助挽救环境和促进经济增长**。已经有人尝试将主权财富基金发挥的作用局限在仅仅对收益进行财务核算，但是基本上都失败了。科威特拥有6000亿美元资金的政府投资机构认为自己是绿色基金组织。主权财富基金将在试图挽救环境方面大显身手，这一点毫无疑问。大部分主权财富基金已成为颇有影响力的投资者，旨在全球范围以及在本国社会发挥自己的作用。这些基金的成长速度令人赞叹，预期在2030年之前达到3万亿美元。

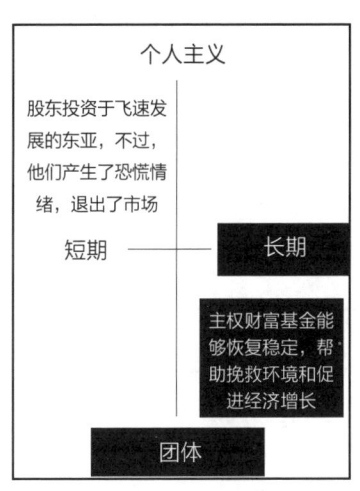

当卡夫亨氏公司（Kraft-Heinz）试图收购食品和洗涤用品制造商联合利华（Unilever）时，主权财富基金取得了胜利。卡夫亨氏的动机十分明显。联合利华是一家看重利害关系者权益的公司：它给女性员工支付的工资比给男性员工支付的工资略高；为抗击伤寒和霍乱，还和印度政府合作开展了大规模的洗手运动；组织活动让全球各地的贫困儿童过5岁生日（有两百万人没有过成生日）；在世界范围内培训了11.4万名女性管理人员；由于使用淡水才能使用洗涤用品，联合利华在非洲开挖水井；有一百万名青少年报名参加联合利华举办的自尊心项目；在越南，联合利华还帮助建立了1000个"完美村庄"；它在道琼斯和乐施会（Oxfam）的可持续发展指数榜上名列前茅。

卡夫亨氏看到了收购机会，它认为经营这些项目的成本可以直接作为报酬付给股东。当然，所有股东肯定会投票赞成能让个人致富的做法！公司采取可能增加股东当下收入的任何侵吞行为通常都能成功，因为公司是股东投票制，因此许多公开招股公司惧怕帮助利害关系者，害怕重蹈吉百利公司（Cadbury）之前屈从于卡夫亨氏的覆辙。不过，联合利华的大股东中有不少是主权财富基金，这些基金能够从长远考虑，因此不同意卡夫亨氏公司的收购。联合利华的社会政策与这些基金的社会政策非常相似，而且联合利华也没有让股东失望。如果有人在1986年向联合利华投资1英镑，那么现在会产生88英镑的收益。联合利华清楚地表明，如果要收购，就要参与竞争，而卡夫亨氏公司低估了联合利华，最终退出竞标。一种新的权力源泉已经在全球兴起，这一回，它所依靠的是团体所选择的价值观。我们想尽一切办法满足股东的需求，不过，股东只不过是众多利害关系者之一，而所有的利害关系者都需要公平地获得回报。人们可以清楚地看到，那些为其他利害关系者服务的股东能够获得比以往更多的收益。

· 股东支配能力类似癌症？

近期发生的多起事件使股东的重要性变得前所未有。股东越强大，西方经济就越是萎靡不振。人们可能认为，美国的超级大国地位可以证明股东权力是合理的，而事实上，在以往股东权力远没有现在这么大的时候，美国的经济增长反倒更加强劲。第二次世界大战结束后的40年间，美国和英国实施的是混合制经济，作为冷战的组成部分，政府主导的国防和太空事业耗资巨大。到1964年，仅太空一项事业的耗资就高达美国国内生产总值的4%，用于遏制苏联的费用更高。美国当时实施的计划经济为发展多种类型的高科技提供了大量补助。除了名称，美国军工复合体搞的是地地道道的社会主义经济。从1947年到1975年，美国人的工资和薪水增长了两倍，从每年2.5万美元上涨到7.5万美元。1963年，美国收入最高的1%人口的收入只占国民收入的10%，而今天，这一比例已经上升到28%。

20世纪80年代末，苏联即将解体。之后，美国国防开支一路下滑，而撒切尔和里根倡导的"真正的"资本主义终于可以无拘无束地发展了，结果却导致了持续至今的长期而缓慢的经济增长。金融家积累的财富越多，经济发展得就越慢。原因之一是，就算不是一直，股票期权也是经常由公司最高层的5到7个人持有，这些人拥有的股票期权占公司股票期权总额的75%。其背后的理念是让这些公司高层认同股东。事实也的确如此，但这样做的结果就是高层渴望给股东更多分红，而给利害关系者的收益更少。公司高层沉迷于浪费大量时间的操作，例如回购自己的股份。通用汽车公司（General

Motors Company）的高管就这样回购了20次股份，结果公司以破产告终。回购股份可以带来短期的股价上升，这样知情人就能行使期权，但是，这样做不会给公司本身带来多少好处，也可以说完全没有好处。股票期权就是个手段，将资金从那些更应受益的人手中转移到了解内情的股东手中。

还有一件事，就是首席执行官的工资。在1980年，首席执行官的工资只有平均工资水平的42.1倍；到了2018年，尽管企业实际绩效已经开始下滑，但二者的差距却扩大到287倍，也就是原来差距的6倍。究其原因，就是首席执行官的工资物非所值。与其说首席执行官愿意讨好那些每天与他/她一同工作的人，不如说他们更愿意讨好股东。首席执行官的平均任职期限为五年，而且还在缩短。在这么短的时间内，无论如何也无法等待以实现利害关系者的利益为目标的长期政策见效。在研发和开发技能上的投资需要花更长的时间，但是出售写字楼之后再回租却能年入成百上千万美元，削减成本和裁员也可收到不相上下的效果。如果将盈利用于提高退休补偿，你就可以看到很多创造性的记账方式。

挤压利害关系者收益的另一个主要原因就是私人股本公司的兴起。这些公司买断那些业绩欠佳的公司，让它们表面上扭转局面，然后再将这些公司出售获利。由于私人股本公司的专业领域是金融，它们对公司实际从事的业务，例如造船或酿造威士忌酒所知甚少。它们的技能集中在操作数字和处理资产方面。为了融资购买公司，私人股本公司发行大笔债券，也就是过去所称的"垃圾债券"，现在换上了客套的说法。被收购的公司背上天价债务，仅支付利息就是沉重的负担。此外，私人股本公司还可以要求它所拥有的公司举债，再将举债所得收益以分红的形式付给股东。如果被收购公司在此后的六年中举步维艰甚至倒闭,私人股本公司仍然可以置身事外,因为负责还债的是被收购的那家公司,而不是私人股本公司,而债权人可能只能收回很少一部分欠款。股东又一次成为赢家。在美国,每个众议员和参议员要和五名来自金融部门的说客打交道。通过破坏财富,你真的能够获利。米特·罗姆尼(Mitt Romney)在贝恩咨询公司(Bain & Co)工作期间,有六家公司曾经想用这种手段谋利而未能得逞。罗姆尼竞选总统时,这六家公司中有五家和他纠缠不休。

股东支配能力与人体中的癌症相似,这一谴责看似令人震惊,足以让颇具破坏力的左翼人士对此牢骚满腹。但是,这是哈佛商学院出版社出版的《自觉资本主义》(*Conscious Capitalism*)一书中以冷静和有分寸的语气所阐述的话题。这本书的第一作者是约翰·麦基(John Mackey),全食超市(Whole Foods)的创办人和首席执行官。全食超市是一家年销售额为120亿美元的高档食品杂货连锁店,最近刚被亚马逊公司收购。几乎可以肯定,麦基是一个共和党人,尽管他不算特朗普那一派的人。他对这个话题的看法如下:

"我们发现,在许多企业中,如果出了针对利害关系者的问题,那么可以用癌症来打个形象的比方。人体大约有一亿个细胞,这些细胞互动且协作,保证人体正常生存、成长和繁衍。细胞之间存在着和谐的相互依存关系,这对身体健康至关重要,而癌症则破坏了细胞之间的相互依赖。某些细胞发生变异,开始分裂和增长,并无视来自人体免疫系统的警告信号,这样,恶性肿瘤就开始形成。细胞的癌变增长对于更大意义上的生物系统来说是有害的……如果免疫系统因为各种原因(遗传、不健康的饮食、吸烟、吸毒、饮酒、毒素、压力或负面心态)而被削弱,癌症就会继续发展、扩散,最终杀死宿主(以及它自己,癌症最终也会自我毁灭)。"[1]

麦基是美国最受钦佩和最成功的零售商之一。如果他能说出这番话,我们认为应该认真对待。癌症就是人体中出现的失控的细胞分裂,而我们在第一章中研究过这种失控。癌细胞敌视正常细胞,并将正常细胞排挤在外。下图显示了癌细胞是如何扩散的。正如我们所见,当公司之间的并购和商业上的侵吞行为成为主要力量的时候,会将雇员、供应商、客户、税收当局、社区和环境等因素排斥在外。**股东支配能力发生癌变了吗?**

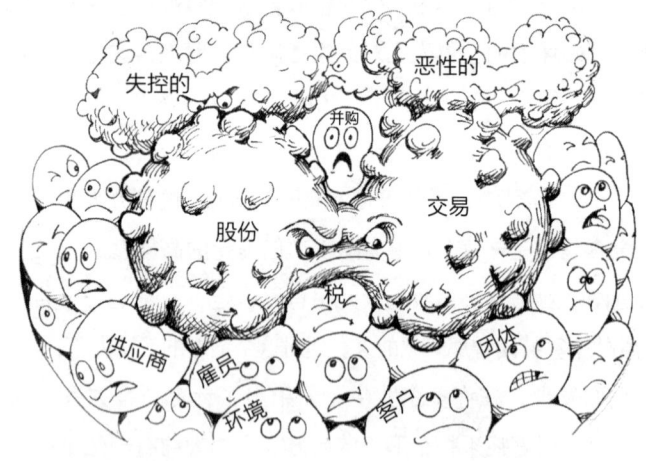

·美国人对一切心知肚明,但是没有付诸行动

本书作者中有两位曾在美国生活了一段时间。让他们难以忘怀

---

[1] 约翰·麦基和拉金德拉·西索迪亚(Raj Sisodia):《自觉资本主义》,波士顿:哈佛商学院出版社,2013年,第291页。

的体验之一就是,当美国人批评起本国人的种种做法时,往往言辞精辟而犀利,但是,没人去考虑如何采取行动实施改革,遑论付诸实践。在备受好评获奖无数的电影《风月俏佳人》(*Pretty Women*)中,理查·基尔(Richard Gere)扮演的收购大亨和企业经营者搭上了茱莉亚·罗伯茨(Julia Roberts)饰演的站街女。大亨希望女人在为期一周的时间内作为他出席纯商业交际活动时的女伴,为此花大钱将她打扮一新,还请那些打扮她的人在自己面前表现得俯首帖耳。

这位企业掠夺者向女方解释,他收购那些在资金上处于困境的企业,然后将这些企业拆分,卖给出价最高者。这体现了财产比人更重要的最终胜利。他所掠夺的这些公司,解体之后比之前经营时期还要值钱。如果将生命比作一个组织,正如我们所说,拆分组织就是一场大规模的解体。拆成零七碎八的财产,在那些成功发达的人手中就会更值钱,更不用说订购军舰了。女方指出,两人的职业存在着相似之处,他们都在敲诈别人,搞到尽可能多的钱。不过,好笑的是,企业家会受到赞扬且积攒财富,而她本人却被人嫌弃,遭人唾弃。两人都在压抑着感情,做着最理性的金钱上的算计。男人勾搭女人,到了周末还能轻松甩掉,体面的姿态最终化为一场商业交易。

你可能想到,将美国最有权势的人进行的大规模金融交易比喻为站街,恐怕会让美国的立法者和道德卫士感到犹豫。你还可能想到,除了在那些做皮肉生意的阴暗角落里存在着堕落,在那些对资源进行再分配的高端经济活动中也充斥着腐败。这种揭露是多么地贴近现实、一针见血和令人捧腹!谁才是真正的站街女?难怪两人坠入爱河。这部电影荣获了多项奥斯卡奖及奖项提名。而到了今天,再犀利的批评也会沦为一件商品,批判社会也不过是为了将批判作为商品兜售出去。这种交易可能会逐步削弱美国经济，不过，人们似乎并不为此感到担心。《华尔街之狼》(*The Wolf of Wall Street*) 是另一部更加风趣的揭露无情欺诈的影片。人们观看电影时会开怀大笑，但是，电影所讽刺的整个制度体系没有丝毫改变。众所周知，华尔街的大亨将美国中小城镇居民的钱骗得精光，但又有谁在乎呢？

第五章
稀缺的事物和丰富的知识体系

本章主要介绍我们提出的第三个价值观维度，讨论西方人设想的具体的稀缺事物与东方人设想的广泛的、内容丰富且流动的知识体系之间的差异。人们经常断言，我们已经进入了将会改变一切的信息时代。经济富裕的特征就是有价值的物品极大丰富，而这种经济将会让位于"流入"型经济，后者以知识丰富和分享看法为特征，有时也被称为分享经济。我们的论点是，中国和东亚其他国家能比我们更好地适应知识革命。

将价值视为事物和将价值视为知识，这二者在本质上大不相同。如果我想将一块巧克力以一美元的价格卖给你，我或者接下一美元，或者保留巧克力，无法二者兼得。如果我要钱，就得将巧克力交给已付钱的你，不可能在收到钱的同时还保留它。不过，如果我将知识卖给你，那么，知识被给出去的同时，仍然掌握在我手中。仅凭这一点，知识经济就代表了丰裕，而非深受经济学家喜爱的稀缺。人人都能从分享知识中受益。在这方面，分享知识类似于谈恋爱和交朋友。就像罗密欧对朱丽叶所说的："我给你的越多，我拥有的就越多。"这就是众多西方大学充斥激进观念的原因。大学师生知道自己被低估了，老师教、学生学，纯粹是因为热爱知识。

在本章中，我们将考察东西方各自对于教育和知识的态度。

· **有关教育的两个概念：知识属于经济，还是恰好是发展经济的源泉？**

· **是将知识财产与人绑定，还是在团体内分享知识？**

· **你能购买、拥有和出售其他人的才能吗？**

· **学习是否需要外部激励和奖金致富，或是其本身就具有内在奖励？**

· **产品价值是由价格定义，还是由其对于知识体系的贡献定义？**

· **仅有大数据还不够，产生知识需要有主张、有目的**

· **中国为什么能制订长期计划？**

· **是否应当特意且巧妙地引导资本主义拯救世界、让世界致富？**

· **有关教育的两个概念：知识属于经济，还是恰好是发展经济的源泉？**

对中国人来说，没有什么是比教师更重要的了。在民意调查中，81%的中国人对教师表达了很高的敬意，这一点在世界各国独占鳌头。看起来，教师也值得尊敬。在意大利举行的国际学生评估项目（PISA）中，中国15岁学生的测试成绩比其他80个国家的学生成绩都高。[①]中国传统教育中教授儒家经典，因此，教师在很大程度

---

① 国际学生评估项目，见oecd.org.com。

上扮演了道德卫士和传播者的角色，确保了道德的广泛推行。在中国古代，人们认为，教师要为自己学生的不当行为负一定责任，因为学生如果行为不端，那肯定是教师管教无方。中国建立了科举教育制度，比其他国家早几百年就实施了科举考试制度。现在，故宫博物院的游客能看到举行殿试的房间。一个人能不能服务于皇帝，要看他的功绩和道德水准。在古代，通过乡试的人就有资格成为教师，因此教师被视为当世仅次于圣人的人。

在当今中国，教育被视为贯穿于个人发展生涯的终生活动。有1%的教师，就算他们的学生年纪不大，依然可以因为出色的教学成绩而获得教授或同等职业资格。有2%的人被授予特级教师称号，也就是获得"特级"资格。这类称号一般在教师接近50岁或超过50岁的时候才会被授予，因此，教师往往要为此奋斗不息。专家小组会观摩这些教师的课，而学生的成绩也折算为评分。合格的老师必须能说一口流利的英语，熟练掌握计算机的使用技能，还能讲解经典作品。

在移民群体中也存在着这种对知识的尊重。本书的英国作者在新加坡教书期间，曾雇用一名以前的学生担任教授助理，这名学生之前在惠普公司（Hewlett Packard）工作。他在南洋理工大学这所国立大学执教，收入远高于在惠普公司的收入。剑桥大学的教授喜欢在休假期间到香港大学执教，因为香港大学的报酬比剑桥大学高出一倍。在21世纪的前10年，本人在韩国连续8年执教一个为期18天的暑期课程，收入为4万美元。大多数东亚国家都认为，教师应当获得中产阶级的丰厚薪酬，因为他们的工作是为全社会和社会经济哺育人才，而不是因为这是市场价格。

让市场决定教师的薪酬高低，这就意味着，教师的工资已经刨除了教学中固有的快乐。人们之所以愿意以较低的薪酬从事教学工作，是因为教学工作令人愉悦，能让人产生自我实现感。这就好比美国公司那些生活富裕的管理人员的妻子曾一度喜欢在中学教书一样。在西方人看来，人们选择接受教育是因为对自己在获得教育资格之后能赚多少钱做了理性评估。进入美国法学院攻读学位的学生数量激增，因为学了法律专业，学生就能在尽可能短的时间内还清贷款。刚刚获得律师执业资格的人往往挣得更多。不过，有这类算计的人严重看轻了教育。接受教育的真正原因是教育能够提升人的整体素质，改善家庭境况，能让人在一生中接触到更为优秀的人。接受教育还能让人更有效地为国家服务。有了知识，人们才能从事技能型活动；获取知识是技能培养的核心目标。所谓经济的全部意义就是比其他供应商学得更好、学得更快。

接下来，我们来看三个与教育相关的价值观维度。大学教育的**具体性**目的是让**个人**在其余生**获得**更高的收入，接受大学教育的决定取决于**对经济收益和回报的理性评估**。如果你接受教育，那么，就比不接受教育的人能赚到更多的钱；但为了支付教育开支，你可能要过上一段拮据的生活，比一直赚小钱的人过得还要糟糕，甚至债务缠身。相反，人们也可以将教育视为知识的**广泛性**源泉，而**团体**会给知识**赋予价值观**，将获取知识视为当务之急。从这一角度出发，**教育就是发展经济和培养公民品德的源泉**。你向包括学徒工在内的每一个可能对社会做出贡献的人提供免费教育，让他们获得某种技能。在你所处的文化中，你将知识注入社会关系中。这不只是政府的任务，还是产业的任务。公司极少能够提供终身雇佣机会，但它们能够且必须培训其员工。这样，当员工离职后，他们将比以往适应更多的岗位。新加坡政府对那些它认为工资特别低的公司会进行罚款。不过，如果该公司能让雇员通过接受教育和培训，从而变得更富有价值，该公司可以要求政府退回罚款。雇员具备更高技能，这一点非常关键。所有国家都处于一场"知识竞赛"之中，而眼下，中国正在这场竞赛中脱颖而出。

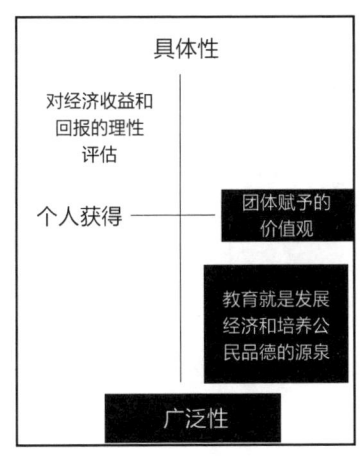

我们并不是说，理性评估接受教育能为个人带来的收益就是错误的。这也是接受教育时必须考虑的问题。当然，教育机构也必须证明所收的学费物有所值，但这只是教育对于社会具有重大价值的原因之一。任何一个有潜力的人，不管他当前的境遇多么糟糕，我们都需要对他进行教育。目前，我们经营教育，就像开车只用了一半汽缸一样。

· 是将知识财产与人绑定，还是在团体内分享知识？

西方大谈特谈"知识财产"，就好像知识一直是其所有者的一串财产。这样的财产是不应该被他人侵犯的。实际上，民主就肇始于财产的特许经营。过去，如果你拥有一片土地，你就拥有了这个国家的一份财产，就有资格投票。西方人相信能看到和触摸到的具体事物，例如，土地、不动产和有价值的事物。今天，律师辩称，我们对自己的人身也有所有权。我们拥有自己的肉身，也拥有自己的所知所学，而从别人那里窃取精神财产，就是犯罪。我们学习和工作是为了积累这种精神"财产",我们每个人都拥有使用这种财产的权利。人们相信,创造和创新的目的是致富,而剥夺人们因为创造和创新而获得奖励的权利,将不利于创新。设计专利制度的目的,就是给予创新者一段能够垄断供给和赚钱的时间。有了专利制度,那些以低得多的价格模仿的人也会因此而放慢脚步。

很明显,知识"财产"的概念从头到尾都是有问题的。人们应当隐藏自己的看法和想法吗?接管了公司的人,就能宣称自己"拥有"该公司内部积累的知识吗?这种情况真有可能发生吗?了解真正潜力的,难道不是那些从事实际工作的创新者吗?怎么可能是那些只看到收入流的购买者?知识存在于何处?它是存在于我们的脑海中,让我们的大脑充当精神财产的容器,还是存在于公司的文件柜或电脑中,抑或是存在于受到法律保护的专利中?那些成功申请专利而又不使用,只从其他想使用专利的人身上获得赔偿的人又将如何?一般来说,这类活动会妨碍创新。此外,起诉和反诉都要支出费用,且在此期间,相关活动都要停止。总的来说,我们要为知识财产的概念及其排他性付出代价。

有没有可替代的选择?世界越来越像个知识社群,这一点是显而易见的。近期许多创新上的突破就发生在大学周边。硅谷是围绕斯坦福大学发展起来的;哈佛大学和麻省理工学院距离128号公路高科技园区不远;剑桥现象的产生地剑桥镇紧靠英国剑桥大学,其国内生产总值高达800亿美元;上海高科技工业区围绕着复旦大学发展起来,而清华大学也为北京市贡献良多。在这些社群当中,知识向四面八方快速流动,遇到的人为障碍很少。知识流动得越快,被人吸收得越快,经济就越繁荣。是的,在一定程度上,我们每个人都有知识,但是,知识也存在于人与人之间的关系中。我们每个人都了解知识，不过，我们也知道，在关系网中有谁了解相关知识，并且能够任意获取这些知识。通过将熟知相关问题的专家组成团队，我们就能解决成千上万的问题。在所有这些案例中，知识就像价值观一样，存在于不同的人之间。

西方人常常诟病中国人抄袭。不过，如果你处于落后地位，又一心想要迎头赶上，那么很明显，你有必要进行模仿，但没有必要做无谓的重复。你忠实地模仿他人，直到你能和对手并驾齐驱，必须自己开始创新为止。中国的有效专利数量位居世界第三，在研发开支上位居世界第二，所提交的专利申请数量和待批专利数量位于世界首位。毫无疑问，中国人具有停止模仿和转向创新的能力。它是世界上仅有的能够竞争创新领导地位的中等收入国家。在作者撰写本书之际，人们看好王彬颖女士担任世界知识产权组织领导人，她在该组织已经工作了近30年，担任该组织的副总干事也有10年时间了。中国可能很快就会比其他国家拥有更多知识财产，因此，如果它在获取知识财产过程中出现舞弊，就是自取灭亡。

事实上，知识需要分享。知识分享得越多，就越能产生更多的知识，流动也会越快。从模仿转换到创新也没那么难以理解。你可以将两个或者更多曾经模仿过的观念加以合并，由此产生新的观念。而且，我们曾经有过同样的经历。大英帝国曾经尽其所能阻止有经验的工程师、科学家和企业家前往美国，当时，它也曾指控美国窃取其财产。当乔治·华盛顿（George Washington）就要参加总统就职典礼时，找不到一个能够做出他所属意的服饰的美国裁缝。但此后，一切都改变了。

因此，在下面的图中，我们得知，私人财产属于**具体事物**，它通过**个人成就**获得，属于拥有财产的人所有。要想接触到财产，只

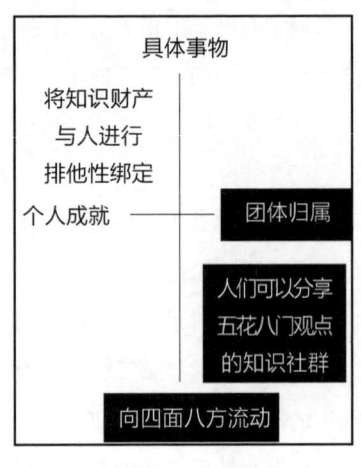

有唯一一个途径,而该途径受法律手段保护。获得专利能够确保创新产品可在有限的期限内被出售并获利。这就相当于**将知识财产与人进行排他性绑定**。不过,财产与人的关系不限于此。在大城市的某些区域,还有成群热衷于不同学科的人组成的高校**社区**,这类社区因人们对不同学科的奉献而**获得**地位。在这些人中,信息**向四面八方流动**。这种社区相当于**人们可以分享五花八门观点的知识社群**。公司在这里开办,以便获取科学知识和信息,还能雇用现有的人才。在这类社群文化中,精通不同学科的专家随时准备合作,由此就能将各类人才以正确的方式组织起来。

中国人能够支持我们对于保护知识财产的做法,部分原因是他们在更大范围内撒网,要将全部知识网络囊括进去。不过,人们仍然面临严重的挑战。专利生命周期是长一些好还是短一些好?如果周期长,专利持有者就可以多赚钱;如果周期短,专利产品价格就会快速下降,跟着就会再来一波创新。有些人获得了专利,但并不生产专利产品,却起诉别人要求获得赔偿,难道这种人就理所应当这样做吗?大学难道不应该成为纯粹研究科学或通过发展经济将知识传播出去的象征吗?我们需要付出大笔费用奖励人们创新吗?还是创新以及"产生影响"本身就是一种奖励?我们现在就来讨论这个问题。

·你能购买、拥有和出售其他人的才能吗？

将知识视为一份又一份财产的想法有一个问题，就是我们相信自己能够购买、拥有、出售和处理其他人的才能和智力。你收购了一家公司。你只是凑巧发现了这家公司，现在将其收购；拥有这家公司后，你就认为这家公司之前的社会目标与你无关了。既然公司就是一份财产，那么公司的知识财产就与其创造者和产生环境相分离。你还买下了公司的雇员和利害关系者，这些人也得对你言听计从。拥有公司的是你，而不是这些人。不过，一旦你将这些原则用到中国，麻烦就来了。我们在达能公司（Danone）的案例中就看到这一点。达能公司是法国一家大型食品和饮料公司，它与位于中国杭州的娃哈哈公司建立了一家合资企业，后者是中国著名的成功企业。娃哈哈公司最早推出的产品是学校出售给小学生的一种滋补饮料，公司人员推着三轮车在当地售卖这种饮料。后来，宗庆后收购了娃哈哈。当达能公司提出合作时，宗庆后已经是一个亿万富翁了。[①]

乐百氏是一家生产瓶装水的中国公司，位于广东，靠近中国香港。达能听说雀巢公司有意收购乐百氏，于是抢先收购了它。这样，达能拥有了全中国50%的瓶装水市场，年销售18亿升瓶装水。它肯定取得了胜利。不过，达能认为，既然自己"拥有"了娃哈哈和乐百氏两家公司，它就拥有了这两家公司成功的创始人（同时也

---

① 李彼德在中国做的原创性研究。

是企业家）和他们创办的一切，可以随意处置它们了，结果大错特错。达能犯下的另一个严重错误是在没有征求两位公司创始人意见的情况下，就宣布乐百氏成为娃哈哈的全资子公司！这种抬一家贬一家的做法，简直就是一种侮辱，因为这两家公司在本地都举足轻重，都得到了当地政府的承诺，要大力扶植其发展。乐百氏的雇员对此愤怒至极，2001年年底，整个公司的管理层几乎集体辞职。与此同时，宗庆后开始建立娃哈哈各部门的镜像机构，然后通过这些替代性部门做生意，而不是通过娃哈哈自身。结果，当这家由同一个首席执行官管理的镜像公司蒸蒸日上之际，达能"拥有"的娃哈哈却迅速衰落。

得知内情后，达能起诉。这两起纠纷由两家公司所在地的省法院解决，而法院解决纠纷却以要考虑公司大局以及当地团体的利害关系者的最佳利益为出发点。杭州的法院不可能判决本地的税收大户败诉，而广东的法院也不可能判决乐百氏的整个管理团队败诉，不可能让乐百氏将自己的利益突然之间就随随便便地让给中国的另一个地区，甚至让乐百氏被那个地区所"拥有"。

不过，达能最大的问题是它未能理解这两家公司并非若干份不动产，而是两家活生生的机构，刻有其创办人的烙印。谁是大股东并不重要，每家公司都体现了其创办人的风格，创办人才是真正意义上"拥有"公司的人。达能有权从盈利中分红，但无权盛气凌人，粗暴处理其他人创造的公司的事务！当公司创始人还在掌控公司时，公司作为创始人赠给当地团体的礼物，不容许别人插手它的事务！不用说，达能输了官司，不得不将公司出售给中方投标人。中国当地媒体也指责达能破坏中国品牌。

这个故事也适用于下图。我们对待某个组织，难道能不考虑其中的人员，而只是将其当成可以讨价还价的事物吗？这可不是中国人看问题的视角。公司根植于当地**团体**，是该团体的一部分。它并非某些外国所有者**个人**的玩物。根据西方的**财产法**，我们将有关人员的财产拿走，然后出售这笔财产。我们将组织视为动产，而中国人将**特定的企业家**视为能长期拥有他们曾经打拼来的

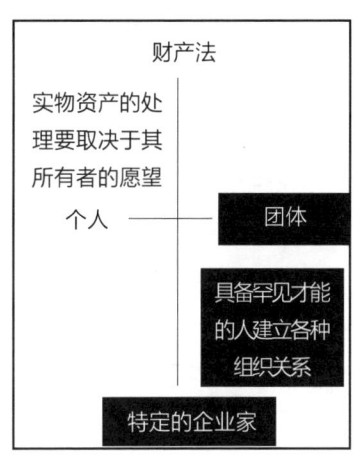

一切的人，即使他们安排别人收购自己的财产、接受国外注资，也不会降低他们的地位。他们能够吸引资金，进一步优化其所在团体，功不可没，而任何有理智的人都会根据他们的业绩，让他们继续负责经营。图的左上方象限中写着**实物资产的处理要取决于其所有者的愿望**，右下方象限中写着**具备罕见才能的人建立各种组织关系**。如果你有理智，就不会破坏这些关系，而是留下所有相关人员。我们能说中国人的模式可能更好吗？在中国人的模式安排下，创造者全面负责。这种模式尊重从事实际工作的人。它将成功的组织视为能够发展并受到保护的群体，让最富有进取心的人掌管一切，而西方的做事方法则更像是分割实物资产。在特定的人际关系中蕴含的价值很少能在资产分割后保留下来。企业家往往受到投资人的排挤。公司这一组织被看成未来的收入来源，而实际上，这是一种了不起的设计，因为如果精神得以保存，这个组织就会富有潜力。

- 学习是否需要外部激励和奖金致富，或是其本身就具有内在奖励？

在西方，我们习惯付小费。付小费的意思是确保能获得及时的服务。而在东亚，很少有人，甚至无人付小费。部分原因是个人无须外部激励就会去照顾客人。这在某种程度上就是当地文化的体现和工作的要求。本书作者之一曾在日本一家机场餐馆的餐盘上留下零钱，结果侍者恼怒地将钱退还给了他，还说："我们这里不兴付小费！"（几枚硬币数额很小，无论如何也不能换成西方货币）在这件事情的背后，人们可以提出更大的问题：我们只有获得外部的金钱激励才能在工作中注入创意，努力工作服务客户吗？不管金额多少，有小费就好。有个胡萝卜就吊在我们眼前。我们需要额外的刺激才愿意帮助别人。多年来，在西方，对蓝领工人实行的都是计件奖励制度，也就是报酬随工作的增多而增长，生产不出产品就没有薪酬。蓝领工人也需要让自己的工作达到标准，以此作为收到额外费用的条件。

人们之所以付小费，就是假定他们不能从工作中感受到快乐或意义。服务他人在本质上就让人觉得并非一份值得做的工作，因此就需要外部或者额外的刺激。还有一个假定，就是我们为了钱而工作，除了钱，工作没有其他目的。经济学的原则就是建立在这种假设之上。所有其他的考虑因素对于经济逻辑来说都属于外部效应。不过，不言而喻，这种假设是没有事实根据的。在美国，来自外部的付酬额度已经是世界上最高的了，如果金钱奖励能够起到激励作用的话，美国的经济发展早就高出天际，让其他国家望尘莫及了。然而，中国经济增长率一直是美国的二到四倍，而且，相比之下，中国的"激励"只是美国的一小部分。英美两国以及西方大部分国家在1947年到1980年期间的增长速度都比1980年以来的增长速度要快,尽管自1980年以来这些国家的激励数额更大,也比东亚地区的激励数额高得多。日本最繁荣的年代持续到20世纪80年代末,当时的最高档纳税等级按照80%的税率计算。人们不禁要问,作为激励手段的专项资金是否能真正发挥效用?

事实上,已有证据表明,这样的专项资金只会适得其反。有一个名叫"蜡烛难题"的心理实验。两个互为对手的团队要完成一项任务:将点燃的蜡烛钉到桌子上方的墙面上,能用的工具只有一根蜡烛,一些书式火柴,以及一纸盒图钉。这个任务不算简单,因为就算一面融化,燃烧中的蜡烛也无法被固定到墙面上。两个团队面临的困境见下图所示。

为了解决问题,你得理解,纸盒本身不止用来装图钉,它本身就是答案的一部分。将纸盒钉到墙上,将蜡烛直立放置到纸盒做成的台基之上,再将一个图钉从纸盒底部向上扎入蜡烛,这样就能将

蜡烛固定在台基之上，然后用火柴将蜡烛点燃。这个实验在世界各地重复做了多次。人们发现，左侧有奖金的团队反而比没有任何奖励的团队花了更长的时间才解决这个问题。奖金似乎降低了人们解决问题的能力，这有可能是因为能获得奖金的团队成员一直想着拿到钱（瞧他们朝上看的样子），而不是怎么解决问题，这就分散了他们的注意力。让受到金钱激励的团队获胜的唯一办法就是将图钉从纸盒中取出，这样就出现了蜡烛、纸盒、图钉和火柴四样元素，解决方案也就呼之欲出。不过，一旦有待解决的问题涉及最低程度的复杂理解力和创造力，受到激励的团队就会落入下风。[1]激励所起到的作用无异于"蠢人谬误"（The Jack-ass Fallacy），见下图。[2]

蠢人谬误

绩效薪酬

这些谬误是什么？绩效薪酬使工作任务丧失了意义。给孩子们付钱让他们系好安全带，如果不给钱，孩子们就不系！孩子的生命

---

[1] 丹尼尔·平克（Daniel H. Pink）：《驱动力》（*Drive*），伦敦：卡农盖特出版公司，2009年。另见"TED"讲话。

[2] 哈里·莱文森（Harry Levinson）：《蠢人谬误》（*The Great Jack-Ass Fallacy*），剑桥：哈佛大学出版社，1973年。

对父母的重要性没有得到体现！既然绩效薪酬奖励的是被帮助者，而不是帮助别人的人，为什么要让帮助别人的人拿到现款？绩效薪酬奖励的是个人，忽视了人际关系。为了拿到绩效薪酬，人们宁可牺牲创新，也要表现出顺从。有了绩效薪酬，人们为了避免失败，就会回避迎接困难的挑战。这种做法假设了当局了解一项工作有多么重要或难做。不过，当局真的知道吗？如果需要完成突如其来、渴求创新的新工作，又该当如何？这类新工作可是没有奖励的。雇员可能会回避更困难的任务，而选择更容易的任务。他们会"钻制度的空子"，想方设法花最少的力气赚最多的钱。[1]

监管人员在工作完成之后，如果对结果不满，可以追回付款。你能不能拿到奖金，自己永远都没有把握。只考虑能不能拿奖金，就是没有顾及所有监管中最重要的一层关系："我给了你支持，而你的工作仍须改进。"这是个非此即彼、付现款或不付现款的问题。如果你拿不到自己指望的奖金，可能会感到震惊。少了一笔预期中的收入，无异于遭受惩罚。其他雇员可能在社交层面惩罚那些拿到最多奖励的人。实施技术变革会遇到阻力，因为它被视为对奖金支付制度的威胁……这样的事例不胜枚举。[2]

真正能让人投入工作的并非以奖金或额外付酬的形式体现出来的外部激励手段，而是工作本身固有的特点。我们在工作中遇到了挑战，澄清了疑惑，发挥了潜力，找到了答案，对团队和公司做出

---

[1] 埃尔菲·科恩（Alfie Kohn）：《奖励的恶果》（*Punished by Rewards*），波士顿：信标出版社，2008年。

[2] 查尔斯·汉普登-特纳、琳达·奥莱尔登（Linda O'Riordan）、弗恩斯·特朗皮纳斯：《危机中的资本主义》（*Capitalism in Crisis*），克罗伊登：费拉蒙出版公司，2020年，第52—55页。

了贡献，吸取了教训，发现了彼此，解决了问题。完成工作本身就令人满足，值得我们全神贯注的是解决问题而非获得金钱。工作如果组织得恰到好处，我们会深感满足。我们之所以工作，是因为工作能发挥我们的特长，还能服务社会环境。

我们既可以利用**特别奖金**，也就是拿出一笔钱刺激**个人**更加努力地工作；相反，我们也可以在**广泛的动机**的驱动下，为了工作本身，为了自己所在的小组、公司和**团体**而在工作的时候多动脑筋，发挥更大的创造力。如果金融业萎靡，那么就需要更多地挖掘它与产业的需要和人们的需求之间的关系，而不是给少数人大发奖金。下图左上方象限中写着**外来激励、悬挂的胡萝卜**。**绩效薪酬**看起来转移了我们的注意力，让我们回避眼下的危机和挑战。右下方象限中写着**内在激励、学习、解决问题和更大的意义**，正是这些内容让中国发展成为一个更加富裕的文明国家。工作是一个连续获得发现的过程，而非单调乏味地寻求金钱奖励的过程。如果工作本身无法让人感到满足，那么工作质量也就无从谈起，剩下的只是无情地削减成本。金钱可以支配人的行为，但程度有限——卓越的工作表现背后有着其他原因。

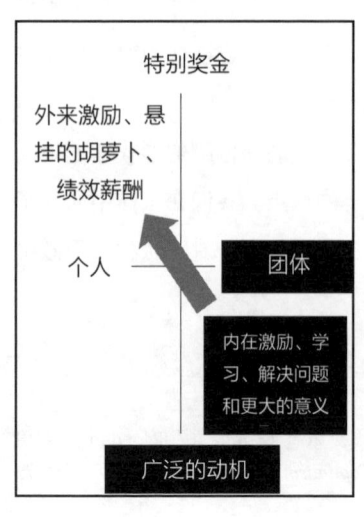

所有这些并不意味着金钱一无是处。市场真正能发挥的作用之一，就是将钱用到出现创新突破的地方。不过，在这种情况中，是金钱跟着创新走，而不是金钱发挥主导作用或促成了创新。如果人们通过创新而心满意足，有了更多的钱，他们就能从事更大规模的创新，从工作中获得更多的乐趣，那么这笔钱就会受到欢迎。不过，这并不意味着人们得到专项资金才有动力去创新。因为如果这样，就相当于用马车拉着马跑。有了内在的创新才会有钱，而非反过来。右下方象限中的内容再一次覆盖了左上方象限中的内容。你的业绩出色，才会拿到报酬或者得到提升，但是，"出色"在很大程度上是由做出业绩的人定义的。

·产品价值是由价格定义，还是由其对于知识体系的贡献定义？

什么是产品价值？按照正统经济学的观点，所有的人类价值观都无可救药地带有主观色彩，缺少可测试的手段，除非将其作为物品拿来出售和定价。这时，物品的价格就变得客观而有意义。除非客户表态，否则，没有一件产品在本质上比另一件产品更好。边沁说："针戏与诗一样好。"还有人说："鱼子酱不如腐肉好吃。"如果你凑巧是一只有钱的秃鹫，那么你会偏爱后者。如果认为只有通过定价才能体现价值，那么，从定义上看，定价100美元的薯片和定价100美元的芯片具有同样的价值。如果价值等同于价格，那么，除了买卖双方以某个价格进行交换，再没有其他元素能体现价值。市场已经自动替我们甄别了价值，如果再对市场进行干涉或"挑出赢家"，那就再愚蠢不过了。

这种对价值的认知存在一个问题，那就是它越来越过时；与其说它错，不如说它不够好。这种想法假设的是每种产品都是独立的，与其他具体产品都是单独比较。但实际上，产品越来越成为系统中与其他元素产生关联的元素。这就是东亚国家将芯片称为"工业大米"的原因。东亚国家将这些元素集成到系统中，有了这些元素，系统中的其他元素就比之前更有价值，并且能够作为一个系统，"反馈"给集成进来的元素。按下按键，就能打开的车门或车库门，就比按下按键也打不开的车门或车库门更有价值；能够显示油井中还有多少油的钻孔机，比只能显示油井中还剩多少水的钻孔机更有价值；能够提醒游泳者附近有鲨鱼的海洋浮标，比非智能型浮标更有价值。

我们接触的产品越来越智能化和系统化。有了芯片，系统就变得可以感知，变得知识渊博，并能对人类神经系统做出反应，这种芯片当然比薯片或木片更有价值。芯片开阔了我们的心智，薯片增大了我们的胃口。不过，难道价格就反映不出这些吗？毕竟芯片要比薯片更贵。在一定程度上，价格体现价值，但是价格无法体现更大的潜在价值，也就是让系统工作的价值，以及落实优先发展电子业这一战略的价值。东南亚国家最重要的工业政策之一就是优先发展产品系统，特别是发展作为产品系统关键环节的电子系统。中国政府几乎从一开始就瞄准发展芯片了。有了芯片，其他1000种产品都会比以前更有价值，例如你可以借助牛角中安装的芯片定位一头走失的母牛。产品的价值并不仅仅体现在价格上，还体现在这种产品在连接其他产品并增强其功能时所发挥的作用。如果政府资源有限，它应当精准发展那些能让整套系统为我们工作的产品。

不仅是人能作为一个整体工作，产品也构成了不同的整体，不同产品彼此协调，互相支持，构成能实现特定目的的系统。就算是商店里独立摆放的商品，例如花园小矮人，也是由系统生产出来的，这个系统控制了这件产品的价值，以及该产品能够产生的盈利。当我们观察产品的生产方式时，我们注意到，高质量的机床提高了在成千上万的工厂里利用该机床生产的产品的质量。同样的道理也适用工业机器人，而中国在工业机器人领域处于世界领先地位。30多年来，新加坡一直将"制造工具的工具"作为发展目标。韩国没有听取来自世界各地的建议，而是创办了自己的钢铁产业，因为它认识到，高质量的钢铁产品能够提高任何由钢材制造的产品的质量。这一政策已被证实取得了极大成功。芯片、机器人、车床等都不是仅有的有价值的系统元素，同样可以视为有价值的系统元素的还有光伏电池、电动发电机、液晶显示器、发光二极管、金属合金、金属陶瓷、万向节、3D打印、生物燃料、风力发电机，等等。那些集成在专家系统中的产品推动着经济的快速增长。

　　假设我们能够在比现有质量高得多的电脑里安装语音识别软件。有了这款软件，键盘就会落伍，而那些不能正常打字、写字或拼写的人只需要对着电脑说话就能给别人发信息、写一本书或学会使用电脑。这种语音识别技术将极大地增加电脑销量，改进与其相连的一切设备，让成百上千万被社会抛弃的人重返社会。我们曾经说过，系统中的各元素协调工作会达成整体社会目标，而这就是这句话的含义。有趣的是，东方人似乎很快就能认识到社会目标，而我们西方人则慢得多。将一件厨房电器放到日光下充电，会给第三世界国家带来何种影响？使用这样的电器，不但不必给电网缴费，还能将廉价的能源带给千百万人。利用石墨烯制成的滤网能够过滤海水中的盐分，有了这种技术，还怕沙漠里不会鲜花盛开？而手机上的信号能够告诉我们，是否进入了病毒感染区以及是否应当远离。

　　现在，我们能够展示这些见解所反映的文化价值观。产品的价值仅由其定价决定这一看法过于简单，它是基于对**具体的构想**和个

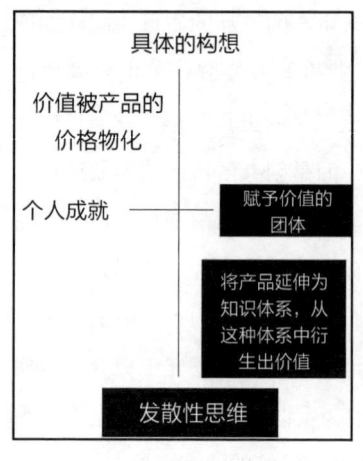

人成就的考虑所得出的看法。一帮人挥舞着产品彼此竞争，最成功者胜出。我们为自己最喜爱的选择投出"美元选票"。左上方象限中写着**价值被产品的价格物化**，这是针对那些准备付款的人说的。它在一定程度上是正确的，但又漏掉了太多。因为真相是：产品有价值，但是，从**发散性思维**的角度来看，个体产品构成完整的系统，而构成这个完整系统及其元素的产品比之前的个体产品更有价值。产品就像人，产品构成了团体，这种**团体**又给对它来说十分重要的社会目标**赋予价值**，例如挽救地球环境。中国在太阳能和风能领域位居世界领先地位，这并非巧合。右下方的象限中写着**将产品延伸为知识体系，从这种体系中衍生出价值**。在西方，我们有时候会提到知识密度，也就是一件产品当中蕴含的知识量。这一概念非常重要，但是还不够。真正要紧的是知识外延，也就是将知识运用扩散到不同的智能系统中，带动这些系统以及整个团体去改进社会。现在我们来看，哪种方式才是产生有用知识的最佳方式。

· **仅有大数据还不够，产生知识需要有主张、有目的**

我们常听人说，因特网决定了大数据时代的到来。"数据"这个词意味着"明摆着的事物"。我们在具体事实和客观发现所形成的沙暴中运转。据说，万维网上有关"领导（leadership）"这个主题的词条有百万之多，我们无法对此一一查看。不过，这种铺天盖地的词条之间是无论如何都不会有连贯性的，我们也无法将它们有效地组织起来，除非花上几辈子的时间。不管怎样，数据并非"明摆着的"，而是依靠我们特有的视角才获得的。汉语和日语中都没有"objectivity"这个词的对应词，如果翻译出来，就是"客人的视角"。当客人第一次到别人家做客，看到的是许多独立的个人，无法一眼看透这些人之间的实质关系。客人与其他人之间保持着距离，他/她的视角是超然的，看法是肤浅的。

大半个西方对艾萨克·牛顿感激不尽。牛顿教导我们：天空中的恒星与行星都是没有生命的物体，与我们毫无关系。人们所需要的，就是进行冷静的观察，从观察当中最终推导出运动定律。当然，牛顿非常正确，他看到的，多半都是成百上千万英里之外没有生命的天体。他教授我们经验主义，而经验主义也被证明是非常有价值的。尽管牛顿的这种观点为物理学提供了良好的基础，依靠物理学研制出来的优质武器又让西方人赢得了鸦片战争，但是，这种观点根本不适合"人情世故"。将别人视为没有生命的物体，几乎是完全没有价值的。你甚至没见过别人"真正的样子"，因为你冷漠地对待别人，别人也会这样对待你。你所做的只不过是剥离了科学规律当中的所有感情和善意。

有种观点认为，大数据和物联网会告诉我们接下来该干什么，这就是无稽之谈。它们充其量只会让我们身陷成千上万难以消化的事实当中，不能自拔。无论如何，人们如果没有意图，就不会有注意力。东方人的文化观点是：我们都有特别的观点，当我们既能从自己也能从其他人的观点看问题，能够从不同角度全面看待情况时，真相才会浮现。这就是众多中国人想要学习西方人看待事物的观点的原因。而西方人却要研究对任何地方、任何人都一样的"事实",认为这样才能获得完美看法,并对此深信不疑。我们西方人认为,没必要像中国人那样思考。

当日本经济如日中天之时,有个流传很广的笑话,讲的是各种文化对大象的研究。法国人研究大象的爱情生活;美国人写的是如何有效利用大象而获得盈利;比利时回忆起刚果,写下象牙的价格;而日本人写的却是大象和日本人的认知差距。日本拥有独特的文化,总是强烈地感到自己不被其他国家理解或欣赏。

知识往往只在特定的观点上积累。我们需要的不是事实和事情本身,而是对于提出的问题的回答,这首先需要目的和符合人道的政策。如果我们想要不污染环境的交通工具,需要哪些发明?怎样做才能阻止传染病大流行?如何设计绿色城市?获取知识需要我们有目的地提问,知道自己正在寻找什么和寻找的理由,哪些事实与我们的探索有关,哪些无关。获取知识需要能够容纳信息的广泛语境。但是,西方文化往往是"低语境"的,讲究"事实不言自明"。但是,事实一旦多起来,所表达的内容也就前后不连贯了。西方人假设,无论时间、人员、地点和文化如何,客观事实都是明摆着的,是符合科学的。实际上,人们只有在探索自己关心的事物时才会获取知识,知识并非没有价值,它充分体现了价值。

有观点认为,我们的双眼的视网膜能够反映天赐的事实,而现在其受到了质疑。同样,那种认为保持"客观"就是眼前一片澄明、没有任何偏见的观念也受到了质疑。所有科学都有潜在的范式,也就是对于我们所寻找的本质的各种假设。这是现在人们接受的看法。例如,所谓保持客观,就是假设我们所调查的事件充满了原子及类似沙子、鹅卵石和海滩上的贝壳等离散的事物和物体。牛顿本人自比为一个自得其乐的男孩，"在海滩上玩耍，寻找更光滑的鹅卵石和更漂亮的贝壳，而真正的大海尚未被探索"。牛顿没有注意到的是，大海根本不是由原子和物体所组成的，而是由完整的、连续的波形组成。为探索这一真相，就需要采用完全不同的范式或视角。脑电波也不是物体。每种科学、每种文化都有自己的范式，我们需要对它们保持敬意。让我们用图说明这一点。

上方写着**将科学视为客观的**，这是大部分西方人所持的立场。西方人认为，真相是普遍的，可以通过冷静的观察，而不是通过底部所写的**特定的观点**获知真相。请注意，这种看法让中国人采取了西方人的"客观"视角，但是，中国人也没有放弃自己的观点，而西方人认为中国人的文化视角无足轻重。西方所观察到的物体是**特定的原子**，而中国和东亚其他地区更多地从**发散性角度**进行观察。就像邓小平所说的："一个国家，两种制度。"我们能设想美国试行社会主义吗？将科学和客观现实相混合，就形成了**大数据、物联网和碎片化的事实**，也就是左上方象限中的内容。相反，将特定的文化观点和包括资本主义思想在内的发散性思维方式结合起来，就形成了**根据范式和有目标的国家政策积累起来的知识**，也就是右下方象限中的内容。对中国人来说，西方强调的客观性能够产生有用的工具，可用于中国的环境。中国人在借用西方人的方式方法上毫无问题。中国经济需要世界市场的支撑，这其中就包括

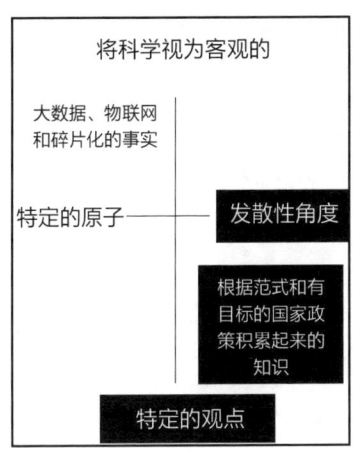

运用西方的管理方法，以实现中国人的"社会主义市场经济"。如果我们想要生成知识，而不是淹没在数字的海洋中，就需要更崇高的目标，让知识为此发力。我们需要能实现这些理想的领导人。有大数据很好，不过，我们更需要使命和理想，以便能够知道哪些才是有意义的。

· 中国为什么能制订长期计划？

在西方，人们轻视长期计划。确实，很长时间以来，人们一直认为，任何形式的长期计划都能够奏效，不过是一种可怕的错觉。问题在于，全球市场动荡不安，无法预测。中美经贸摩擦、2008年金融市场崩溃、澳大利亚和美国西部的山火、民粹主义盛行、海平面上升，只有勇敢的人才敢预测未来。眼下，动荡不安才是常态，而非例外。有鉴于此，常识要求我们对变化莫测的市场做出短期反应，而这种做法，将无法树立长久的目标和理想。

重视短期计划的学说有一定的正确性。一般来说，政府官员并不擅长进行预测。市场过于复杂，难以预测，大部分规划都会走偏。如果事情出了岔子，还要坚持原有的计划，只能是自我欺骗，加剧错误。如果计划违背了现实，执着地落实计划或谴责现实都会带来灾难性后果。不过，违背市场力量的规划和尊重市场力量的规划是完全不同的。在1980年之前，东亚大部分地区就落实了尊重市场的规划；而中国在1980年之后，也开始制定这样的规划。

制定规划的目的是记录你的预期。不要假装规划是完美无缺的，也不要假装制定者是某个预言家，必须成功落实规划。我们注意到，从信息转为知识，就要弥补预期与落实之间的差距。除非事前制定规划、树立理想、抱有希望、心怀目标或愿望,否则,人们无法区分什么是顺风,什么是犯规。将我们的愿望和最终结局做个比较,就是一种形式的学习,也是一种为避免脱轨,不断瞄准和调整目标的方法。

2005年,有人对太阳能和风能未来的增长速度做了预测。15年之后,太阳能的实际发展状况是预测的65倍,而风能的实际发展状况是预测的21倍。①中国一向支持这些可再生能源的发展,它在太阳能和风能两个领域的发展都居世界领先地位。是的,预测确实可能犯错,甚至错得离谱,所以人们禁不住要对其过程表达反感。不过,中国是最早注意到这种与预期有偏离的情况的国家,因为它制定了规划;此外,这种偏离是朝着受人欢迎的方向发展的。如果一场海上风暴将你向目的地的方向吹,就不是坏事。命运总是垂青有准备的头脑,而有了理想和更高的目标,一旦情况有变,你就能辨识出前面是好运还是厄运。在市场力量面前无能为力地随波逐流,或坚持认为自己智慧超人,不能受任何干扰,这些都只是制定规划的拙劣替代而已。

我们西方人和东亚人的区别之一就是对时间的态度不同。在前面几章中,我们已讨论过这一点。北越人让美国人坚信,他们将抗争到底,直至统一越南,因此美国丧失了耐心。此外,长期终究是要吸收短期的,因为实现长期目标的那一天终将到来。埃里奥特·杰奎斯(Elliott Jacques)发现,只有伟大的领导人才能做到紧

---

① 阿尔·戈尔(Al Gore):《我们的选择:气候危机的解决方案》(*Our Choice: A Plan to Solve the Climate Crisis*),伦敦:布鲁姆斯伯里出版公司,2009年。

紧抓住关键的时间点。伟大的领导人能够看得更远，[①]远非标普500指数上榜公司的首席执行官惯用的五年创造性会计伎俩所能比拟。

但是，美国各部门的长期规划在20世纪80年代到90年代期间消失了。与此同时，人们庆祝全球市场的形成，其运转得飞快，带来动荡的局面，任何长期规划都以惨败告终。英国财政部所做的预测一向就不准，已近乎玩笑。世界市场动荡不安，结果西方越来越以市场为导向，行为也越来越短期化。对于建立宏大的产业，我们不再抱有多少信心。建立这样一个大产业需要花费十年时间；而花费同样一笔钱，就能趁着身边市场动荡之时，下千百次投机性赌注，从中获利之多远胜于发展一个大产业。无论如何，公开招股公司不敢放手闯荡，也不愿冒大的风险。它们可能会失去太多的东西。现在轮到亏本的"独角兽"公司承担风险，它们争先恐后地抢夺世界市场份额，然后垄断价格。

提出有关可能发生的情况的预案，就相当于经营好企业，并在学习的竞争中获胜。如果你能模拟出有可能出现的发展前景，你就会比其他人更快地认识和应对这种局面。东亚大部分国家和地区为类似新冠病毒这类冠状病毒做好了准备，而西方没有为此做准备。如果尝试了三到四个可能实施的方案，你犯错的概率可能远高于将事情做对的概率，但是，犯错也有犯错的优势，那就是你能意识到不同之处。关键不在于保持正确，而在于保持足够的警觉，让自己随时处于警觉状态。市场会让我们的期望一次又一次落空，而我们

[①] 埃里奥特·杰奎斯：《时间的形式》(*The Form of Time*)，纽约：克兰-鲁萨克出版公司，1982年。

将从中学到和发现更多东西,培养出所需的谦虚态度。[1]我们不停地做规划和树立目标,这让局面能维持一个相对稳定的状态。我们能够区分出哪种市场动荡对我们有帮助,哪种市场动荡会阻碍前进,哪些情势变化更值得利用。

我们用**短期—长期**维度来表示这层关系。市场动荡之下,西方要在尽可能短的时间内赚到**具体数额的钱**,也就是所谓的赚快钱。由于变化太快,金融部门充斥着赌一把的心理,看谁能比其他人更快地应对当天发生的事件。左上方象限中的口号就是**比其他人更快地应对市场波动**。除了获利,从这个口号中看不到有其他的目的、方向和想要达成的目标。不过,这并非针对市场惊涛骇浪的唯一可能反应。你还可以利用**向四面八方流淌的水流**和巨浪带你找到方向,不断修正航线,朝着**长期**目标努力。每一起突发事件,都会帮助或阻碍长期的旅程,以减少贫困、发展经济。在右下方象限里写着**为学习能够推动实现长期目标的力量做好规划**。尽管市场波动频繁,但中国确立了自己的优先事项,利用市场动荡来实现目标。就算道路变幻莫测,目标始终是明确的。"一带一路"倡议将利用中国提供的基础设施,将中国和140个国家连接起来。这就

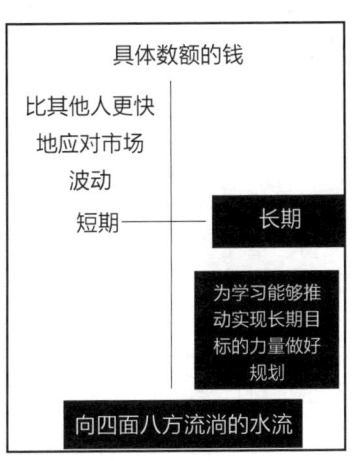

---

[1] 胡安·安利奎斯(Juan Enrique):《当未来追上你》(*As the Future Catches You*),纽约:皇冠出版社,2001年。

是中国，它能进行长期规划，运用扩散性思维，再耐心实现目标。

· 是否应当特意且巧妙地引导资本主义拯救世界、让世界致富？

有没有可能让政府引导资本主义经济按其希望的方向发展？我们知道，这个办法是可行的。肯尼迪（Kennedy）总统于1961年5月25日宣布阿波罗登月计划。那时还是"肯尼迪王朝"时期，美国人还爱戴着国家领导人。那时，美国争取实现登月目标，尽管这个目标所费不赀，一度占到国内生产总值的4%，但是，全国上下一心要将这个看似不可能的目标实现。肯尼迪说："我们决定登月，不缘其易，恰由其难。"当时做个美国人感觉真好。那段时间，本书的作者中有两位正巧生活在美国。请注意，登月工程并非没有政治动机。火箭也要携带洲际弹道导弹。那时，美国正在和苏联展开一场声望之战。当时人们都在谈论美国在古巴猪湾事件中的惨败。美国需要实现一个超越地球边界的崇高目标。实施登月工程，再加上国防预算，都代表着政府对美国经济的大规模干预。因为总的来说，实施这些项目会酝酿出无数民用副产品和政府对发展高科技的有力支持。难怪美国那些年那么繁荣。整个国家都盼着完成与众不同的壮举。

尽管这样，美国仍有义务在以往市场不存在的地方确立政府主导的创新目标。人们早就知道，月球上没有生命。当时，没有私营企业对月球感兴趣。肯尼迪将实施阿波罗工程形容成一个信心和远见之举。人类恒久的疑问尚且"未知、未解、未竟"。登月不只是一两个人涉足月球的事，而是"整个国家"和人类的大事。

中国在可再生能源领域处于世界领先地位，尤其是太阳能和风能，更别提各式各样的电动车了。能不能用此类重要而崇高的目标提升经理人和工人的士气？我们只有一次生命。我们打算如何度过这一生？假设我们可以将更多的活力赋予接班人，我们孩子的孩子。中国正在"做肯尼迪做过的事情"，但这回是在一个有生命的世界，而不是外太空那个寒冷死寂的世界，而且中国人要谦虚得多！为了产生良性后果，中国并不畏惧与市场搏斗。随着环境的不断恶化，人们将大量需要能挽救环境的产品，预测这一点有那么难吗？我们难道还需要长远的眼光才能理解这一点吗？我们需要的是利用政策来激发想象力。与制定和实现远大目标相比，让股东变得更加富有，乘坐豪华游艇航行，才是令人失望和扫兴之事。

我们知道，如能排除合理怀疑，"自觉资本主义"能发挥作用。哈佛商学院出版社出版的《自觉资本主义》一书中收录了28家公司。这些公司大部分是美国公司，以讲究社会良心和将利害关系者放在首位而著称。在为期15年的期限内，这些公司的效益是标普500指数上榜公司效益的六倍多。给人们的工作赋予意义和社会目标是值得的。如果公司这样做能奏效的话，为什么政府就不能号召人们实现更伟大的目标呢？我们用坐标系来做进一步说明。

在纵轴上列出**特定产品—广泛的崇高目标**这个维度；在横轴上列出的维度包含两个价值观连续体：**个人主义—团体**以及**短期—长期**。在左上方的象限中标明**给市场上的人提供互不相关的产品**。在一定程度上，这肯定是一个能发挥一定作用的制度，已经给西方大多数国家带来了相对财富；但是，这种制度也导致攫取—生产—废弃的经济模式的形成，以及沉溺于过度消费的经济特征和理想主义丧失。如果将**团体、长期**和**广泛的崇高目标**结合起来，就会**自觉地为有意义的社会目标而服务**。我们能够在政府主导之

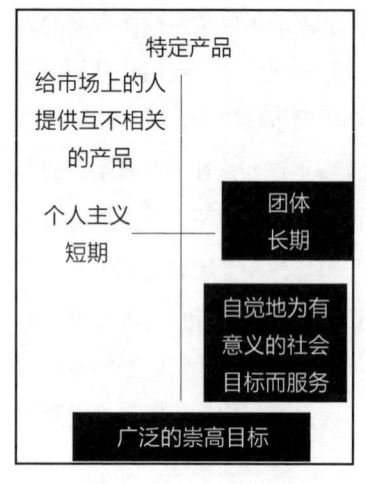

下购买商品和工作,目的是创造一个更加美好的世界;而政府可以做好准备,让我们避开传染病大流行,保护和我们共同生活在地球上的生物。最重要的是,我们将积累知识,并利用知识解决地球遇到的众多危机。

这种看法正在开始影响英国。在英国的首席执行官中,79%的人感到,相比于新冠病毒流行前,他们现在更加认同公司目标;77%的人认识到,他们需要满足所有利害关系者的需要;74%的人说,在他们执行的策略中,社会效益所占比重越来越大,包括环保目标。要求"首席执行官有自觉性"的呼吁比以前翻了一倍多。78%的雇员认为,公司对他们的健康要承担责任。86%的首席财务官认为,对公司经营进行分析性批评是错失重点、迷失方向之举。现在需要的是获得对实现公司目标所做的反馈。

第六章
裁判和教练

    政府在经济发展事务中应扮演什么样的角色？在西方，政府制定游戏规则，并扮演裁判的角色。如果有人犯规，政府就会吹哨；如果发现犯规者行为不端，就会将他罚出场外。一般认为，政府凌驾于争执之上，不会偏袒任何一方，也不会和任何一方走得太近并由此卷入争端。所有企业在法律面前一律平等，如果偏向某家企业，会被视为有腐败嫌疑。如果有企业违背法律，就必须依法行事，做出赔偿。政府的权力受到本国法律的制约。所有竞争者都有权走正当的法律程序，甚至起诉政府。正像球迷所熟知的，裁判不太受欢迎，有时得承受铺天盖地的辱骂甚至更大的压力。一段时间以来，西方政府已经失去了合法性。中国和东亚大部分其他国家和地区不只将政府视为裁判，还将其视为可以向明星队员提供更多便利的教练。[①]我们按以下顺序探讨这个话题。

---

    ①   有关这种区别，见布鲁斯·斯科特（Bruce Scott）和乔治·洛奇（George Lodge）的《美国竞争力和世界经济》（*US Competitiveness and the World Economy*），波士顿：哈佛商学院出版社，1985年。

- 是保证公平竞争环境，还是训练明星队员？
- 颠覆性创新还是整体系统改变？
- 政府应持何种态度，是保持中立还是激情投入？
- 认为能盈利的公司比其他公司更胜一筹，有什么令人信服的理由吗？
- 美国获得超级大国地位，靠的是自由市场还是军工复合体？
- 输赢必须通过裁判决定，如各方都想赢，就需要教练
- 是按法律的字面意思执行法律，还是弘扬法律精神？这是个关乎信任的问题
- 与三星的争吵：我们需要裁判还是教练？

·是保证公平竞争环境，还是训练明星队员？

尽管世界各地的政府都或多或少地发挥一些裁判作用，但东亚许多国家的政府行事风格更像教练。教练发现可造之才，然后将大部分时间和资源投入到那些最有潜力的人身上。教练对于"潜力股"会给予积极的鼓励、建议、咨询、信息、补助和关注，对于"困难户"则不会这样做。公司越能自助，越能从政府方面获得帮助，而政府的帮助又会激励公司，同公司分担责任，帮助公司成功。教练往往是不拘束的，高度投入，态度友好，不搞硬性规定，因为队员已经干得很漂亮。除了给出建议，政府还需要向明星企业学习，将好的方面传下去。如果政府和企业关系良好，就无须援引法律解决问题，企业也会听从政府的建议。与其说企业被视为竞争者，不如说它们组成了一个交响乐团，由政府指挥，和谐地演奏乐曲。球迷都知道，球队经常获胜，教练就会受欢迎。

在充斥着尔虞我诈、钩心斗角的行业内部，发挥教练作用的政府不会单独支持工人或经理人，不会支持工党或保守党在行业内部拉一方打一方，或支持这些政党让某些类型的雇员与企业主和经理人作对，而是会协助各方人士和谐相处。有这样的教练型政府在，整个国家就能赶上那些领先国，并学习他们的经营方法。当裁判忙于裁断谁该获得合理份额时，教练却在帮参与竞争的双方企业找到更多收入来源，让生产力高且能从西方学习技术的企业赚得更多。新加坡经济发展局经常被视为世界上最好的教练，因为它能在世界范围内寻找具备它所钦佩的技术的创新公司，然后邀请这些公司到新加坡设立下属机构，或者干脆将公司的亚洲总部设在新加坡。新加坡经济发展局最近引进的是戴森公司（Dyson）。

裁判体现了**游戏规则**，这些规则应用于**公平竞争、同场竞技的成功者**。这可以用来解释左上方象限中的内容：**裁判在公平竞争中评判按规则进行的比赛**。如果政府表现出对任何一方的偏袒，就会失去信任。政府不能在比赛前"挑选赢家"。最有竞争力的公司将会获胜，这一点至关重要；而一旦政府在比赛中有所偏向，弱方就有可能取胜。教练则体现了团队的优秀，如果这支团队在国内所向披靡，那么就让它做好准备，到国际舞台上大显身手。教练寻求的是**非同寻常的卓越表现**，他推崇这种表现，劝说**组织内的各团队**向榜样学习，效法最佳实践。这就是右下方象限中的

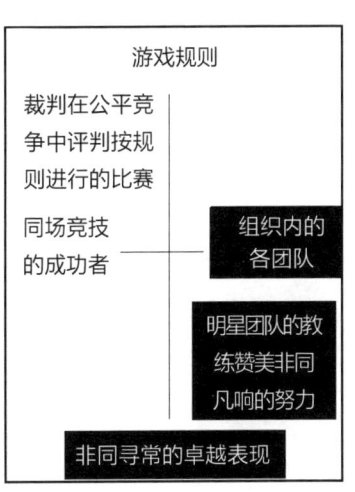

内容：**明星团队的教练赞美非同凡响的努力**。日本和中国都根据政府官员指导的公司的业绩来决定他们的薪酬和升迁。就像我们在第五章中提及的，教练发挥教师的作用，也有教师的地位，而教师在中国备受尊敬。教练给出建议和劝说，通常并不发号施令。有一件事非常有名：日本通商产业部（现经济产业部）曾建议拆分汽车工业，而这个建议被拒绝了。通商产业部被称为"焦虑的姑妈"。这位姑妈为了本国的工业常常焦虑不安，因而提出建议。无论中国还是日本，政府通常发挥顾问的作用，尽管它也可能拒绝公司的某些提议。

·颠覆性创新还是整体系统改变？

在英美话语体系中有一个非常有名的概念，那就是颠覆性创新（disruptive innovation）[①]。提起这个词，人们很容易想到"撞车大赛"或露天游乐场的碰碰车。由于公司希望尽可能多地获利，而出得起公司开出的高价的客户数量有限，因此就出现了颠覆。还有一种颠覆。当对技术的改进走在了客户实际需求之前，客户获得了过度服务时，就会出现竞争者。这些竞争者通常来自亚洲，但也并非总是如此。竞争者带来技术上档次稍低的产品，但是基本上能满足客户的需要，而且客户也付得起钱。这对现在占主导地位的运营商来说就是一种颠覆，它在市场上的主导份额会迅速消失。人们可以想象，这种局面就像多辆汽车相撞，突然出现颠覆性变化。在第四章中，我们已经看到康柏公司的突然消亡。克莱顿·克里斯坦森

---

① 克莱顿·克里斯坦森：《创新者的困境》（*Innovator's Dilemma*），波士顿：哈佛商学院出版社，1997年。

写的《创新者的困境》一书大受欢迎,这是非常有趣的事情。这本书似乎搞清楚了商业经营中突如其来的波澜起伏背后的原因。正因为书中揭示的原因,西方政府才非常讨厌干涉企业运营。政府应让商业竞争顺其自然,不去阻碍市场的"智慧";政府需要做的,就是保证没有人作弊。

赞扬市场动荡的不止这一个例子。熊彼特(Schumpeter)讲过创新性资本主义所代表的"创造性破坏的飓风"。2000年,美国还有16万名录像和光盘租赁业务的从业者,但是"奈飞现象"出现后,现在这一行的从业者只剩下5000人。看起来,自从有了因特网,大街上的一众商店纷纷被迫关闭,不过因特网又创造了新的在线机会。我们能够进行创新,但是创新的后果是走运还是走霉运就像翻滚过山车一样总是令人始料不及,而我们只有让自己适应这一局面。看起来,当我们进行创新的时候,就会产生冲突,对此又不能做什么,也不该做什么。搞创新必然会出现这种情况,它体现的是"不知足是神圣的"。如果政府实在要干预,最多也就是减轻失败的冲击,让我们少受折磨。

但这就是创新的唯一途径吗?在中国,甚至东亚其他国家和地区,当人们实施创新的同时,整个商业体系也会被改变,这已经成为常态。以电动车为例。如果仅拿安装了内燃机的燃油车做文章,将其淘汰出局,电动车不会大卖特卖。淘汰燃油车颠覆性太强,会造成一场灾难。我们必须决定到底是否需要这种创新,如果需要,许多因素就得同时改变,而这需要政府来协调过渡。汽油能够让燃油车走多远,电池就必须能让电动车跑多远。我们需要有足够数量的充电桩,并想办法安装。还需要训练有素的机修工,设法快速更换电池,使人们听到电动车驶来的声音,改变驾驶考试方式,以及设法回收耗尽能量的电动车。此外，还需要大幅降低获得车牌的成本，让电动车也有权在公交车专用道上行驶，以便鼓励人们将燃油车换成电动车。

中国的许多城市饱受交通拥堵之苦，私人需要通过摇号才能获得车牌。不过，如果你愿意购买一辆电动车，摇中车牌的机会就高得多。要实现所有这些目标，就需要政府出面协调，确保能够顺利过渡到使用电动车。很明显，沿着固定路线行驶且早出晚归的公交车适合尽早电动化，也必须电动化，它们可在夜间充电。农用车可以在返回车库后充电。不过，开电动车跑长途的话，就需要在手机上查到沿途充电桩的位置。我们需要的是所有提供电动车服务的企业能够一同共事，彼此合作而不是竞争。如果我们知道要逐步引进某类产品而逐步淘汰另一类产品，就可以指导这一过程。那些能够平滑过渡并成功实现的国家将遥遥领先，向其他国家展示如何有序地改革。

能够通过协调改变现状、把控经济使其快速增长的政府会获得人民的拥戴，看看新加坡人、越南人和中国人对其政府的信任程度就可以了解这一点。根据肯尼迪中心近期的报道，中国人对政府的支持率高达95%。如果球队经常获胜，教练往往备受欢迎，也能分享成功的荣耀。相反，西方政府往往在公司出问题时才进行干预，而当公司最终倒闭的时候，政府也会分担耻辱。实际上，我们一提到政府挽救计划就会想到失败，并强调此类干预是多么无用。我们将政府的职能视为止痛药，而不是高质量成功的保证人。申请专利的中国公司会得到政府补助，公司获得专利后，还会再次获得补助。政府明确无误地站在成功一方。

结局不言而喻。中国申请专利的数量比美国多一倍。不过，从专利获批情况可以看出，其中既包括在中国申请的专利，也包括在外国申请的专利。更公平的做法是通过世界知识产权组织将申请国际专利的数量做比较。在这种比较之下,中美之间的差距在逐渐缩小,但是中国依然领先。根据路透社的报道,中国申请了58990份专利,而美国申请了57840份专利。东亚申请的专利数量占世界专利申请总量的52.4%。华为是申请专利最多的公司。中国申请的专利数量在2008年位居世界第七,现在已位居世界首位。当中国宣布要兴建众多绿色城市之际,就意味着要开发大量新技术,这不仅要满足条件,还要融入一个新的系统。[①]

这种差距可以用图来表示。如果变化是由**具体增长**带来的,呈现非连续性,而每一位**坚持己见**的竞争者都在争夺好处,那么创新就会演变成碰撞、冲突和系统故障,因为关键的单个元素已经消失了。这一切会发生在成本激增、出现摩擦时。凡是参与到创新中的成员都会心神不宁。"最佳者"很可能会赢,但是损耗率也会升高。这就是左上方象限中写的**像"撞车大赛"中"英勇相撞"一样的颠覆**。但是,事情不必如此发展。创新变化也可能呈现为**扩散性流动**。企业可能**受外部影响**,紧盯教练或指挥。这种变化旨在创作一部交响乐,让政府在参与创新的各家企业中发挥斡旋作用,而非制造杂音。这样,创新带来的又是一个完整的系统,而非不成体系的零零碎碎。在右下方象限中写着**全系统颠覆:精心策划的和谐**。依靠这种实施创新的思路,中国正在兴建绿色城市以及世界上最大的道路和铁路网络。这种做法符合所有创新公司的利益,各家公司各尽其职,而它们各自的贡献又能融为一体。协调者不会通过支持任

---

① 根据世界知识产权组织。

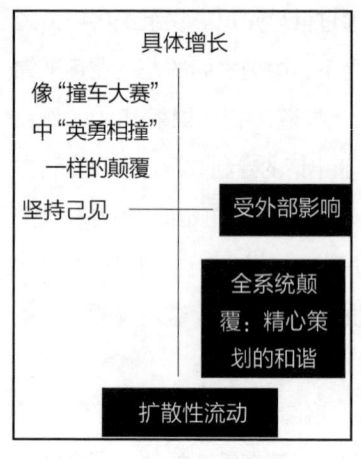

何一家公司来打压其他,而会捍卫公司之间的和谐共生。这样,一家公司的"废弃物"有可能成为另一家公司的"资源",而所有副产品都会被廉价提供给某个人使用。英国糖业公司(British Sugar)获利颇丰,部分原因是人们连根拔出制糖用的甜菜之后,叶子可以回收作为动物饲料,甜菜核被洗干净之后可出售给花卉中心,而化学副产品可以制成鱼饵和治疗消化不良的药品,产生的二氧化碳可以经管道输送给西红柿种植商,而在产糖过程中发的电又可再回售给国家电网。英国糖业公司的财富仅次于它在中国开的子公司。[①]

·政府应持何种态度,是保持中立还是激情投入?

当政府发挥裁判作用的时候,它应当严格遵守规则,不表明态度。它的作用就是保证法律面前人人平等。政府的意见或倾向可能为人所知,但是,当企业间发生争执或客户提出起诉时,不受政府政策影响的司法部门会做出判决。借鉴了英国司法体系的新加坡颇受欢迎,部分原因是众多跨国公司非常适应新加坡实施的商法。亲

---

① 制造业协会对于英国糖业公司的展示材料,剑桥大学,2016年。

近特定产业的政府对待这些产业特别友好,不过,它承担得起这种友好接触的后果吗?这算不算"裙带资本主义"?众所周知,当监管者与企业"走得太近",对我们来说就是有害的。法律得不到有效执行。法院并非真正地独立做出裁决。例如,波音公司(Boeing)允许Max机型自己做安全认证,在飞机的安全性上节省开支,结果这个机型发生空难,造成数百人丧生。我们可以用图来表示。

既然政府是裁判,它在处理和不同企业之间的关系时就必须**保持超然、明智、超脱、不偏不倚的态度**。表达对公司偏爱的是客户而非政府。政府在捍卫**个人权利**时代表了**游戏规则**。就算是世界上最有权力的人也必须尊重法律。波音公司规模庞大,备受特朗普总统的赞扬,但是它也不能凌驾于法律之上,不能以不合标准的工作应付了事。政府可能因为发挥了裁判作用而变得不受公众欢迎。相反,一个教练型政府可能会对业绩出色的公司**非常投入、有所偏袒、尽心尽力、大加赞扬**。它赞扬这些公司**特别才能**,并在**社区课堂**中协助向国人解释这些公司的业绩。这样,政府也会分享经济增长的部分功劳,并受到公众欢迎。新加坡政府就是这样,它所代表的执政党不仅一再当选,在国会中甚至几乎没有反对派!当然,亚洲国家政府同样尊重法治。政府通常不会将友谊置于合法性之上,不过,当它希望自己的团队能够在世界舞台上成功时,也能够承担起教练的职责。有本书介绍了新加坡经济发展局

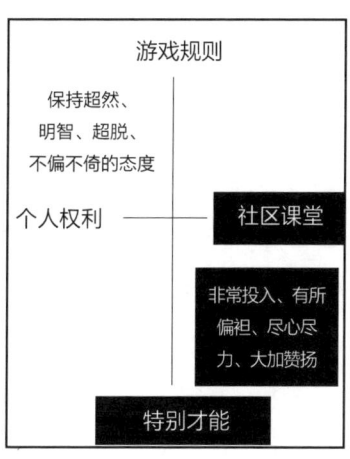

的演变历程，这本书的书名是《心耘》(Heartwork)。新加坡经济发展局有意结交那些它认为对新加坡发展有利的公司。[①]这样做真的那么困难吗？政府必须戴着中立或激情的僵硬面具，就像希腊悲剧中那些命运已经注定的角色一样无法改变自己的想法吗？

· **认为能盈利的公司比其他公司更胜一筹，有什么令人信服的理由吗？**

政府扮演裁判的角色，理由是除了业绩和盈利能力之外，所有企业都是一样的。应当允许企业根据其自身的条件走向成功或失败，而其所取得的相对成功也要由市场来判定。不过，情况真是如此吗？在上一章我们看到，有些企业帮助了许多其他企业。荷兰人所称的"横向技术"横跨诸多产业。例如，有了数控机床，企业就能定制产品；由于只需数秒而非几小时就能更换刀具，短期订单的成本也可接近长期订单的成本。那些能够制造最佳工业机器人的厂商也能让那些依靠机器人生产的产品受益，就像芯片制造商激活了原本没有生命的物体。我们看到，当卫星与汽车中的全球定位系统接通以后，有一部分产品形成了知识体系。总的来说，这些系统增加了它们向企业提供的知识数量。

政府有充分的理由偏爱兼具知识密集和知识外延的产品，因为这些产品一般能够在彼此之间和人类之间互通有无。智能产品非常稀缺，因为只有教育发达的国家才能制造此类产品，而数量的稀缺

---

① 曾振木（Chan Chin Bock，主要作者），新加坡：经济发展局协会，2002年。

提升了产品的价值。制造、销售、购买和使用智能产品的人也会提高各自的技能，由此知识得到了传播。工人的技能水准越高，工资就越高，而当工资花出去之后，经济就会出现增长。例如，新加坡断然拒绝百事可乐公司在新加坡修建瓶装厂的建议，不过同意其成立地区总部，因为该总部从事智能型工作。新加坡不希望本国国民饮用兑水的糖浆，因为喝了这种饮料，大脑细胞难以保持活跃。后来百事瓶装厂就被引进到对其建厂求之不得的贫穷的邻国。

请注意，偏爱某一整类产业，也就是那些知识含量高、能够解决呼吸器官疾病、挽救环境、与贫穷作战的产业，与偏爱自己的侄子或外甥是不一样的。很明显，偏爱后者不合需要，而偏爱前者却是看到了其长期潜力。例如，中国和新加坡对本国的制造业紧抓不懈，原因有二。第一，发展制造业能够帮助人们脱贫，也就是C.P·斯诺（C. P. Snow）说过的"穷人最后的希望"。另外，制造业产品附加值高，能够创造极大的财富，大幅提高生产力。如果你将2000个零件拼装起来，形成的整体价值就比零散部件的成本合计要高得多，这很像一辆整车比成堆的部件更加值钱。相反，类似理发和撰写遗嘱之类的服务在以往的一个世纪中没有多少变化。英国和美国的制造业在其经济总量中的占比分别下降了10%和11%，允许出现这种衰退的代价就是社会阶层之间的流动减少。

我们用图对此加以表示。根据**正统的经济学说**，在出售简单和具体的事物时，**所有产品和公司在法律面前一律平等**。政府没有权力偏向任何人或任何活动。市场将决定谁值得成长，谁不值得。不过，东亚人并不这样想。他们拒绝做简单的东西，例如，纺织品、靴子和单鞋，然后在带头人身后亦步亦趋。东亚人**直截了当地要获取电子学和生命科学的前沿知识**，他们将广泛的知识与**特定能力**相

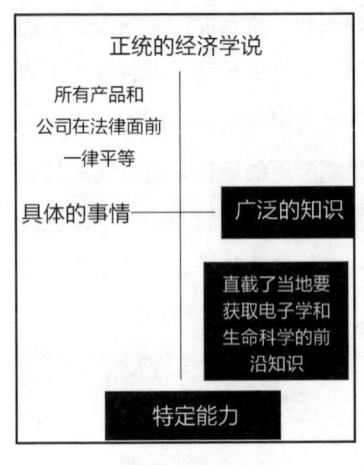

结合，将普及大众教育当作上升通道，以便赶上西方人。他们追寻的是产品本身的潜力，以及产品能够服务于人和挽救地球的能力。只有具备高超技能的人才能拿到更高的工资，而只有具备这样的技能才能使用知识含量高的产品系统。请注意，公平对待所有参赛者的观念并没有被抛弃，它依然存在。不过，政府将各种产品做了分类，依据的就是这些产品能否尽快实现政府目标。相比联网宾戈游戏和高利率信用卡，无人驾驶电动车更受政府青睐。那些只能打打零工、运送包裹之类的人很可能永远受穷。

· **美国获得超级大国地位，靠的是自由市场还是军工复合体？**

我们总是听到这样一种说法，美国由于放手让公司自由竞争，而自己以不偏不倚的裁判身份公正地监督市场竞争，所以成为世界强国。事实却是，一个多世纪以来，美国政府一直在真正地大规模干预美国经济，因为它感到美国的自由市场正在遭遇挑战，所以它在国防市场上耗资巨大，其干预程度没有任何一个国家的政府能够与之匹敌。

国防开支包括艾森豪威尔（Eisenhower）总统命名的"军工复合体"的大笔补助。这些钱资助发展能够杀人的各种学科，包括机械工程、电子工程、化学、生物、物理、火箭学、航空学、造船、喷气推进、枪炮操作、原子武器、物流、电子通信,甚至因特网也是美国政府出于军事目的开发出来的。1964年,美国用于探索太空和击败苏联的开支达到了当年国内生产总值的4%。而如此庞大的开支,其支付的理由竟是,美国确信自己正在遭受敌人的围攻,而这些敌人的开支仅是美国武器预算的零头而已。

眼下可以看到,美国的国防支出达到了7300亿美元。北约军费高达2640亿美元,俄罗斯是630亿美元,不到美国的十分之一。美国的国防开支相当于紧随其后的十个国家的国防开支的总和。美国人在军事上的开支是其外交开支的20倍。一战期间,美国从1915年开始将武器出售给协约国,1918年参战,依靠一战致富。1918年以后,美国经历了一段繁荣期,直到1929年。二战期间,美国的消费品流通量增加了8%。二战这场灾难结束之后,美国变得比任何国家都更强大、更富裕。欧洲甘拜下风,依靠马歇尔计划才实现复兴。

经历了漫长的冷战、朝鲜战争、越南战争、伊拉克战争和阿富汗战争,美国成了"世界警察",军事开支大幅增加。五角大楼在刺激经济朝着它所期盼的目标发展方面显示了高超的技巧。它与供应商签订成本加成合同,这样供应商就有钱做试验,还能收回早期试验失败的成本,增加了项目结项之后的利润。五角大楼以能识别出美国最富创造性的教授和研究员而享有盛名,它能绕过大学管理人员,直接资助相关研究者,找出真正的天才。五角大楼还以能够资助创新水平非常高的小公司而著称。

玛丽安娜·马祖卡托(Marianna Mazzucato)对苹果公司(Apple Inc.)的iPhone手机和iPad平板电脑这两款产品做了讨论,借此对美国的国防开支如何影响日常经济做了说明。她的著作《创业型国家》(*The Entrepreneurial State*)[①]即是在说国防机构。在谈起苹果公司的时候，我们想到的是"两个史蒂夫在车库里创业"，他们以极低的成本设计制造出了Apple I电脑，而苹果公司就是自由创业的缩影。苹果公司确实以这种方式起步，但是现在已经不能用自由创业来形容它今天的状况了。玛丽安娜列举了iPhone手机和iPad平板电脑的15项新颖的功能，并指出，所有这些功能都源于国防和其他政府机构资助的基础研究的成果。其中，锂离子电池、液晶显示屏和多点触控屏来自国防部的研究成果。欧洲核研究理事会开发了点击式触摸转盘，美国国防高级研究计划局开发了微处理器、微硬盘、动态随机存取存储器高速缓存、语音识别接口和虚拟助理，更不用提因特网本身了。美国陆军研究局提供了信号压缩技术。导航卫星定时测距系统是全球定位系统的先驱。美国军方开发了蜂窝技术；美国国防高级研究计划局开发了因特网。这些技术溯源见下图。

总的来说，几乎所有的复杂技术都在国防领域发挥了作用。所有物流、通信、能源、交通、工厂设备都与国防有关。美国兴建国家公路系统，部分原因是为了在出现紧急状况时能够撤离城市居民，在东西海岸之间运输武器。有了因特网，美国人即使遭到核武器的袭击也能保持通信联络。此外，国防是民主党人与共和党人能够达成一致意见的少数议题之一。民主党人同意开发国防技术，因为他们赞成实施更多的国家干预；而共和党人同意开发国防技术则因为他们多半是主战派，更有可能认为国家受到了敌人的威胁。

---

① 伦敦：万神殿出版社，2015年。

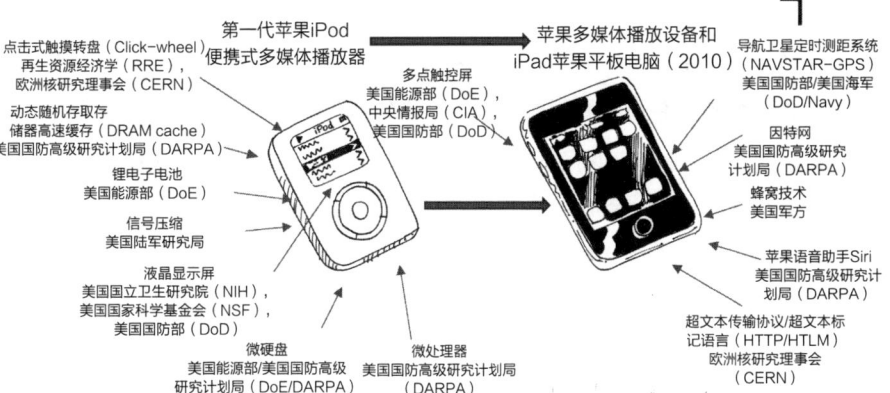

联邦政府在苹果产品创新中所发挥的作用

马祖卡托对各个国防部门的行动特点做了说明。这些部门并不向私营部门下订单，下订单不是激发私营部门创新的手段。它们举办面向有关各方的论坛和研讨会，在这些场合，政府能够了解何种基础研究会为公开招股公司带来最有用的成果，还能保卫国家。政府负责最有前景的基础研究项目，之后公司就可以申请搞项目研究和开发。事实上，美国拥有政府支持的工业政策，这种政府支持的政策体现在方方面面，唯独没有体现在名称上。这种政策表现为实施大规模的，甚至是以世纪为单位的计划，资助高科技的发展，在全世界出售武器。尽管美国宣称政府不应干预市场，但它却将政府干预落到了实处，其规模之大，足以让实施计划经济的其他国家相形见绌。由于武器无须使用或只要发射即可"成功"，这类项目都是股东控股公司不会考虑接手的项目。五角大楼与供应商签订成本加成合同来包容试验错误，这种合同本质上就是鼓励不停地做试验。由国防项目衍生出来的副产品数不胜数，例如，以火箭头锥为原型开发出了特氟龙煎锅。让我们将完整的论证通过图展示出来。

让富有创业精神的**特立独行的创新者**智胜对手，让裁判执行**游戏规则**，这就汇集为左上方象限中的内容：**对所有竞争者来说，自由企业只存在于起步阶段**……苹果公司的确是由史蒂夫·乔布斯（Steve Jobs）和史蒂夫·沃兹尼克（Steve Wozniak）在车库中孕育出来的，它是这两人勇敢和独创性的体现。我们应当尊重天才。但是，现在的苹果可不是这个样子了。它成了军工复合体，被认为是保卫**社区和国家**的重要组织，并且被特别选出执行**特定的政府政策**，而这些政策则是以联邦研究项目的面貌出现的。苹果已将研究成果转化为其产品的几乎所有创新功能。因此，右下方象限中写着：……**不过，随着接受政府以国防优先的议题所给予的大规模补贴，自由企业已不复存在**。中国和美国都给予了企业大量补助，而在这个战略议题上的区别是各自选择的优先事项不同。

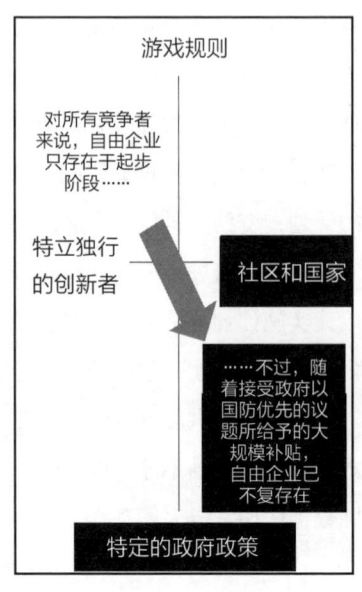

美国声称，要防御那些武器数量仅有其零头的敌人，而中国已经着手通过基础设施方面的投资与其他国家建立联系，并致力于应对当前的气候危机。中国的目标是通过实施这些倡议项目来发展经济。不过请注意，美国需要"共同威胁"这个概念来加强团体感，如果不这样宣传它就会弱化。彻头彻尾的个人主义者需要一个共同敌人，否则就会孑然一身，而中国正逐渐成为这个角色。冷战结束意味着美国要与之作战的敌人太少了，成为孤独的超级大国会让其很不好过。因此，必须找到敌人！中国符合要求，因此遭受了各种无端的指控。没有了敌人，美国人能够上下一心吗？

· 输赢必须通过裁判决定，如各方都想赢，就需要教练

当裁判就要在一场面对面的竞争中分出输赢，在一场公正的赛跑中决定谁是胜利者；当教练就要促成可能的合作，让各方都能从彼此迥异的才能中受益，在参赛者中建立双赢的关系。西方人热衷于对抗。竞争的一大优势就是赢家接管输家的各种资源。在竞争中，谁能令人满意地管理资源，资源就会偏向这一方，远离管理不善的另一方。随着更高效的公司在竞争中胜出，经济也会比以往更繁荣。

不过，这种竞赛存在很多问题。首先，那些接管公司的人未必都是更好的经理人，只是有着更多的储备。同小公司相比，大公司创新更少，官僚气更重，提供的新职位更少。接管投标都是由股东说了算，而雇员、客户和供应商等人通常没有发言权。投标人可能寻求将金钱从利害关系者手中转移到股东手中，就像我们在第五章中讨论的那样。竞赛经常会产生损耗，就像硬碰硬只会让双方撞成脑震荡。公司各不相同才符合客户利益，因为这样才会扩大客户的选择范围，而在回击时打偏也比迎头相撞要好。让我们感到兴奋不已的竞争，往往简单得就像两名重量级拳击手一决高下。当我们变得越来越富有革新精神时，彼此间的争斗就会越来越少，相互学习会更频繁。与和对手当面对峙相比，绕开可能更好；做与众不同之事要胜过单纯重复老一套。

在一场淘汰赛中，除了胜者，人人都是输家。就算赛后上榜比赛成绩名次表，也意味着我们当中有将近一半的人"低于平均水平"。一想到这一点，就令人感觉不适。不过，如果我们以统一标准来要求自己，才会出现这样的局面。而事实上，我们往往看重的是自己擅长的领域，而非有缺陷的领域。一位出色的作家，没有理由感到自己会被一名优秀的篮球运动员比下去，反之亦然。有了多元化，我们才能避开令人反感的比较。橙子并不比苹果更好或更差，它们只是不同而已。竞争的问题在于，它会让我们陷入对同一事物进行大量比较的陷阱而不能自拔，例如看看出拳能有多大力量；但是，很明显，让五彩缤纷的特征来点缀由见多识广者组成的团体更重要。

在多元化背景下，教练才能人尽其才。教练需要组建由五花八门的人员组成的团队，这样才能正确整合具有特定才能的人，解决当务之急。甲是不是比乙"更好"要视具体的情况而定。关键在于，人人都能发挥自己的特长。这样，一旦出现新的挑战，就能有人出面解决。如果在桌子上撂下一个又脏又大的钱袋，有人就会多拿钱，有人只能少拿钱。这时就需要裁判裁决。不过，如果收益是由解决问题的工人和经理人所组成的团队带来的，每个团队成员要根据付出的时间和精力计算其收益，比如一半收益归拿出解决方案的人所有，另一半归促成股东大会的股东所有，那么，这种分配方式就能再次展现教练的特长。甘地（Gandhi）仲裁劳动纠纷时说："唯一公平的方案就是双方都能从中获益的方案。"分享日后的解决方案带来的收益是一种方式。财富产生于各方协调行动，而这种协调行动是需要引导的。你支持获胜者，他们就能获得更多决定性胜利。这不是在"挑选"获胜者。如果你想获得成功，就要支持被市场选中的领域，比如人工智能或区块链。这样，你就是在帮助市场成长和发展。一个能实现碳中和的未来正在向我们招手。

当有着**完全相同的具体价值观**和遵从**游戏规则**的竞赛者需要在赛场上分出胜负，就会出现左上方象限中描绘的情景：**一场定输赢的比赛中必有一方要输，因此需要裁判裁决**。这类比赛的支持者一般都有非此即彼的心态，因此很难避免出现种族主义言论。一旦经理人输掉了比赛，其职业前景就会变得黯淡，而"赢家通吃"的文化就有可能大行其道。另一方面，任何一种**扩散**

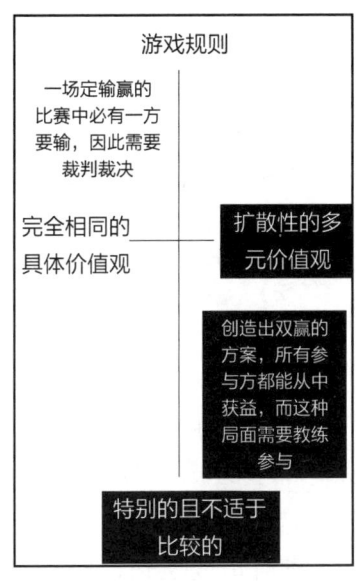

性文化，也就是认为**价值观是多元的**，并且人们的才华都是**特别的且不适于比较的**文化，都能**创造出双赢的方案，所有参与方都能从中获益，而这种局面需要教练参与**。教练将对现有的所有人才进行无可比拟的组合，让他们都能从随之而来的成功中获益。优秀的教练拥有积极的心态，受到众人的赏识；而裁判则多半会直面罪恶和惩罚。

· **是按法律的字面意思执行法律，还是弘扬法律精神？这是个关乎信任的问题**

是当裁判还是当教练？这二者还有一个区别，就是对待法律的态度。是不折不扣地执行法律，还是在更为宽泛的层面上弘扬更为广博的法律精神？查尔斯·汉迪①（Charles Handy）讲过一段经历。当时，他代表壳牌石油公司（Shell）和一位华裔马来西亚供应商进行谈判。他非常喜欢这位供应商，而且两人也相处融洽。对他们来说，达成协议意义重大。事情进展得非常顺利，可是当汉迪拿出一份每页都写满附属细则的完整大合同，要求对方签字时，情况就变了。供应商想知道为什么要签这份合同，难道他们不是朋友吗？他们不是已经彼此做出了承诺吗？起诉壳牌公司？这是不可能的事情。那么，为什么壳牌想要控制他？难道任何一方不应该拥有自由退出合作的权利吗？汉迪指出，这些条款都是形式上的，不过这个理由并未说服对方。②

  这段经历强调了一个事实，那就是当道德并不屈从于通常属于法律细节的规定时，人际关系才能建立。立法的宗旨是阻止欺骗客户的行为，这样才能保证客户获得更好的服务，双方之间产生信任，经济运行无障碍，公司能够因其业绩出色而兴旺发达，而非依靠招摇撞骗。立法能否得到尊重，起作用的还是背后的意图，而非合同体现的法律细节和规避条款。教练型的政府可以和公司密切交谈，解释为何顾客至上，而不是优先"使坏调包"。公司应当调整其优先顺序，让雇员能够自豪地提供顾客至上的服务，而非依靠耍花招或行骗。

  政府官员的薪酬高低和能否升迁，要视其所负责的产业部门的表现而定。既然是这样，政府和产业部门为什么不能同心协力，互

---

① 查尔斯·汉迪（1932—2024），欧洲管理思想大师。——编者注
② 《悖论的时代》（*The Age of Paradox*），波士顿：哈佛商学院出版社，1988年。

相帮助？公司为什么不能建议通过立法驱逐奸商的做法来帮助它所在的行业发展？如果公司业绩良好，政府就能腾出手来对付那些有损于行业或挑起猜疑之人。为什么必须让"买家自负"？让买家信赖诚实的供应商，难道不是更好的做法吗？那种将客户视为法庭上的对手的态度，让大公司获得了凌驾于小公司和个体经营者之上的巨大权力。想惩罚大公司并要求其做出解释需要付出的成本高得令人难以承受，而且，当事人也很少会走到打官司的地步，在政府工作的朋友的一句悄悄话可能就会起到很大的作用。其实，按规则办事、讲究公平才是最划算的。我们手中的数据表明，政府和公司之间能够产生信任，这一点有目共睹。①

最有效的扩散性价值观可能就是信任……

对政府和大公司的信任程度

新加坡	8.04	日本	6.67	葡萄牙	5.58
中国	8.00	以色列	6.38	意大利	5.56
智利	7.62	德国	6.24	西班牙	5.41
马来西亚	7.52	比利时	6.15	希腊	5.32
芬兰	7.48	巴西	6.14	英国	5.30
瑞士	7.27	澳大利亚	6.07	委内瑞拉	4.50
丹麦	7.26	美国	5.77		
加拿大	6.75	法国	5.63		

《世界竞争力年报：洛桑国际管理发展学院2006》

请注意，新加坡得分最高，紧随其后的是中国。与西方关系更为密切的东亚其他国家，例如日本，得分较低。信任感最低的国家

---

① 中国人使用爱德曼信任晴雨表，www.edelman.co。

中包括英美，它们也是最依赖法律的国家。

新加坡经济发展局以同公司保持密切关系而著称。一开始，该局邀请世界上最具创造力的公司在新加坡经营业务，并承诺协助这些公司适应当地环境，学习当地法规，还将其引荐给盟友。该局还要求当地大学根据新公司的需要教授技能并从事研究，还将新公司安置在靠近有可能利用其知识的企业群中。中国则鼓励外企与国内的运营商成立合资公司，以便传授经验、分享知识。

美国律师罗伯特·赖克（Robert Reich）曾在比尔·克林顿（Bill Clinton）担任美国总统期间任劳工部部长，他借任职和从事培训的经历，说明守法主义如何阻碍了美国商业的发展。设想有一台能够吸走空气中和家具里所有灰尘的真空机，但是噪音很大。有一条联邦法律规定"家用电器不得产生过量噪声"。我们首先在法院就单词"过量"的含义提起诉讼，然后辩称，这台真空机是一台真正的工业电器，客户就喜欢这样的。最后，我们会不得不将真空机送到联邦测试站，由测试站根据有关背景噪声的许可范围及对授权设备的使用等方面的规定来测试噪声分贝。人们越是想逃避规则，规则就会变得越具体！我们可以用图对此进行展示。[①]

法律旨在控制噪声污染，不过，由于存在针对法律条文含义吹毛求疵的反对意见及对抗制的诉讼程序，这些法律愈发严格，成为测试电器噪声的**专门条令**。结果，**我们受限于法律条令，只能采取非常严谨的行为，这就破坏了信任**。由于我们一直对噪声排放疏忽大意，结果被迫遵守这些法律。不过，还有另外一种限制噪声的办

---

① 罗伯特·赖克：《新美国的故事》（*Tales of a New America*），纽约：时代图书公司，1987年。

法，就是接受政府给予的指导，这被称为"推动"。政府有可能给出**广泛的建议**，并提供其资助的声学和噪声控制的研究成果，来降低电器的噪声。政府还可以允许**特别例外**存在，我们据此制定降噪方案。很明显，电器运转得越是安静，就卖得越好。在右下方象限里写着**法律的精神引导我们体现法律意图，增强信任**。政府推动企业从优秀走向卓越，增加它们在全球舞台上获得成功的机会。政府既发挥裁判作用，要求企业按规则竞争；又发挥教练作用，促进企业拿出出色的业绩，从经济发展的各个方面吸取教训。

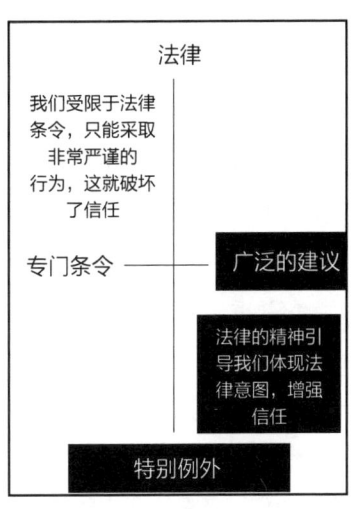

· **与三星的争吵：我们需要裁判还是教练？**

20世纪80年代，我们创作的《在文化的波涛中冲浪》一书的荷兰作者将这本书介绍给韩国三星公司，并分发了若干本英文版图书。几个月后，他收到了来自三星公司的信。这封信的口气很友好，提到三星非常重视这本书，将其译为韩语，并将数千本韩文版图书分发给了员工。很明显，三星公司协助将这本书广为传播，期望我们为此感到高兴。在某种程度上，我们确实感到高兴，不过，对于在这件事情上，自己应扮演何种角色，是裁判还是教练，我们却没有把握。在这本书中，我们对东西方的差异做了说明，而现在就遇到了一个机会，将自己的建议用于解决文化问题。①

很明显，从裁判的角度来看，三星严重侵犯了我们的版权。它未经允许就出版和发行了我们的书。我们的出版商想要提起诉讼！毫无疑问，法律将站在我们这一边。韩国是世界版权公约的签约国。三星违背了法律，这是铁定的事实。我们本可以像裁判一样起诉，而且很有可能获胜。当然，我们也要考虑，三星违约造成的损失与诉讼费相比孰轻孰重，以及我们以后要不要再为三星工作。我们只是一家小得不能再小的公司，而三星规模庞大。不过，我们占据法理，可以以小搏大，就像大卫迎战歌利亚一样。我们非常想要通过诉讼伸张正义。

但是，从教练的角度如何看待走诉讼程序的智慧？教练可能告诉我们，三星和我们的公司很有可能对彼此都富有价值，双赢的机会已经在我们面前出现了。弗恩斯·特朗皮纳斯可能成为受三星青睐的咨询顾问。签合同和建立人际关系，到底谁先谁后，这是文化上的事，而将这二者合二为一，让合同反映亲密的人际关系，这才是真正重要的。将书译为韩文，价值几何？（这个译本质量很不错。）三星喜欢这本书，而且准备对它进行宣传，这不就是有价值吗？三星在韩国和韩国以外地区都拥有巨大的影响力。它不是拥有两家出版社吗？这些资源对我们来说将来会有哪些用处？他们会不会因为看到欠我们的情而做出补偿？

最后，我们向三星表示感谢，并且询问他们能否帮我们找到出版商，为这本书做个宣传。一周之后，我们收到两份报价以及一份报酬丰厚的代言合同。我们是不是卑躬屈膝？当然从某种角度可以

---

① 这一点在特朗皮纳斯的《在文化的波涛中冲浪》中做了详解，见上文。

这样认为,但在我们看来,我们获得了在韩国执教的机会,而图书也能在韩国广为销售。所有参与方都赢了。我们本可以**起诉这帮浑蛋**!我们在**版权法**上于法有据,我们也能主张**个人权利**。但是,最终我们却选择了建立**特殊人际关系**以及**与团体建立联系**。这种做法体现在右下方象限中的**扩展互惠互利**以及我们在韩国结

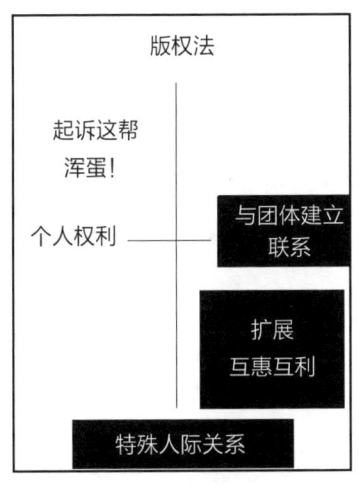

下的终生友谊。当裁判与参赛者保持不远不近的距离时,裁判就能发挥作用。没有人应轻视裁判,但我们也应给教练一个机会。对于成双结对的价值观,人们总是各有各的看法。

重要之处在于,这份出版合同应能体现我们之间的亲密关系,我们双方愿意做合同规定应该做的事。如果对双方而言,合同已不能再提供方便,那么就应重新谈判,重拟合同,加强互惠互利。如果一方倒闭,就会对另一方造成伤害。我们一开始就想互帮互助,而这种意图应通过合同条款的变更维持下去。自作"聪明",以别人为代价谋取自己的利益,这种做法要不得。起草合同并非聪明的律师彼此斗智的结果,而应借助于关系顾问来完成。我们通过彼此信任而共同致富。我们帮助了三星,三星也帮助了我们。

第七章
中国民主制度的特点与优势

有人纵论天下大势,指责中国并非民主国家,提出中国没有明说要发展成为民主国家。对中国的伤害莫过于此。有人说中国在实行极权主义,这些说法将全世界搞得心神不安,原因很多。第一,中国有14亿人口,是世界上人口最多的国家,而且中国曾多次表示,如果西方民主不适合中国,如此之多的人口可能无法凝聚一心。第二,民主和繁荣相辅相成,我们对这种观念耳熟能详;如果将民主视为能通过投票选出领导人,那么,世界上几乎所有富裕的国家就都是民主国家了。现实情况是,中华人民共和国的成功嘲讽了这种假设。第三,中国的增长势头惊人,很有可能成为所有新兴国家的赶超对象,而这些国家对于是否需要发展民主可能持怀疑态度。在西方看来,经济成功必须和"自由"相关,这是正统经济学的基石,而现在,这个基础似乎随时可能崩塌。中国这么不"自由",怎么还能繁荣?经济快速增长的目标能够先于民主实现,不是吗?民主是否会成为经济快速增长的障碍?我们将按以下次序探讨这个问题。

· 西方民主为何在中国行不通

- 如何定义民主？它是指投票选举还是达成一致意见？
- 文化公开展示了什么，又隐藏了什么？
- 言语冲突是肢体冲突的可靠替代品吗？
- 对民主和商业发展来说，对话才是至关重要的
- 两种关于自由的概念：摆脱……的自由和实现……的自由
- 刺猬和狐狸：我们在自由市场投下了"美元选票"吗？
- 我们发自内心地认可民主，但是实施民主的理由不够充分，也未给出充分的解释

·西方民主为何在中国行不通

本书开篇就讲到，中国不认可西方价值观，中国是西方信仰的摄影"负片"，这种镜像让我们眼中的左和右颠倒了方向。不过，这种对比并不一定是危险的或具有破坏性的，它只是和我们的看法形成了有益的对比，展示了社会政治现实的另一面。西方民主成长在戏剧的光环之下。当我们演戏时，我们就是在弄虚作假。如果演的是一出悲剧，我们没有实际体验过这种极端的经历给人带来的伤痛和恐惧，但却能以心平气和地思考的方式表现出来。

我们能够窥探灵魂中最阴暗的角落，又能保持镇定自若。首先，我们能用词语和模仿来替代本来可能摧毁我们的暴力。温斯顿·丘吉尔（Winston Churchill）说："吵来吵去总比打来打去要好。"请注意，实行民主的前提是人民对政府应如何运作才算正确产生了分歧。为了体现民主，还应在没有暴力或暴力威胁的前提下进行口头辩论，而这种辩论需要双方分出输赢。在任何议题上，意见占多数的人应获得支配地位，最终由他们说了算。经过辩论发起人

的批准，选民可以投票支持或反对他们。这背后的道理就是从分裂走向至少达成多数一致的局面。

中国人则信奉不走极端，但他们在处理分歧的方式上与西方恰好相反。对他们来说，最重要的是要保持团结以及团结背后的秩序，为了最终实现团结，一些分歧在所难免，不过一定要控制住分歧。这样做的原因不难理解，拥有世界上最多人口的国家太不好管理了。种稻子都需要团体成员之间的合作，没有合作，一切都会完蛋。历史上，内战之后必有大规模的灾荒，就像战国时期，社会爆发了激烈冲突，这场冲突持续了两个世纪，最终以秦朝统一天下宣告结束。中国人觉得和平来之不易，所以绝不允许发生混乱。让我们通过图示来说明这一点。

出现**分歧、口头辩论和冲突**是合情合理的。在辩论中，对立双方对于**具体议题**持有针锋相对的看法，**个体代表**可就这些议题进行辩论。他们不太可能统一意见或达成一致，不过，至少多数派能说了算，而此后若干年，双方可能才会达成内容更加广泛的一致意见。

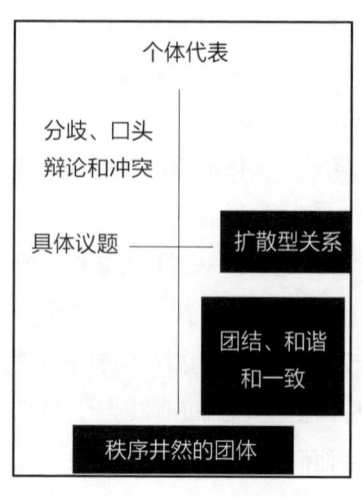

如果双方围绕妇女选举权、对同性恋的容忍，以及终结死刑等话题争来争去，就有可能出现这种局面。相反，中国人相信**团结、和谐和一致**。这种情况发生在**秩序井然**、有着**扩散型关系**的**团体**中。我们面临的真正问题是：这些人与人之间的团结能够包容人们因看法不同带来的分歧吗？如果能够包容，那么，中国最终将拥有完整的价值观连续体，能够通过走不同的道路接近民主。中国将逐渐容纳越来越多的不同意见。很难谴责中国人的价值观，因为具备这种价值观才是实行民主的目标。分歧应当加以弥合，以实现团结而告终，体现为《美国民权法案》这类文件。对女性权利的口头争论最终应达成一致意见，并让这些权利能够全部被社会所接纳。英国脱欧应最终使英国成为一个更加统一、在世界上昂首阔步不断前进的国家。

· **如何定义民主？它是指投票选举还是达成一致意见？**

民主至少包含两个基本层面，其一是通过投票选出领导和/或政策，这样的领导/政策才会得到大多数选民的支持；其二是经过谈判，人们就包括少数族群权利在内的多项重要议题达成一致。

通过投票取胜还是通过协商一致取胜

不同文化之间存在一个有趣的区别。那就是，有的文化特别强调投票，从清点票数看谁取胜；有的文化则在扩散过程中通过谈判达成一致。

各国对通过谈判达成一致意见的偏爱					
韩国	89.66%	新西兰	70.00%	瑞士	50.24%
菲律宾	80.46%	马来西亚	69.49%	挪威	50.00%
新加坡	78.20%	印尼	58.21%	英国	48.99%
日本	77.67%	意大利	55.41%	美国	48.83%
中国	72.17%	澳大利亚	54.19%	爱尔兰	46.28%
巴西	71.37%	西班牙	52.94%	瑞典	40.66%
法国	70.71%	德国	50.85%	荷兰	39.28%
		比利时	50.75%	加拿大	31.67%

* 特朗皮纳斯和汉普登-特纳数据库，2003年。

以上数据显示，西方人倾向于投票和击败对手，而东方人倾向于通过谈判达成一致。最愿意通过谈判达成一致的前五个国家都来自东亚；最后面的八个国家都支持投票，它们都位于北美洲或欧洲。但是，仅靠投票是不够的。被投票选出的人中就包括阿道夫·希特勒（Adolph Hitler）。如果投票是为了选出一位独裁者，那么，这样的选举毫无价值；如果投票只是为了推选自己所在的部落和信奉的宗教，对于促进民主也毫无裨益。美国往往倾向于尽快实施投票选举，就像在越南战争和"阿拉伯之春"期间在阿拉伯世界所做的那样。但是，在这些地区当选的往往是性格偏执的小集团成员，投票人几乎一无所获。人们必须心甘情愿进行商讨而非铲除异己。其实，要想让民主发挥作用，既需要投票选举，也需要进行谈判，这两种价值观缺一不可。如果仅为了赢得选举，之后就攻击所有反对派，这对建设民主来说毫无用处。

这些差别可以再一次通过不同文化在我们的价值观连续体上所处的位置加以说明。这是一场关于**特定投票**的比赛，**获得多数选票的个人**将会获胜，而获胜方所在的党派将会执掌政权。这种情况就是左上方象限里所说的**伶牙俐齿的候选人将获得最多的选票**。古代雅典民主的发言人伯里克利（Pericles）就是能言善辩之人。英国下议院中，执政党和反对党的席位之间恰好是足够双方拔剑对峙的距离。在这里，言辞犀利才算数，在绝大多数情况下，言辞发挥了长剑的作用。另一方面，成员**关系**密切而**广泛，团体富有凝聚力**，则会**通过艰苦的谈判达成一致意见**。这个过程大部分都在幕后进行，表面上看不出什么。如能达成内容广泛的一致意见，就能做出更好的决定；若干亚洲小龙经济体都是在谈判基础上发展起来的，这一点都不令人感到惊讶。优质产品设计精良，生产成本低，使用便利，外观富有吸引力，使用起来有利可图——而这些特征都需要专家进行各种谈判，达成不亚于共识的意见才能实现。达成共识的优势在于，它可采纳更多人的意见，如果有人持有异议，他们的具体反对意见也会被纳入考量，而那些"输掉"投票选举的人，他们的意见很可能无人理睬。

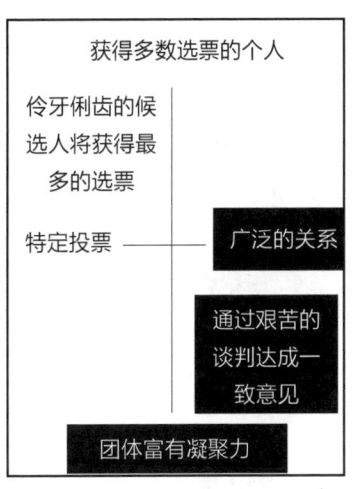

投票往往是一种快速简便的决策方式，而谈判则漫长和艰苦得多。在争论中，双方都力求驳倒对方；而在谈判中，各方彼此之间有时候还能进行深入接触。一开始，你轻视对手的观点，之后你理解和包容对方的观点。基于投票的民主可能在处理商业问题上不够有效，政客们甚至有可能将事情搞砸。基于谈判达成一致意见的民主，在处理商业问题时可能会更加有效，即使是政客，也可能助最终结果一臂之力。投票是给那些雄辩之人赋权，而谈判则是给那些你能够接触之人赋权。我们需要说到做到，而不是喋喋不休。具有别样意味的是，中国人确实既依靠投票也依靠协商。他们从我们西方人那里学到了投票。中国政府进行了大量民意调查，内容广泛。基于此，中国政府确切地知道它在众多议题上的民意如何。你参与谈判，然后拿出解决方案，再针对方案在相关人群中做民意调查，看看这些方案是否受欢迎。如果这也算专政，那么它肯定是一种不同寻常的专政。

在中国也有民主党派，这些党派的任务是建言献策，甚至是批评,并证明政府在中国的所作所为是合格的。不过,所有这些党派都承认中国共产党的领导。它们的主要任务是改进这些决定,对其他可能做出的决定发表主张。其中蕴含的理念是要保证稳定的统治结构和上下团结一心。

· **文化公开展示了什么,又隐藏了什么?**

各种文化往往将自己深感自豪而又理想化的价值观展示在橱窗中,将不那么愿意奉行的价值观置于公众视野之外。这往往加深了西方对中国的敌意,而西方也很可能因此而感受到来自中国的敌意。例如,当西方人看到成百上千身着深色西装的人坐成一排又一排为讲话人而鼓掌时,他们觉得不应该这样,这样的制度不能容忍。持有这种看法的人都没什么头脑,因无知而被人利用。就算他们的看法是有根据的,为什么中国人能做出很多高水平的决定?他们是如何消除这么多的疾病和贫困的?中国为什么能走上经济快行道?不过,对于中国人来说,恭恭敬敬地鼓掌就意味着各方就国家前进方向的问题达成了一致意见或共识,维持了秩序、忠诚与和谐。这样,整个国家才能向获得更大繁荣的方向前进。

在一定程度上,中国官员集体鼓掌,表明他们为已经做出的决定付出了艰辛的努力,其实也是对自己工作的一种肯定。是的,共识已经达成,但是,这却是经过艰难的谈判达成的,这种共识来之不易。私下讨论时,有人会出于原则表示异议,会出现激烈的辩论,直到所有人经过长时间的艰难讨论最终拿出一个各方同意的立场,也就是发言人宣布的内容。这场争论发生在观众看不到的走廊和非公开会议上。不过,由于中国人欣赏达成共识而不喜冲突和混乱，所以公众看到的上下一致只透露了一半真相。中国人进行的各种内部会议，我们是看不到的。不过，如果我们获准看到内部情况，我们就会得知，这不正是我们认可的谈判方式吗？这些代表根本就不是不动脑筋、只知盲从的人。他们正在深刻地改变着世界。而那些掌声可能代表了发自内心的欣慰，毕竟达成目前的一致实在太不容易了！

我们很难告诉读者，在中国共产党领导下的中国私下里发生的事情。我们对此一无所知，只有极少数人了解内情。不过，很明显，中国发生的一切绝**不能**用通常意义上的"极权"来形容。通常意义上的"极权"是指权力腐败，绝对的权力产生绝对的腐败。由一个人从上到下发号施令是极其愚蠢和具有破坏性的。实行极权绝不会让数以亿计的人脱贫，也无法刺激世界上最快的经济增长。看看中国决策的质量，以及中国在发展可持续技术和绿色经济方面的领先地位，人们就能判断出，中国在私下里已经通过谈判达成了某种共识。看似当众展示的平淡无奇的一致意见，也是私下里激烈争论的结果。

反之亦然。在西方，我们将矛盾和敌对关系都摆到台面上，而隐去人们所达成的一致意见和他们对党派的忠诚，就好像这两样东西是令人厌倦的，通常它们也确实无聊。我们的新闻界和媒体热衷于展示吵吵嚷嚷的对峙，喜欢先将人高高抬起，然后再重重摔下。英国首相在"问答时间"里面对的根本就不是名副其实的提问，而且也没有人真心寻找真相，只不过是各党派之间你来我往的一连串羞辱和指责。这类节目能够在美国电视上播出，并不是其具有新闻价值——美国人对此其实没什么兴趣——而是因为它能令人开怀。观众爱看一帮成年人当众"别出心裁"妙语连珠地冒犯对方。

我们喜欢听那些冒犯人的话，例如，"他在铁栅栏上坐得太久，骨子里已经坚硬如铁"。当英国前外相杰弗里·豪（Geoffrey Howe）以温和的语气质询工党议员丹尼斯·希利（Dennis Healey）时，希利将质询比作"遭到一只死羊的攻击"。请注意，这些挖苦人的话都是为了表示，反对你的人还不够格当你的对手。有位澳大利亚的政客被称为"伺机让人打个小激灵"。有的美国人认为，将希拉里·克林顿（Hillary Clinton）描绘成身着囚服的罪犯没什么大不了，尽管无论当时还是此后希拉里都没有卷入法律诉讼，他们还是高喊"将她关起来"。难道这就是民主吗？难道将拜登（Joe Biden）总统的讲话录音改一改，让其听起来磕磕绊绊，然后指责他是个老态龙钟的民主党人，就算是民主吗？当人们吵吵嚷嚷并恶语相向时，有什么生意可做？难怪商界不信任政界，"办公室政治"遭到强烈抵制。

冲突和共识，哪个应该展示于幕前，哪个应当隐身于幕后？东西方在这个问题上有着本质上不同的信仰体系。我们应当炫耀和谐，隐藏倾轧，还是宣扬争斗和恶语相向，与此同时还希望多少能给对方留点面子？大多数西方人都承认，政治中的敌对关系已经失控，因此不同党派无法就抗击新冠疫情和是否戴口罩这类事情达成一致，结果就是有人因此而丧命。我们希望有一天会出现更好的政治生态。随着特朗普总统的下台，令人痛苦的分裂将会愈合，而人们也有意"对事不对人"。政治纷争就是一场游戏。我们可以用坐标来表示这一点。将在很大程度上为了展示舞台戏剧性效果的**个人争论**和**特有词汇**结合起来，就能得出左上方象限中的内容：**将口舌之争展现给公众，将一致意见置于幕后**。辩论双方都遵守议会程序。相反，将**扩散型关系**和**群体利益**结合起来，就形成了右下方象限中的内容：**将一致意见展现给公众，将口舌之争置于幕后**。这样，私下里展开争论的结果就会公之于众。每一种文化都炫耀自豪的部分，隐藏起不那么自豪的部分。当然，这两种处理冲突和共识的做法在风格上存在重大差别。为了产生戏剧性效果，当众表现冲突会使其夸大。而在私下发生的冲突还能保留对彼此的尊

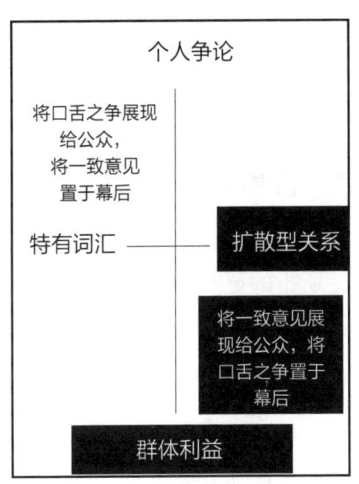

重。众所周知，如果谈判的内容被泄露给新闻界，前景也就不太美妙了。因为一旦你的立场公之于众，它就成了一条"红线"，想往后退千难万难。一场由陪审团实施的审判必须公开进行，但是，陪审团的成员可以在私下里进行评议。所有行之有效的体系都能兼容这两种做法。

在商业活动中，我们也能看到类似情形。在西方，开会是为了讨论问题，许多参会者都有发言权。就算会议不能达成共识，持不同观点的人也能各抒己见，至少做决定的人知道与会者的意见倾向。在东方，开会是为了宣布协议，与会者往往赞同这项协议，为其达成而鼓掌，并且执行。在达成协议之前，决策者很可能根据这些人的影响力，在私下里咨询了他们的看法。达成协议的过程所维系的与其说是与会者地位的高低，不如说是知情者的小圈子。如果开会时你才开始表示不同意，那就是破坏了整个圈子。

·言语冲突是肢体冲突的可靠替代品吗？

强调特殊性的文化与强调扩散性的文化有个重要区别，那就是，前者很容易将言语和行动区分开，将某个人所说的反对意见和这个人本身区分开。如果有人说："这也太疯狂了！"那么，这句话所指的更多是所说出的具体言语听起来太过荒唐，并非指说话人或这个人不理智。但是，在扩散性文化中，你所说的疯狂就算不是指发言人全家不理智，也是指发言人本人不理智。这是一种人身侮辱。西方人将表达反对意见的言论视为一种表演。来自同一家律所的两位律师，可能一个起诉犯人，一个为犯人辩护。这两位律师很可能是朋友，而他们的工作职责就是彼此反对；他们在对峙的时候，并没有对对方怀有一丝一毫的怨恨。而在扩散性文化中，很难区分个人本身与个人的表态。如果一方出言不逊，那么就是不给对方"面子"，让对方下不来台。出言不逊的一方就是在攻击己方与对方的关系，与整个团体对立，破坏大家的荣誉感。

不同文化对于侮辱的反应差别有多大，特别是已在前文讨论过的耻感文化，让我们用日本著名的《四十七浪人》传奇故事来做个说明。浪人这个词指的是没有家主、四处漂泊的武士。这些浪人渴望效命的家主被强大的敌人当众侮辱。当时的法律禁止暴力行为，但这47名浪人觉得为了维护荣誉，需要报这被侮辱之仇，以结束漂泊的生涯。他们对于家主的效忠是他们存在的唯一理由。他们的"解决方案"就是杀掉那个敌人，然后再集体自杀，作为对自己的惩罚。这个故事表明，冒犯他人的言辞很有可能导致暴力。西方民主讲究的是双方以言辞对战，不动兵刃，以便让参与人冷静下来，以非暴力方式解决分歧，而东方这种一言不合就要兵戎相见的做法破坏了整个西方民主理论。在亚洲的大部分地区，言语唐突就预示着暴力会随之而来。

在新加坡，如果你侮辱政府代表，就算你自己也是国会议员，都会遭到起诉，而且很快就没钱为自己辩护了。当地人不允许人们说粗话，也不会选举真正的反对党。新加坡文化明确规定不允许人们说脏话，也不允许人们对在位者出言不逊，侮辱在位者的尊严。这里不允许人们抗议伊拉克战争。如果人们彼此大喊大叫，就会失控。新加坡体现的是亲西方的东方文化，他们通过投票选举领导人，但实行的民主却与西方大为不同。

如果人们注重特殊性，就会允许在不同场合做出不同的举动。你可以在法庭上或议会大厦中脏话连篇，因为这些地方就是供人在言语上发生冲突的地方。不过，你不能在餐厅或大街上口出脏字，除非你也是街头示威者中的一员。中国人认为，说脏话就是肢体冲突的前奏，因为这往往会使冲突升级，这种看法很可能是对的。这种情况在中国文化中很常见，而我们却将其视为干涉言论自由。在西方，人们同意威廉·布莱克的话："我生了朋友的气，发了一顿火，怒气就烟消云散了。"可惜，在东亚的大部分地区，情况正好相反。说脏话无异于火上浇油。当众羞辱他人会让被羞辱者怒火中烧，他们很可能借助暴力进行反击。

·对民主和商业发展来说，对话才是至关重要的

我们的观点是，民主对话对于形成公正的社会、促进企业发展和创造财富是至关重要的。如果企业能让利害关系者参与其经营，并根据各方的贡献给予公平合理的奖励，那么从这层意义上说，成

功的企业就是"民主"的。中国共产党领导下的多党合作制,通过谈判、协商达成一致意见,还经常进行民意调查,展开对话,并根据民意来判断对话成功与否。我们无法目睹对话,因此没有证据表明对话正在发生或进行,但是根据中国政府的决策质量,我们认为这种对话肯定是存在的,而世界上最早的以选贤任能为标准的中国政府正在出色地工作,就像它在过去2000多年中的大部分时间里所做的那样。中国没有西方式的民主,而且看起来也不打算实施这类民主,这一点是千真万确的。真正的问题是,中国的这种体制是不是和我们西方的体制一样有效,甚至更有效?对我们来说,至少有这个可能。

彼此倾听很重要,但在民粹主义、两极分化和公开侮辱他人的行为盛行的当今,互相倾听越来越少。在美国,无论是自由派还是保守派都明确表示痛恨对方。最近10年选出的两位总统,普选得票数都低于对手,这就是对凭借大多数人的意见做决定的做法的嘲弄。这两位"少数派"总统总共任命了最高法院的五位终身大法官!要想当选国会议员还要保住自己的席位,就得花费成百上千万美元。只有收受政治献金,才付得起这笔竞选费用。民主止步于大洋之滨,而美国成为这个"民主"世界的第一个超级大国,对其他国家呼来喝去。难道这就是真正的民主?如果媒体真的向我们撒谎,炮制假新闻;如果民主党人饮用遭受虐待的儿童的鲜血,从特朗普那里偷走选票,那么,民主的希望就十分渺茫了。我们盲目行事,自我欺骗。如果"深层政府"卷入了反对美国人的阴谋,那么一切就都完了。为什么还要耗费心力去投票呢?整套制度据说已腐败透顶。破坏信仰的病毒,至今仍在到处肆虐。这种局面可以用下图来说明。

我们选择了三个维度:具体的—广泛的,还有个人至上—群体。依赖**具体词汇、个人投票**的各种文化和主动采取的行动都位于左上方象限中。它们构成了**民主就是先胡乱指控，再进行选举**。这就是在美国、英国和欧洲西北部国家发生的典型情况。不过，这可能还不够。我们还需要**团体响应**中的**扩散型关系**。将这二者相结合，就能得出右下方象限中的说明文字：**民主就是展开对话和通过学习求得理解**。没有什么能阻挡通过对话方式了解民意，以此判断事情是否还在正确的轨道上。尽管企业极少通过投票进行选举，但是各方展开尊重彼此的对话与提高产品质量和改进对客户的服务水平仍有着密切的关系。看起来有两条通往民主之路，一条是通过投票、民意调查和选拔实现民主，另一条则是双方满怀敬意地对待彼此，以求能从"针锋相对"的观点中求得"兼容并蓄"。将这两条路结合起来，就能走向成功。其实，中国政府习惯通过民意调查获知民众对每个重要议题的反馈；相反，在普选上发表的宣言中所许诺的大量提议则必须被全盘接受，而一旦情势发生改变，这些提议恐怕永远也不能兑现。

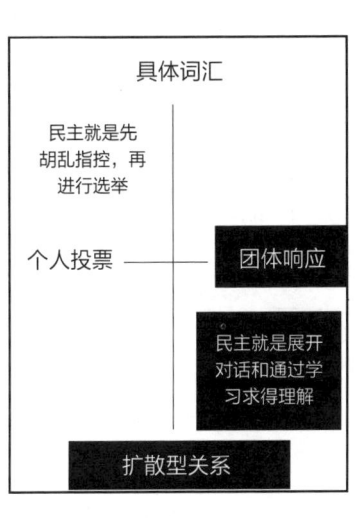

看看皮尤研究中心（Pew Research Center）在公众对政府信任度方面所做的调查。我们发现，在20世纪60年代初肯尼迪执政时期，美国人对政府的信任度高达73%，而目前已经跌到了23%左右。在盖洛普民意测验结果中，三分之二的美国人对于目前的治国方式非常不满或多多少少不满意。爱德曼信任晴雨表是一家美国研究公司。它经研究发现，世界各国的公众对本国政府的信任度从高到低如下：最高的是中国（84%），其后是印度（70%）、韩国（45%）、德国（43%）、日本（37%）、英国（36%）、西班牙（34%）、美国（33%）和法国（33%）。哈佛大学肯尼迪中心所做的近期调查表明，中国人对政府的信任度高达95%。在这方面西方民主国家做得并不好。经济增长与公众对政府的满意度似乎紧密相连。2020年8月，美国所做的民意调查表明，47%的美国公民拒绝注射新冠疫苗，这就表明了对政府的不信任态度。除非这种满意度能有所提高，否则，新冠病毒大流行可能还会持续很长时间。[1]

如果将民主视为通过谈判达成一致意见，那么这种看法确实有助于企业发展。政府以有利于企业的方式同企业打交道，并支持技术发展，这有可能挽救地球。不过，如果将民主视为战胜对手的手段，那么，彼此恶言相向就会伤害企业，让经理人和工人相互对立，让供应商与客户产生矛盾。公司员工可能加入公司的反对方。人们会认为，对企业不满的政府通过税收来坑害企业，还强迫企业打官司，以便自己能出口恶气。

· 两种关于自由的概念：摆脱……的自由和实现……的自由

1958年，英国学者以赛亚·伯林（Isaiah Berlin）在著名的牛津大学讲座上提出了两个关于自由的概念。他将"摆脱（胁迫、干预、纪律和限制）的自由"与"实现（增长、发展、改进、学习和

---

[1] Measuring Trust OECD Library官网。

生活）的自由"进行了对比。他将前一种自由称为消极自由，后一种自由称为积极自由。单凭其中任何一种自由都不足以让人享受真正的自由，人们需要让这二者辩证互动。在那些惦记着"摆脱……的自由"的人眼中，政府或国家通过制定和实施各种规则限制个人自由，蓄意压迫人民，而人们的职责就是反抗这种压迫。尽管"让火车按时发车"非常有用，而且这能"实现……的自由"，但是，希特勒就是通过更大规模的可怕的胁迫手段，减少了人们"摆脱……的自由"。希特勒让德国摆脱了大萧条，为此赢得了许多人的拥护，而全世界却为此付出惨痛的代价。

我们之前就问过，人们工作是否是为了"尽可能地获得自由"。正如我们通过提问所看到的，私企被视为自由表达的渠道，许多人相信，人民受到政府的胁迫越少越好。由此就产生了经济自由主义理论、自由放任和对"自由市场"的信仰。英国曾经爆发了第一次工业革命，原因之一就是政府能够容忍有些人不信奉英国国教。这一小部分人尽管只占英国总人口的少数，却占到英国企业家的一半以上。话说回来，这些人当时被禁止从事很多行业，他们不得不经商。

但是，"实现……的自由"又如何呢？以赛亚·伯林曾指出，一位牛津大学教授和一个埃及农民的处境有着天壤之别。如果我们询问贫穷的农民想不想要更多的钱，会得到几乎异口同声的回答。如果我们问他们，是否愿意露宿街头，是否希望交通能比原来快上一倍，是否愿意呼吸清新的空气、饮用干净的水，也会得到几乎一模一样的答案。让8.5亿人脱离绝对贫困、扫除文盲就是让庞大的人群"实现……的自由"。贫穷甚至会长期减少人们活下去的自由。

一提到警察，我们就会想到被警察胁迫。不过，如果连让女人单独行走时不受骚扰都做不到，那么，女性的自由就会大幅减少。

震慑潜在的强奸犯,这对于让老百姓感到自由来说必不可少。很明显,对于不那么富裕和穷困潦倒的人来说,"实现……的自由"具有更大的吸引力,因为我们所有人对于满足吃和住以及避免死于疾病的基本需求都是一样的。

我们的看法是,西方夸大了"摆脱……的自由",也就是消极自由。长久以来,西方固执地坚守自由市场学说,极大地低估了"实现……的自由",也就是积极自由的作用。我们认为,这两种自由同等重要,但想快速发展经济,就需要接受和强调"实现……的自由",而让"摆脱……的自由"发挥保护人权和保卫自发性的作用。因为,事实上,这两种自由并不像人们声称的那样风马牛不相及,咒骂政府往往于事无补。所有的法律都是强制性的,这种看法简直毫无根据。就像托马斯·莫尔(Thomas More)爵士所说的:"法律就是一条宽阔的大道,只要人们遵守法律,就能在由良心决定的问题上信步前行。"[①]法律保护我们结社、集会、施加影响、表达异议的权利。法律保护我们的财产。事实上,在法律范畴内始终有一定尺度的自由。我们选择的那些关系因此而合法化,并获得政府的支持。

可以说,所有关系都是这样。朋友或情侣给予对方的是坦诚相待的自由。配偶或搭档承诺支持对方,要尽其所能成为最好的母亲、父亲、供应商、生产商或创造者。我们给予彼此成长的空间。我们惹了麻烦,团体通常要为此付出代价,而自由就被用来给这样的团体赋予利益。正是团体教会了我们如何独立。简而言之,我们需要建立方方面面的关系,想要获得真正的自由,就需要一个能够

---

① 见《四季之人》(*The Man for All Seasons*),罗伯特·博特(Robert Bolt),哈默兹沃斯:企鹅出版公司,1960年。

成为后盾的团体。

各种各样的纪律也在起着同样的作用。当然，如果政府强行让我们穿上制服，指挥我们来回行进，我们的自由就会被极大地削弱。不过，如果我们不守规矩，不学习识字和算数，就无法在语言表达或数学运算上有所创新，而中国孩子恰恰因为守规矩和勤奋而在语文和数学上远远超过我们的孩子。想在日后有所创造，必须首先学会模仿。想用语言自由表达，就要先学习这种语言。成为黑带柔道冠军，就表达了某种形式的自由，而没有多年的纪律约束和努力学习，是当不了冠军的。正如孔子所指出的："其身正，不令而行。"就算要孝敬父母，我们也能自由地以多种特别的方式表达对父母的尊敬。获得自由和履行对他人的责任是相互交织的。

由此看来，我们始终身负着政府经常强加于**个人自由**之上的**法律义务**。在充满竞争的世界中，我们为了个人自由而全力以赴，政府必须时不时地限制我们，由此，我们就需要**为了获得消极自由或逃避政府强制而斗争**。例如，苏格拉底（Socrates）拒绝停止教学，也拒绝停止追求灵魂的进一步升华。但是，我们还有**特定的目标**，通过实现这些目标，我们希望能提高团体的责任，而这就需要个人自由发挥作用。为此，我们就会**发展积极自由，或培养通过制度实现增长、发展和繁荣的能力**。苏格拉底被判死刑，尽管他只需要离开当地，隐姓埋名，过上流亡的生活，就能保

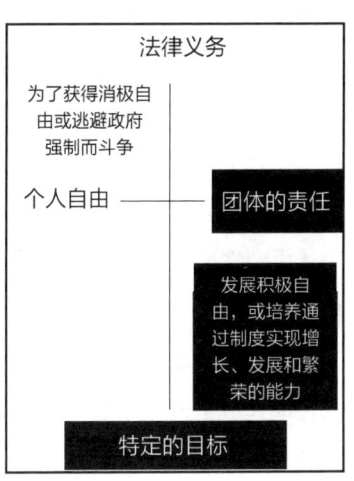

住性命,但他拒绝这样做,因为他所追求的并非挽救个人,而是挽救他作为个人与他所热爱的雅典社会之间的关系。他拒绝切断这种关系,因为他的"灵魂"或称精神就寄寓在这种关系中。我们可以说,苏格拉底是为了维护个人与群体这二者之间的辩证关系而献出生命的,而这种关系当然构成了他的学说基础,即仅靠对话就能让我们支撑下去。我们对于到底哪些对立面组合起来才能最好地服务于社会从未特别清楚。不过,我们至少应想到,同西方相比,中国和东亚大部分地区是否更能将这些对立面正确地统合起来。

·刺猬和狐狸:我们在自由市场投下了"美元选票"吗?

有人执着地认为,民主以某种方式与自由市场挂钩。我们购物时,就是在给自己想要的商品"投票",而将不想要的商品留在货架上。由此得出的结论是,不受政府干预的市场,就体现了民主的未经污染的形象,反映了客户的自由选择。对人们来说,一份可乐快餐就象征着某种代理主权。事实上,"自由市场"从未在现实中存在过。世界各地的政府,特别是美国,都曾大规模地干预市场。以美国为例,2019年,美国耗资数十亿美元购买和部署武器。市场并非建立在天空中的彩霞之上,它存在于你我生存的群体之中,接受战争、传染病大流行、政策、气候变化、大规模移民、饥荒以及金融市场周期性恐慌的连续打击。它在与经济毫无关联的惊涛骇浪中颠簸飘摇。

对这种现象做过一些解释的思想家还是以赛亚·伯林。1953年,他在书中将社会经济学说比作刺猬与狐狸。他引用古希腊诗人阿基洛科斯(Archilochus)的话:"狐狸多机巧,刺猬仅一招。"

他辩称，可以将从古至今的众多作家和思想家用这两种生物象征性地分为两类。这本书中讲到的两种人格，列夫·托尔斯泰（Leo Tolstoy）在《战争与和平》(*War and Peace*)中做过揭示。我们认为，将人划分为这两种类型，就能将英美与中国和东亚其他国家的文化和经济区分开来。伯林是这么写的：

"的确，存在着一条巨大的鸿沟，划分出了两类人。一类人将万事万物都整合到唯一的中心视角之上，统一到或多或少连贯而清晰的系统之中，他们据此来理解、思考及感受——他们的存在与言说只有通过这单一的放之四海而皆准的组织性原则才能产生意义；还有另外一种人，他们追求不同的目标，这些目标常常互不关联，甚至相互矛盾。如果一定存在某种关联的话，这关联遵循现实法则，源自某些心理或生理上的原因……"

前一类人的想法是离心式的，从一个源头向外旋转；而后一类人的想法是向心式的，从众多源头向内旋转。后一种人的观念是分散的，向西面八方延伸，越过不同层面，在众多经历中把握住本质。与狐狸同一类型的人涉猎广泛、博采众长；而与刺猬同一类型的人则专心致志，网罗一切。狐狸对自己能不能做到无所不知有所怀疑，所以只在自己最擅长的领域内耕耘，将自己的劳动果实传给下一代，而不会声称自己掌握了洞悉一切的、具有普适性的科学规律。刺猬则不停地努力将自己的所悟所信纳入一个完整的体系之中。就像刺猬将身上的每一根刺都收起来一样，再多的变化也将纳入统一的整体中。将市场机制视为包罗万象的整体，这种理想与大熔炉的想法相似，是刺猬类型的人的普遍观念。

哈佛大学学者丹尼·罗德里克（Dani Rodrik）认为，主流正统的经济学将自由主义范式运用到市场及其范畴之内的所有事物上，就是一种刺猬现象。我们对此表示赞同。而像约翰·梅纳德·凯恩斯（John Maynard Keynes）和约翰·肯尼斯·加尔布雷斯（John Kenneth Galbraith）这样的非正统政治经济学家则是狐狸类型的人，他们查找特定的国家、社会和世界性问题，而这些问题又通常横跨他们的专长学科与其他领域，他们因此而标新立异。人们宣称的市场力量的"智慧"几乎不可能作假，因为每当市场出了岔子，我们总会介入。如果不介入，人们无法说明市场将会产生什么样的后果，以及多久之后会产生这种后果。到了某个阶段，市场需要重新回摆到平衡状态，这是事关恢复信心而非袖手旁观的问题，因为我们不敢在市场出问题时消极等待，而且，从政治上说，也不可能这样。

没有什么是市场力量不能"解释"的。市场就像大脑的海绵体，吸收一切，拒绝最刻意的补救行为。因此，在爱尔兰土豆大饥荒的年代，各种解决饥荒的尝试都受到经济学家的广泛谴责。他们谴责这些措施阻挡了市场化的解决方案，例如种植土豆以外的食物。人们的梦想是能够找到解释一切的、具有普适性的科学规律，如有必要，甚至会以牺牲人命为代价。由于"纯粹的"不受约束的市场只是一种理想而非现实，因此，人们很容易责备那些在出了问题之后匆匆采取的临时性措施。他们说，造成大萧条的不是市场失灵，而是政客的孤注一掷和基于判断失误而采取的补救措施。市场机制并非在被实行后才发现其收效不大，而是因为制定它非常困难，所以根本没有被实施过。

市场机制和某位缺席的新教神灵有着可疑的相似之处。这位神灵用天体钟替代自己，它先给这个座钟上好发条，然后再让忠实信徒找到它并膜拜这座钟。它奖励有进取心的人，惩罚懒散低效的人，将纪律强加给我们所有人，由此成了道德典范。难道说这种范式只要是"科学的"，就能获得人们的笃信，就会激发其追随者的崇拜？这种范式是不是一神教的分支呢？实际上，我们根本就没有做出道德选择，只是为了尽可能地赚钱而接受了现金交易关系。我们都是比我们本人更为强大的经济决定论的走卒。难道这些话都是真的？我们是否应当让这种范式将我们置于难以实现的高消费梦想之中？我们可以用下图对此加以表示。

在左上方象限中，位于图顶部的**实现找到普适性科学规律的梦想**和左侧的**个人成就**相结合，形成了**能够统一交易和解释一切的刺猬式市场机制**。市场力量能够解释所发生的一切和其不能发生作用的地方。如果我们介入市场力量，把事情搞砸，那就是我们的错。而中国人则不同。他们对**团体**和政府**赋予**了意义的特定项目更感兴趣，这些项目需要具有战略定位的公司来完成。这就构成了**针对各种全球性威胁提出具有推广价值的狐狸式解决方案**。这些特定项目涉及可再生能源、更完善的基础设施、更便捷的交通以及自给自足的绿色城市等。请注意，市场力量的运作并没有被否认，例如，当3号光头螺栓有可能用尽时，提高这种螺栓的价格，就体现了市场力量的作用。市场运作可以作为一种处理不计其数的细节的手段，但不能成为一种理由，让经济服务于比光头螺栓、消费信贷或快餐具有更大意义的事情上。

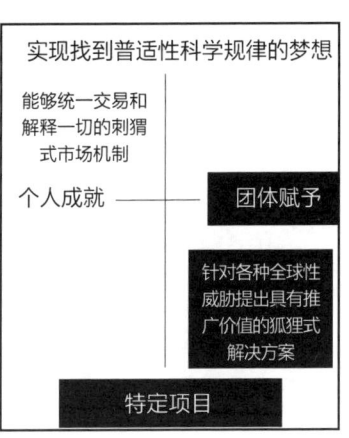

面对出现在世界各地的新技术，中国人挑选了可用于阻止传

染病大流行或者清洁空气、实现碳捕捉等用途的专门技术。市场推出了这些技术，不过，政府只采用和赞助其中最有价值的部分。鉴于全世界大部分地区的政府从税收中获得的资金数量都比较有限，邀请大公司参与此类项目并非不民主的做法，而且，这样做还可能成为推动大规模补救措施的唯一途径。中国人认为自己能够完成某些重要的项目，他们精选了市场力量，以此推出狐狸式的专门解决方案。我们通过下图来展示我们所说的"市场崇拜"的含义。当世界需要所有的政府大规模介入时，我们却拥有了一种能够自圆其说的理论。这一理论宣称，要放开船舵，让人们消费那些带来过多收入的零七碎八的事物——然后，我们就不知不觉地朝着灾难飘去。这真是糟糕透顶。"自由"市场解释了所有事情，唯独不解释那些对我们的生存至关重要的东西。民主必须能够阻止新冠病毒的传播和物种的灭绝，并避免让不计其数的人陷入贫困，而这就意味着，宁愿选择某种市场力量而放弃另一种，然后再请求被选中的力量援助我们。

·我们发自内心地认可民主,但是实施民主的理由不够充分,也未给出充分的解释

最后,我们想说的是,我们发自内心地认可民主。不过,对于西方来说,一个严重的问题是,它从未清晰地定义过什么是民主,什么不是民主。由于民主的定义不够明确,我们常常对当前陷入民粹主义和极端两极分化的局面视而不见。有人可以通过怂恿人们彼此仇恨以及利用法律手段压制少数族群投票的办法来赢得选举。我们的观点是:真正的民主向来都是要解决各种困境的,但是在西方,我们将这些困境称为"制约与平衡",并且在很大程度上,我们未能让互相尊重的关系发挥作用。

看看真正民主的内容,我们就会注意到,针锋相对的价值观实际上是密切配合的。

规则制约和限制	**特定的**对手可能采取的行动
我们**当众**进行劝说	但是却**秘密**投票
反对派表示**异议**	不过却**忠于国王/宪法**
我**不同意**你的说法	不过**同意**你有发言的权利
团体选举了……	凭良心办事的**个人**
我们将**看得见、摸得着**的权力	给了**口才最好**的候选人
我们**起诉**嫌疑人	不过却认为他们是**无辜**的
行使正义是**看得见**的	而陪审团却在人们**看不见**的地方进行评议
行政领导接受制约	制约来自**议会**和**司法机关**
任何法律变更必须……	是以往决定的**延续**
通过民主方式,**形形色色**的人……	都包含在可做选择的人当中

在这些成对存在的对立价值观中,既存在张力,也存在和谐的关系,因此我们能够调和这些针锋相对的价值观。形形色色的人

更容易发生争吵,不过,他们也更有可能找到富有创意和包容的解决方案。如果我们不搞秘密投票,贿赂的结果就会大白于天下。如果团体所选举出来的代表并非个体的代表,我们就会从良心上过不去。特朗普不但不同意拜登的意见,还攻击和反对选举程序本身。在他看来,如果自己竞选失败,那么竞选程序一定是不公平的!如果某些外部群体受到抨击,被指责有犯罪倾向,那么,这类群体的成员就不会被接纳为投票人。如果我们不了解民主的本质,我们就无法捍卫它,而选出来的就会是暴君。民主国家需要针对程序达成一致,而任何退出都威胁着民主国家。善治所需要的是让上面列出的规范能够整合。仅仅有制衡是不够的,我们还需要在相互尊重的前提下展开对话,彼此理解。

第八章
中国的基础设施：丝绸之路重生

"基础设施"这个词的字面意思就是"下面的结构"，也就是通常将无数人联结起来的设施或体系，包括道路运输、铁路运输、空运、海运、电信、光纤网络、公共卫生、物流、教育、商法、知识和普遍的意义。一国的基础设施越好，经济的运行成本就越低，互联互通的质量就越高，人民的健康水平也就越高。不过，想算出基础设施的实际贡献价值是极其困难的。你怎么知道一条一年之内有500万辆汽车驶过的道路"价值"几何？如果没有这条路，这些汽车又将如何？它们是不是需要在绕行上花费更多时间？因为有了这条路，多少企业就此诞生？与这条路毗邻的地段，是不是比修路前身价提升了上百倍？被这条道路连通的两座城市，经济有多大幅度的增长？所有这些提问中涉及的数字都是无法通过简单测量回答的。我们谈论的是这条道路带来的各种机会。我们想了解，这条路是否会不断衍生出新的结果。

不过，我们大体上也知道，基础设施对经济的发展做出了巨大的贡献。第二次世界大战结束后，日本和德国满目疮痍，随着基础设施的复建，这两个国家经历了战后的经济奇迹。有经验的人即使身处废墟也能很快恢复。最新的基础设施比老旧的质量更高。例如，以前公用工程管道铺设在地下，每当探测到管道出问题时就必须中断交通，挖开地面进行修补，而现在已经没有必要这样做了。这些管道现在安装在道路两旁的大块路缘石下方，如果出故障，采用电子手段就能探测出来。长期以来，新加坡港装卸集装箱船货物的速度在世界各国港口中独占鳌头，在前往中国的海运航线上，该港口就是一个盈利很高的交通枢纽。新加坡人在软件上记录了每艘船集装箱中装载的货物，因此只需若干小时就能完成货物的装卸。我们之前已经提到过，在普通话中，"富裕"的意思就是路路通。对中国人来说，不管是人员交流、语言沟通还是物理连接，只要沟通和连接就能促进彼此的繁荣。基础设施是社会发展的原动力，因为它能带来有益的互动。

我们还知道，世界上众多新兴国家在修建基础设施期间都出现了两位数的经济增长率。当中国如火如荼地大搞基础建设时，年经济增长率曾高达14%到17%。20世纪30年代，在整个大萧条时期，由于兴建基础设施，苏联的经济快速增长；在斯大林格勒战役结束后的1942年到1943年，这些设施也在苏联军队击退德国人进攻的战斗中发挥了令人生畏的作用。不过，一旦基础建设周期结束，经济增速就会减缓，经济就会进入更多由消费和服务决定其增长的时期。本章将按以下顺序进行论述。

- 所有的陆地和海上通道都通往中国
- 作为世界经济战略的中国"一带一路"倡议
- 中国和西方针对非洲的不同政策
- 由协商一致的卫生政策连接起来的国家

- 作为基础设施的因特网平台：阿里巴巴能教给我们什么？
- 最重要的基础设施是赋予该设施纪念性意义

·所有的陆地和海上通道都通往中国

自古以来，中国就自认为是中央帝国，是陆路和海路汇集之地。本书序言中已经提到中国巨大的基建成就，包括世界上规模最大的公路网和铁路网，以及将300座城市连接起来的580列高速列车。这些项目包括耗资350亿美元的京沪高铁，耗资160亿美元的胶州湾大桥（世界上最长的跨海大桥），耗资120亿美元的海南文昌航天中心，耗资140亿美元、能在零摄氏度以下运行的哈大高速铁路，耗资69亿美元的新疆水电大坝，以及中国最高建筑、世界第二高建筑[①]——128层的上海中心大厦。最后，中国还拥有磁悬浮列车样车，这种时速高达600千米的火车将在2029年投入常规运营。所有这些成就都与中国人的价值观密切相关，代表了当下自律和日后再图享受的战略远景。政府极其重视基础设施建设。进行基础设施建设旨在为更广阔的社会提供方方面面的服务，并促成第六章中提到的全系统颠覆。

相反，北美和欧洲的基础设施修建于19世纪和20世纪初。人们对这些基础设施视若无睹，认为它们属于营运费用，应由纳税者承担。西门子公司能为中国修建磁悬浮列车，却无法为德国修建。美国是因受到战争的威胁才修建了国家公路体系，甚至开发因特网也

[①] 目前，2023年建成的马来西亚首都吉隆坡的默迪卡118大厦（Merdeka 118）为世界第二高建筑，上海中心大厦为世界第三高建筑。——编者注

是出于这个原因。美国约有4万座桥需要维修。

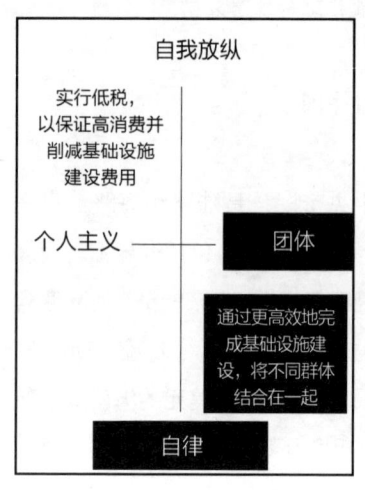

我们可以通过图加以说明。在西方,我们将**自我放纵**与**个人主义**相结合,这就要求**实行低税,以保证高消费并削减基础设施建设费用**。我们相信刺激需求的重要性,不过,这需要人们不停地消费和购物,而能阻止他们这样做的只有征税。实施紧缩政策就意味着,为了弥补银行家先前所犯的错误,要削减公共部门的支出以及卫生人员和教师的数量。中国人的看法则是将**自律**和**团体**结合起来,目的在于**通过更高效地完成基础建设,将不同群体结合在一起**。有了更短的行程、更好的物流和运行更快的网络,就可以大大节省时间。所支付的成本也将在未来几年内收回,并产生更高的效益。

各国对中国实施的基础设施战略看法不一。中国还在寻求重建古代丝绸之路。让我们来看看这个战略。

·作为世界经济战略的中国"一带一路"倡议

"一带一路"这个词令人感到相当困惑。"带"指陆路,"路"指海路。中国的**丝绸之路**以将中国和波斯、罗马帝国、欧洲连起来而著称,"一带一路"则是对丝绸之路的复兴。此外,中国自古以来就有通往澳大利亚、非洲和南美洲的海上航线,以及通往蒙古、俄罗斯、北极、印度和巴基斯坦的陆路通道。2013年，中国提出该倡议，建设现代"丝绸之路"。该项目的预算是二战之后拯救欧洲的马歇尔计划的总金额的14倍。从本质上来说，"一带一路"倡议旨在通过建设公路、铁路、能源、电信、管道和海上通道等基础设施，将中国与世界各大洲相连。它之所以有名望，是因为有人向中国文化致敬，愿意加入和分享中国文化。中国有句名言："要想富，先修路。"

按照"一带一路"倡议，中国的银行将为修建穿越特定国家并与中国相连的基础设施提供贷款，或修建可以停泊轮船的港口。基础建设由中国的工程师和工人在本地的经理人和工人协助下完成，而维护项目和添加设施的责任则转交给本地人。马来西亚与中国协商成立了合资公司，双方共享收益，由中方为马来西亚人提供广泛的培训。事实证明，这种形式的合作令人满意。

中国提供贷款的目的是让受援国更有可能偿还贷款，并且在该国掀起基础设施建设的热潮。很明显，中国的目标是让所有由其提供基础设施的国家都出现中国曾经经历过的突飞猛进的增长。中国意在向世界绝大部分地区提供无限期的基础设施建设，在全球范围促成一个又一个微型的繁荣局面，而中国将因此获得荣誉。由于中国致力于完成这项任务并从中受益，它能够以绝大多数西方公司无法承受的代价在各国兴建基础设施。

很明显，中国还有很多其他目标。它想确立开发基础设施的世界标准，而如果能够建成的基础设施数量超过其他国家，就能够实现这一目标。中国的既定目标包括：展开政策对话，进行人文交流，推动互利互惠的合作，保证贸易畅通。它计划在深圳和西安开设国际法庭，邀请来自中国以及横穿"一路"国家的法学家，共同制定贸易规则,发展自身"软实力"。中国还谋求开发其贫穷而又人口稀少的西部内陆地区。它要打造人类历史上规模最大的投资和基建项目,并已经与世界卫生组织签署了谅解备忘录。"丝绸之路"将体现最新的卫生措施。

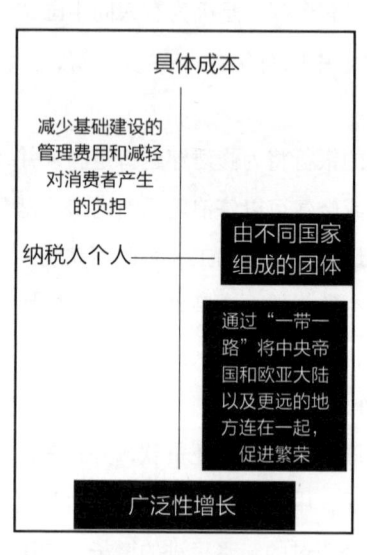

中方于2013年宣布"一带一路"倡议后,美国即对此表示强烈反对,劝说它的多个富裕盟国不要参与。与此同时,100多个国家和地区已陆续同意与中方合作。美国、英国和西方大部分国家强调,不能让基础建设的**具体成本**成为**纳税人个人**的负担,这就构成左上方象限中的内容:**减少基础建设的管理费用和减轻对消费者产生的负担**。由于目前的基础设施已经老旧,人们对这些设施视若无睹,不像在一些穷国,一条新铁路落成,期盼已久的人们会聚集在一起庆祝。中国仍致力于实现包括其他各国在内的**广泛性增长**,以此创建一个由邻近**国家组成**的新**团体**。这就构成右下方象限中的内容:**通过"一带一路"将中国和欧亚大陆以及更远的地方连在一起,促进**加入这个网络中的每一个新兴国家的**繁荣**。

大多数同意加入"一带一路"的国家都是比较贫穷的国家。不过,这正是实施"一带一路"倡议的出发点。就像不久前中国让本国人脱贫一样,中国还要让世界上其他地方的穷人脱贫,而致力于人民健康、发展教育、开辟道路和加强交流则是实现这一目标的方式。世界上大多数人都在国家层面上对该倡议给予了认可。我们应该祝福"一带一路"倡议得到顺利实施,并效仿其实施类似计划。当美国还在增强其民族国家实力的同时,中国已开始着手解决全世界都需要处理的问题。

中国的建筑公司将获得成千上万的就业岗位和培训合同。我们又一次面对团体是由个人组成的事实。与让数以万计的司机和承保人出钱修理车轮和汽车悬架相比,维护道路和快速填补坑洼要便宜得多。如果乘客数量不够,火车服务达不到盈利标准,是应终止服务,还是让它更好地发展,让更多的人坐上火车,更方便地到达农村地区,以此来获得盈利?美国铁路公司因其延伸到农村地区的业务亏损,而向国会申请削减这部分业务。这两种思维方式将西方与东方区分开。基础设施的收缩或发展取决于受不同文化影响的人如何看待这个问题。在西方,人们认为陈旧且老朽的基础设施代表了"社会主义",尤其是当政府动用纳税人缴纳的税款去修补这些状态欠佳的设施的时候。英国的私有化铁路服务现在是欧洲最昂贵的,而且基本上形成了私人垄断。有种观点认为,私营部门才能更好地运营基础设施,不过这种观点并没有得到多少支持。只有崭新而先进的基础设施才会令人兴奋不已。不久之后,"一带一路"很有可能开通高铁,中国的公路和铁路系统将借此一路延伸到中东。

·中国和西方针对非洲的不同政策

西方和中国在对非政策上大相径庭。传统上,西方将非洲视为其原材料的供应地,欧洲在工业革命时期长期购买和使用来自非洲的原材料。从19世纪末开始,争夺非洲土地的活动日益加剧,并被欧洲人称为"瓜分非洲"。西方从非洲攫取原材料,尤其是铜、棉花、橡胶、棕榈油、黄金、钻石、可可、茶叶、锡、象牙和石油。埃及人和法国人建造了苏伊士运河,船只可由该运河前往印度和中国。从非洲运出的原材料被用于制造商品,这些商品又通过被控制的殖民地市场卖回给殖民地的臣民。实施这个政策就是为了确保非洲一直穷困下去。

如果没有美国的奴隶制,英国的纺织业就不会在世界上独占鳌头。英国既没有地方种植棉花,也没有适宜棉花生长的气候环境,更没有种植棉花的劳动力,而它的工厂又需要大量原材料。其实,美国独立战争之所以爆发,部分原因就是美国不愿意仅仅成为英国的初级产品生产国,向殖民美国的英国统治者提供商品。美国希望独立生产产品和发展经济。当某个国家为获得原材料而洗劫其他国家的土地时,不论是有意还是无意,它都会经常剥削被它洗劫的国家及其国民。

所有的附加值都流回了欧洲。出售原材料的所有收益最终都作为租金支付给了美洲或非洲的土地所有者,或者在某些情况下支付给了这些土地所有者所在国家的政府。这些人不费吹灰之力就变得富有,并成为掠夺自己国家的同谋。1884年,英国、法国、德国、比利时、西班牙、葡萄牙和意大利等国的殖民者在柏林召开了会议。值得注意的是,没有一个非洲人参加这次会议。各国在会上同意,允许船只在尼日尔河和刚果河上自由航行。不过,这并没有阻止比利时国王利奥波德二世(Leopold II)宣布刚果为他的私人领地。在利奥波德二世霸占刚果期间,估计有500万刚果人死亡,约占该国总人口的一半。许多幸存者受到惩罚,被砍掉了右手。

英国作家约瑟夫·康拉德(Joseph Conrad)著有长篇小说《黑

暗之心》(*Heart of Darkness*)。这部著名小说刻画了一位"出类拔萃"的推销员。他将大量象牙运回自己在比利时的公司,同时声称要为被喻为"黑暗之心"的非洲大陆腹地带来启蒙。真相却是,他将枪支带给了一个土著部落,而这个部落掠夺了周围村庄所拥有的象牙店铺,他们不但杀死大象,还谋杀了被抢劫者。所谓的"黑暗",其实存在于殖民统治者和他们创造的虚假文明中。小说虽然是虚构的,但是罗杰·凯斯门特(Roger Casement)爵士关于刚果的报告却道出了实情,揭露了比小说更糟糕的状况。英国人和美国人一直将非洲奴隶运往美洲,这种状况一直持续到1807年。即使到了今天,欧盟仍禁止从非洲进口许多食品,以避免欧盟内部的农民遭受"不公平"竞争;而由于非洲产品不得进入欧洲,欧洲的"黄油山"和"葡萄酒湖"数量猛增。非洲在经历了几个世纪的殖民主义统治后仍未实现工业化也就不足为奇了。

不过,看看这些行为所体现的价值观,我们难道想不到会出现这些后果吗?毕竟,奴隶交易和将自己国家的特定产品出售给要使用这些产品的欧洲,反映的是交易双方的短期行为和个人自私自利的价值观。统治大片领土,将经济学付诸实践,积累钱财和自我放纵,确实也让人产生了某种成就感。考虑到西方人有这样的价值观,我们还能指望什么呢?

而中国则尝试了不同的方法。它在其他国家做了大规模投资,大部分投在了阿尔及利亚、坦桑尼亚、苏丹、埃及、南非、尼日利亚和赞比亚等国的基础设施方面。中国在非洲兴建了许多巨型工程,包括安哥拉的水力发电站、加纳的铝土矿开采、刚果的经济特区、埃及的阿拉曼新城、位于亚的斯亚贝巴的非洲联盟总部,以及位于埃塞俄比亚的阿达玛风电工程。麦肯锡咨询公司近期发布的报告称，这些工程项目雇用的员工中89%是非洲人。约有110万名中国人在非洲工作，其中一部分人是企业家，还有20多万非洲人在中国工作。中国赞助修建的项目包括公路、铁路、桥梁、学校、港口、医院、诊所、电信设施、能源、建筑、培训及技能提升、农学和污水处理。

有1万家中国企业在非洲经营。至少在2020年前的几年，非洲国家发展很快。2019年，埃塞俄比亚、科特迪瓦、卢旺达和塞内加尔的经济增长率都超过了7%，而加纳、贝宁、肯尼亚、坦桑尼亚和布基纳法索的经济增长率达到或超过了6%。非洲增长最快的20个国家的平均增长率达到了5%，比东亚大部分地区都高。非洲是地球上城市化速度最快的地区。这些成就大部分要归功于中国的投资。看起来，非洲正在出现"基建热"，而这正是非洲人所乐见的。我们将通过图对此加以展示。

信奉**个人自私自利**的价值观的西方掠夺了非洲人的**特定物资**，也就是左上方象限中的**瓜分非洲和开发不可再生物资**。这还包括武断地划分非洲大陆国家的国界线，以及通过分而治之的手段挑起部落间的矛盾。而中国擅长做的，看起来是将**提供团体服务**和**建立广泛的联系**结合在一起，这就是右下方象限中的**开始建设用于工业发展的基础设施**。2017年，中国与非洲的进出口总额达到1470亿美元①，而同年非洲与美国的进出口总额为390亿美元。目前，中国已成为非洲最大的贸易伙伴，其次是欧盟，第三才是美国。最近几年，欧洲和美国与非洲的贸易额均有所下降，部分原因是美国开发

---

① 根据中国海关数据，2017年我国与非洲进出口总额为1700亿美元。——编者注

了页岩气，美国从非洲进口石油的贸易额从原来的990亿美元下降到176亿美元，而当前石油价格的下滑将进一步降低非洲和美国的进出口贸易额。非洲正忙于统一大业，而中国正通过对此加以引导将非洲各国连接起来，就像在中国国内所做的一样，倡导互联互通。非洲联盟绝大多数国家签署了《非洲大陆自由贸易区

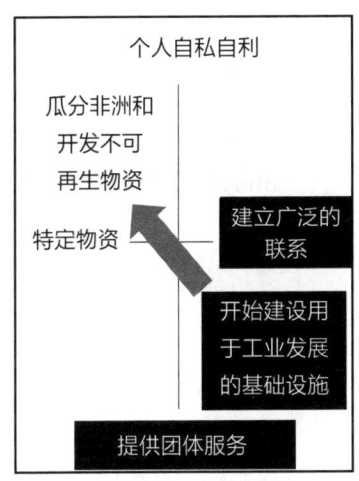

协定》，承诺要实现统一。中国的基建投资也是实现该协议的一部分。非洲的总人口已达到12亿人，只比中国人口略少。从2005年至今，中国在非洲的投资总额已达到2万亿美元，比"一带一路"倡议的预算还要高。[①]

应当强调的是，中国对非洲的兴趣同样与获得原材料有着密切关系。中国庞大的制造业渴望获得来自非洲的物资，确保能获得稳定而不间断的物资供应。在图中，箭头指向了左上方。问题是，你拿什么来换取非洲的物资？如果除了支付租金，别的都不干，那么非洲沙漠地带就会关闭油田的后备油井，让地面上开挖的油井沦为堆放垃圾的场所。中国在非洲大陆修建基础设施，这样非洲也能同其他大洲一样实现工业化。在上图中，中国反映了价值观的完整内容。中国提供了双赢方案，而殖民主义者提供的却是有输有赢的

---

① 中国对非政策，参考中国外交部官方网站www.fmprc.gov.cn。

方案。中国还将通过实践"一带一路"倡议推动全球卫生事业的发展。我们现在就来探讨这一话题。

· 由协商一致的卫生政策连接起来的国家

传染病暴发的历史告诉我们,有个好身体是形成所有其他价值观的基础,而只有发展了卫生事业,"一带一路"倡议才能获得成功。《柳叶刀》(The Lancet)发表了一份报告,谈到了中国对世界卫生事业的贡献。以下大部分信息都援引自这份报告[①]。埃博拉病毒造成西非1.1万人死亡,2.66万人感染。当时中国仍是个中等收入国家,但它派遣了一支由1200名部队医疗人员组成的医疗队去西非抗击疫情。这支医疗队在塞拉利昂修建了一个拥有100个床位的治疗中心以及多个生物安全实验室,用于做实验和搞清楚疫情暴发的原因。中国在当地所做的所有治疗都是免费的。它引进了一套挨家挨户的监控系统,目的在于对任何一处疫情的暴发做出快速反应。中方医护人员受到保护,以免患上致命的疾病,没有一个人死在当地。中国要求医护人员做好日记,之后为了培训相关人员,又公开引用了这些日记中记载的经验。

2010年至2013年,中国向13个西非国家总共捐献了1.23亿美元,协助当地抗击埃博拉疫情,同时捐献了同等数额的物资。中国在当地建起了390座计划生育和生育机构,执行国家卫生和计划生育委员会(现国家卫生健康委员会)的建议。从2013年开始,这些援

[①] 中国的新公共卫生章程:带来希望的事业(China's New Public Health Constitution: A Cause for Hope),www.thelancet.com。

助被纳入了"一带一路"倡议。中国加入了涵盖66个国家2.3万个医疗队的世界卫生组织议程。它与世界卫生组织签署了多项谅解备忘录，内容涉及"一带一路"倡议对卫生事业的推动，而唐纳德·特朗普为了此事表示不原谅世界卫生组织。总的来看，到2019年，"一带一路"倡议覆盖了世界人口的70%，世界各国国内产品的30%，以及世界能源储备的75%。对于新兴国家来说，落实"一带一路"倡议确实是一个使命。2016年，中国的公司与"一带一路"倡议沿线国家和公司共签署了4000份合同。"一带一路"国际合作高峰论坛已在北京举办两次，多位国家元首出席峰会。中国在卫生发展援助网络中发挥了重要作用。

·作为基础设施的因特网平台：阿里巴巴能教给我们什么？

基础设施的建设止于何处，人们又从何方开始经营企业？我们能通过改善基础设施创造数十万个新的企业吗？中国零售业平台阿里巴巴和处理收付款的支付宝，就是一家企业兼基础设施的私营电子商务巨头，全球有100多万商人依靠阿里巴巴提供的平台经商。①当我们身处新冠病毒带来的全球性衰退中时，阿里巴巴的报告称其季度盈利上涨了22%，高达161亿美元，而且预计其收入将在2021年中期达到910亿美元，年增长率达到25%。

阿里巴巴是全世界最大的企业对企业（Business-to-Business）电子商务平台，它还运营着企业对客户（Business-to-

---

① 邓肯·克拉克（Duncan Clark）：《阿里巴巴：马云帝国》（*Alibaba: The House that Jack Built*）。

Consumer)、客户对客户（Consumer-to-Consumer）和云计算网络业务，这些业务去年增加了58%。该公司的销售额超过了美国零售业销售额的总和。2014年，阿里巴巴在华尔街挂牌上市，尽管其创始人马云宣布"客户第一，员工第二，股东第三"，其首次公开招股仍募集到创历史纪录的250亿美元。马云于2019年退休，退休后从事慈善活动。

马云为了向外国游客学习英语，便给他们当导游。他曾是一名英语教师。他从《天方夜谭》的《阿里巴巴和四十大盗》这个故事中选择了"阿里巴巴"这个词，因为从中东、美国到东亚，几乎所有人都知道这个故事。只要说出"芝麻开门"，财富的大门就会洞开，这象征着马云开办公司的动机。就像阿里巴巴一样，马云广泛分享自己的财富。他想纠正两种不公正的行为。其一是中国的中产阶级消费群体没有充分分享国家的财富，而国家的财富大部分来自出口制成品；其二是和大企业相比，小企业仍处于明显的弱势地位，因为小企业往往需要若干年的时间才能让消费者对其建立起足够的信心和认知。

马云想要搭建的是能获得"高度信任"的网络平台，在这个平台上，人人都可以利用阿里巴巴的声誉来确保提供优质的服务。卖方销售没有特定商标的货物不用支付加盟费。成千上万夫妻店的营业额与规模大得多的供货商的营业额不相上下，而决定产品是否适销的标准就是看供货有没有吸引力。阿里巴巴这个网络本身并不从产品销售中赚钱，而是从产品页面旁边的广告上赚钱。尽管2008年出现经济衰退，阿里巴巴却从中获得长足发展，因为当时中国不得不更多地依靠扩大内需来发展经济。

在阿里巴巴上做广告没有固定价格，你支付的费用取决于你吸引到的点击量。这就意味着，你可以根据每个广告上获得的详细反馈得知哪个广告最有效。你可以计算出每个广告的回报，然后看哪个广告更成功，就更多地打这个广告。平台上设有公告牌，由客户比较各家供应商的产品质量，然后给供应商打分。如果客户提出投诉，他们有权将投诉贴在你打的广告旁边。在实践中，投诉都会得到解决，负面评价的帖子会被移除。这样，客户就可以获得更多的自主权。所有不易损坏的货物都可以在七天之内退换，如果是退货，购买货物所支付的费用可由支付宝退给客户。许多商品都会附带赠送给家中孩子的小礼物。

卖家和买家之间存在着常见的误解和纠纷。阿里巴巴的员工大多是不到30岁的年轻人，称为"阿里人"（"阿里巴巴人"的简称），他们负责两天之内解决纠纷。如果对判决结果不服，双方可以上诉到法院。不过，实际上几乎所有判决都会被接受，这样双方就能在和气生财的气氛中继续做生意。包括阿里人在内的所有员工，在阿里巴巴工作4年之后就能获得公司股份。当然，阿里巴巴对于公司和客户拥有非常大的权力，可以禁止任何行骗者登录平台，但它很少需要这么干，因为客户自己就能对提供低劣服务的供应商实施惩罚。人人都有权进行仲裁。这个平台系统运行良好，因为它对所有利害关系者都是公平的，规模再小的生意，也会因为能提供优质产品而做大。它将权力授予不计其数的商人，也获得了这些商人的信任。阿里巴巴就是能让企业发展、成长的基础设施。

相反，美国的许多平台很明显追求市场力量。"独角兽"公司将严重亏损作为快速扩大市场份额和获得高价值评估的策略，因为未来某个时刻，这些公司能够操纵价格，而这正是投资者所期盼的。这种关系如下图所示。

如果将**个人主义**和**主观能动**相结合，就可以推动互联网公司加速发展，与那些必须支付税费和市中心商业区租金的书店竞争。例如，亚马逊公司还能以低廉的价格大批量向出版商下订单。从这一点就可以看出，**"独角兽"公司的目标是占据支配地位，确立市场优势以取得定价权**。这些公司早期经营中出现的亏损将随着竞争对手的倒闭而得以弥补。相反，**阿里巴巴的目标是通过提供能够形成多赢局面的基础设施让客户/供应商处于更加平等的地位**。它已经将利害关系者凝聚为一个**团体**，各利害关系者对该团体提出要求，而**受到**团体目标的**外部影响**。马云曾打趣说，他的公司犯下"1001个错误"，但正在由利害关系者加以解决。（他看不上做规划，因为他无数次纠正公司的发展方向并进行各种微调。）

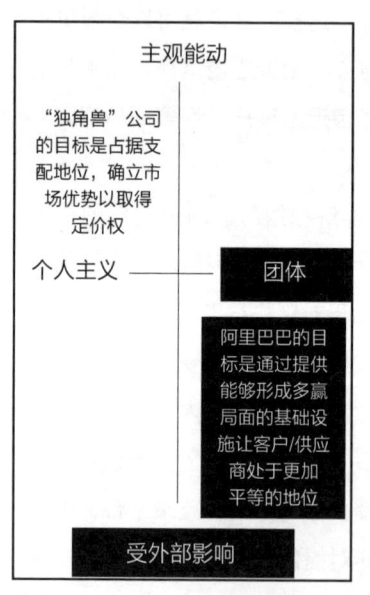

· **最重要的基础设施是赋予该设施纪念性意义**

基础设施建设引出的一个大问题就是：我们为什么要工作？我们中的许多人为了养家糊口，每天做着平淡无奇的工作，但是，随着软件和机器人逐渐承担起所有常规化和自动化工作，我们中越来越多的人需要在工作中进行创新。

只有当美国和欧洲核心城市遭到传染病选择性的攻击时，它们才有机会思考什么才是最重要的基础设施,以及生命的意义。在病毒攻击下,我们的生命显得那么脆弱,同时又无比宝贵,这就让我们思考,我们工作的首要目的是什么?工作压力大,不顺心,会让我们抓紧工作之外的时间享受家人的关爱,但这还不够。我们应当全力以赴挽救生命、改善生活,将一个更好的世界留给子孙后代。众所周知,只有树立了崇高的目标,员工才能拿出更好的业绩。不过,确立目标,不应只靠花言巧语提高士气,还要将目标变为可见的现实。我们尚未遇到一个因当天让股东致富而感到鼓舞,并向我们自夸的员工。但是,落实"一带一路"倡议,让一个又一个新兴国家出现经济繁荣,将中国和世界其他地方连接起来,这本身就令人振奋,还能给无数人的生活赋予意义。

编织地毯没什么丢人的。这种工作是有用的,尽管可能平淡乏味。不过,在已故的雷·安德森(Ray Anderson)的领导下,美国的英特飞模块地毯公司(Interface Carpets)决定在2020年之前实现地毯生产零排放,通过挽救地球来展现自己的领导力。这种做法获得了员工的赞同。在公司一步步接近目标时,它也年复一年地入选《财富》(*Fortune*)杂志"最佳企业雇主"榜单。公司向各团队的员工征集点子,如果它能促进共同事业发展,员工将会获得报酬。所有人都被鼓励进行创造,以造福子孙后代。[①]我们都需要发现工作的意义,因为天知道除了眼下的病毒,后面还有多少危机等待解决。

基础设施能发挥的作用就是创造丰碑性的意义,让这些设施体现永久的美感、优雅的气质和科技的成就。它们就像哥特式大教

---

① 来自一位激进的实业家的商业课。纽约:圣马丁格里芬出版社,2009年。

堂一样历久弥新，意义非凡。连接印尼雅加达和万隆的雅万高铁是"一带一路"倡议下实施的项目之一。在这条铁路上工作有什么意义？过去往返两地要花5个小时，现在，坐上时速350千米的火车，沿着穿山越岭的铁路一路前行，只需45分钟就可到达目的地。在工地上，中国工人头戴白色头盔，印尼工人头戴黄色头盔，他们组队互教互帮。修建造价2亿美元的广州歌剧院，或在智利修建蓬塔谢拉风电场，又是怎样的体验？这些项目都在近3年内完成，也成为建设者们生命中永恒的荣光时刻。两个世纪前，西方也曾有着远大志向；现在，是不是在西方以外的地方才会拥有同样的理想？

能够维系整个社会的就是意义。在西方，我们运用抽象概念思考经济。我们认为，**商业就是制造、消费和拥有更多**，这就是个缺少意义的等式，与其说它是错误的，不如说它一向难以鼓动人心。它就是个**理论科学**和**自我放纵**的结合体，就是面向那些追求即时满足感的人的汉堡店。我们需要的是**将企业当作能让人们团结起来的丰碑**，实现事关所有人的社会理想。因为我们所创造的，就是一种**非凡而特别的**存在，这需要**自律**和延迟满足才能实现。我们所要做的是创造一种文明。当我们第一次造访中国的时候，看到处处都有美国快餐店，而中国本土的快餐店却寥寥无几时，我们大为惊讶。后来我们意识到，中国将那些吮指回味的东西留给了西方，而他们自己却向往完成更有意义的工程。看起来，西方人忘

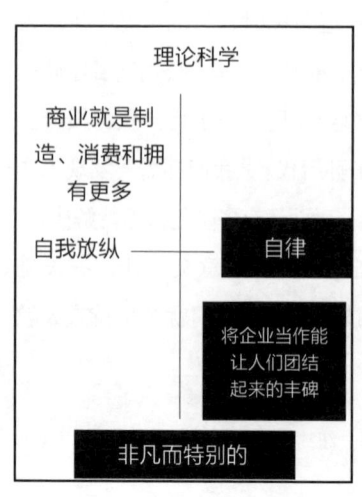

记了西方文明的起源过程。就像伯里克利所说:"我们流传下来的丰碑何其宏伟。不但现代,后世也会对我们惊叹不已……"

不但现代,后世也会对我们惊叹不已

第九章
生态系统本身就是终极基础设施

在上一章中,我们谈到中国正在大搞基础设施建设,而这些工作无不在为经济发展奠定雄厚的基础。基建就像经济增长的土壤,其中遍布互联互通、公共卫生、电信和用于分享知识的基础设施。但是,我们所呼吸的空气、饮用的水、摄取的食物,以及与我们在地球上共同生存的生物,都是更大的生态系统赐予我们的,是终极的基础设施。要创造财富,就必须设法驾驭大自然的伟力,而与此同时,又不能破坏大自然。地球维系着我们的生存,而我们也要维系地球的运转,这看起来已成为21世纪的唯一挑战。中国是如何处理这个问题的?我们将按以下顺序进行探讨。

- 作为基础设施的生态系统
- 一国的生态系统和基础设施
- 处理矛盾的不同方式:亚历山大大帝和中国的孙武
- 是将我们的意志强加给大自然,还是犯错、改错和发展?

·作为基础设施的生态系统

中国在水力发电、风力发电和太阳能发电方面的投资分别占世界总投资的36%、40%和36%。中国公司在可再生能源上的投资达到320亿美元，比任何一个国家都多。中国是世界上生产太阳能电池板、风力涡轮机、电池和电动车最多的国家，包括数百万辆没有上牌照的电动三轮车和行驶在自行车专用道上的电动摩托。在最近的10年里，中国有9年都是世界上最大的绿色能源投资国。绿色和平组织的报告称，中国仅向东南亚提供的风力发电量和太阳能发电量就已达到12622兆瓦，相当于21个标准燃煤发电厂的发电量。所有这些都是落实"一带一路"倡议的项目。这些项目一直延伸到苏格兰。在那里，中国修建了世界上最大的近海风电场，能够为100万个家庭供热和供电。①

采取这些行动在很大程度上是因为有绝对的需求。总的来说，由于中国仍在使用煤炭，而且幅员辽阔，人口众多，重工业遍布各地，并且在以只争朝夕的速度实现工业化，所以中国的碳足迹很高。中国每个月实现城市化的人口数量和爱沙尼亚的总人口不相上下，到2025年，它可能将拥有10亿城市居民。从2004年到2017年，中国可再生能源的消费量每年都在增加，以替代燃煤。但2018年，煤炭的消费量再次上升。原因可能是中国和西方的关系恶化后，中方对能源安全的担忧加剧，而且中方认为，保持经济增速仍是迫在眉睫的优先事项。当特朗普治下的美国退出《巴黎气候协定》时，

---

① 苏格兰能够成为可再生能源的沙特阿拉伯吗？(*Could Scotland ever be the Saudi-Arabia of Renewables?*)，bbc.co.uk。

中国却表示，它已经按期履行了该协定的各项义务。中国还宣布，它的长期目标没有改变。我们非常希望中国能够重申它仍将致力于采用能够替代煤炭的能源。2020年10月，中国保证，到2060年实现碳中和。这一目标还可能提前完成。

  中国已经实施了若干引人注目的绿色工程。南京有一个"垂直森林"项目，在两栋高层建筑上种植了900多棵树木和2万多株植物，其中有2500多株植物从楼宇向外伸展。该项目每年能吸收25吨碳，同时过滤空气中的灰尘，每天能产生60千克氧气。另一个项目是位于竹乡宝溪的速生竹建材示范项目。在最近的一次会议上，来自9个国家的12位建筑师展示了竹子作为一种既环保又有弹性的建材所能发挥的作用。竹子越种越多，随着相关活动的不断举办，宝溪镇也持续向外扩张，现已发展成为一个旅游景点。此外，还有"绿色长城"项目，阻止了戈壁沙漠的进一步扩张。在山西大同，熊猫绿色能源集团计划兴建100座太阳能发电厂，第一座前不久已经竣工。它占地约250英亩①，采用深色水晶硅及浅色薄膜式太阳能电池拼凑出大熊猫的图案，该图案已经成为这个项目的商标。2020年，柳州垂直森林城项目开始兴建，这是意大利设计师斯坦法诺·博埃里（Stefano Boeri）设计的作品。该项目将种植4万棵树和100万株分属100个品种的植物。这些植物每年可吸收1万吨碳和57吨其他污染物，将有150万居民生活在这座森林城市中。中国的众多生态城市必须达到严格的标准，尽管这些标准未必高于哥本哈根。

---

  ① 1英亩约等于4046平方米。——编者注

· **一国的生态系统和基础设施**

赞成将环境视为基础设施的与其说是政府，不如说是文化。我们想请读者猜一猜，是谁在哪一天说了下面一番话。

"我们大兴土木，我们取得进步。不过，成为东南亚最干净、最环保的城市，才是我们取得成功的最显著标志。因为只有达到很高社会和教育水平的民族，才能保证城市的清洁和环保。要做到这一点，就需要将人民组织起来，打扫和装饰社区，对于一个人口密度达到每平方英里[①]8500人的城市来说尤其如此。要做到这一点，就需要人民普遍意识到自己肩负的责任，这种责任不仅是个人对家庭承担的责任，还包括对街坊邻里以及社区其他人承担的责任。因为，如果出现了轻率的举动或反社会的行为，旁人就会受到影响。只有当一个民族能为社区面貌感到自豪，为同胞福祉积极着想的时候，它才能高标准地保持个人卫生和公共卫生。"

想必有些读者已经猜出来了，说这话的是新加坡总统李光耀。不过，他说这番话的年份是1968年，远早于现在随处可见、对环境问题心口不一的空喊。李光耀可不是只会说场面话的人。1971年，他宣布国家设立了植树日，还宣布新加坡将成为"热带花园城市"。1990年，该节日与"清洁和绿色周"合并，在此之后每年都要庆祝这个日子。1970年，李光耀成立了反污染的政府部门，并于1972年任命了环境部长。2002年，新加坡政府成立了统筹政府所有事关绿色增长分支机构的国家环境局。所有政府部门都同意实施长期土地

[①] 1平方英里约等于2.59平方千米。——编者注

使用规划,只有世界上某些最富有创意的公司才能在新加坡拥有发展空间。现在,许多国家都在吹嘘本国实施的生态项目,但只有新加坡真正在围绕绿色生态系统概念设计和规划项目。因为这一点,英国企业家、发明家戴森选择在新加坡制造自己的电动车。

20多年来,"美世生活质量指数"一直将新加坡评为亚洲最清洁的城市。在世界最清洁城市的评比中,新加坡常年位居前四。在世界经济论坛的年度评比中,新加坡也多次被评为世界上最具竞争力的国家之一,很少跌出前三名。所有这些都表明,注重环保和实现繁荣完全是相辅相成的。我们前面提到,新加坡的人均国内生产总值已经是英国人均国内生产总值的两倍。在新加坡处于英国殖民统治时期,人们每天早晨要从房子前面收走粪桶,新加坡河臭气熏天。当时的人均收入少于1000英镑。从那时到现在,新加坡人均收入的增长幅度超过了70倍。

私营公司也发挥了作用。"新生水"(NEWater)开发出了渗透隔膜,能让水经过过滤后多次重复使用,尤其是在空调水的使用上。新加坡聚集了180家水处理公司,包括法国主要的水务公司苏伊士集团。这些水处理公司构成了世界上规模最大的水利中心,向世界其他地区出售水处理设备和技术。新加坡还拥有一个清洁能源中心,为清洁能源研究提供大学奖学金。新加坡专攻太阳能研究,拥有世界上最大的漂浮式太阳能电池和电池板测试平台。它还修建了一座海上垃圾填埋场,这个岛屿式填埋场大部分地区覆盖着绿色植被,点缀着野花。英国《新科学家》(*New Scientist*)杂志称其为"伊甸园垃圾场",形容它"芬芳四溢"。坐小轿车穿越新加坡是一种难得的享受。众多道路的两侧遍布热带植物。每隔一段路程就有一座横跨街道的步行天桥,桥上开满了叶子花。城市景观洁净无瑕。

新加坡是一个城市国家，90%的土地都位于城市，周围是一小条农村地带。看看新加坡，就知道全球城市化的前景并不像目前看起来的那么糟糕。①

2015年3月17日，美国杂志《快公司》(*Fast Company*)指出，新加坡60%的地表都被设计成可收集雨水的路面，三分之一的"灰水"被重复利用。新加坡建设局设定了绿色目标，旨在到2030年，让新加坡80%的建筑都能认证成为可持续建筑。新加坡可循环使用70%的废品（就算最令欧洲感到骄傲的丹麦也只循环使用了25%的废品）。最令人感到骄傲的区域是通过填海修建起来的滨海湾花园，这是一片占地250英亩，俯视滨海湾的绿洲和公园。到2015年，来此地参观的人多达1500万人，而且这一数字还在不断上升。这里拥有相当数量的"擎天大树"，以及装饰着花朵和灌木的高大金属构筑物，也就是气候控制温室。在温室顶部安装了太阳能集热器，借助集热器所发的电，在温室中还原了多种不同气候，展示了在不同气候环境下，在各种湿度和温度中生长的各种奇花异草。②

中国的文化为什么对生态环境如此友好？这仍是一个涉及价值观的问题。我们已在第二章中对价值观进行了测评。西方往往将世界视为由**具体商品**组成的，这些商品以化石燃料和其他物质形式存在于地球上。为获取这些商品，**个人之间展开竞争**。在左上方象限中的文字就体现了这种价值观：**攫取—生产—废弃，知识就是凌驾于大自然的权力**。相反，中国人认为，世界是由它所渴求的商品组成的，但不限于商品，还包括**团体通过合作**就能利用的**遍布各地的**

---

① 新加坡立志成为世界上环保程度最高的城市。www.nationalgeographic.com。
② 新加坡滨海湾，维基百科。

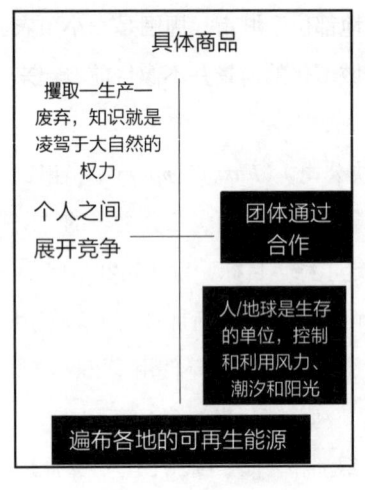

可再生能源。这种合作不仅存在于人与人之间,还存在于人与自然力之间。右下方象限中的文字就体现了这种价值观:**人/地球是生存的单位,控制和利用风力、潮汐和阳光**。自然与人类之间的关系事关重大。如果它们能够共存,我们和地球就可以彼此互利,朝着共同的方向前行。我们关心环境,环境也关心我们。商业服务于环境,环境反过来也能服务于商业。

生存单位并不是人类本身,而是人类+环境。我们生存的前提是所处的环境正常运转。我们不能保护环境,环境也就无法顾及我们。在破坏亚马孙雨林的过程中,我们毁掉了众多来不及发现和记录的生物。有个问题需要回答:我们和我们所处的生态位如何才能相处?我们要哺育这种生态位,还是任其每况愈下?那种认为我们能迈向未来的观点是基于以下假设:我们正在走的道路不会在脚下坍塌。如下图所示。

生存的单位是"人类+环境"

·处理矛盾的不同方式：亚历山大大帝和中国的孙武

亚历山大大帝是马其顿国王腓力二世的儿子，他征服了当时人们已知的世界上的大部分地区。他麾下的方阵队形严整，位于最前排的士兵手持长矛指向正前方；第二和第三排的士兵手持长矛指向斜上方；再后排的士兵一只手手持长矛指向正上方，另一只手手持圆盾护脸。整个阵形犹如倒退的豪猪，在敌人接近时竖起周身的尖刺。亚历山大大帝东征时，攻无不克，最远曾经打到印度。中国的孙武与亚历山大大帝同处一个时代。不过两人从未相遇。亚历山大大帝年纪轻轻就亡故了。我们对孙武的战斗经历所知甚少。孙武生活在中国战国时期。他留给后人的《孙子兵法》一书无论是过去还是现在都是一部经典。人们由此认为，孙武在战场上也肯定是成功的。《孙子兵法》最早写在竹片上，用绳子将竹片串联起来形成卷轴。据说，肯尼迪总统曾读过《孙子兵法》。但话说回来，美国人似乎并未真正认识到这本书的重要性。美国在越南战争中的惨败就清楚地表明了这一点。亚历山大大帝和孙武的情况如下图所示。

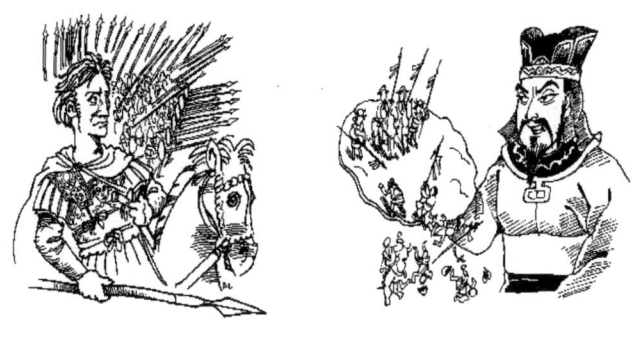

发挥主观能动性　　　　　　　　　　受外部影响

正如图中所示，亚历山大是能发挥主观能动性的人，遇到敌人，他的第一反应就是刺出手中的长矛。而孙武是受外部影响的人，他没有想过要让战局翻盘，将对手斩于马下。孙武的观点是，战争的艺术在于欺骗敌人，让其大惑不解。从定义上来看，这样的战斗肯定是不公平的。亚历山大擅长打部署严密的战斗。对他来说，战争就像一场游戏，在平等的竞争环境中体面地展开，而他的大战略在当时是不可撼动的。这就像《奥德赛》（*Odyssey*）中对于特洛伊包围的戏剧性描述一样，参与战斗的双方都是英雄豪杰。双方公平地打一场，看谁输谁赢。

孙武根本就不赞成开战，这就是他区别于其他将军的特别之处。他更愿意通过外交手段解决问题，而将战争置于不引人注目的位置，以保证能够与对手进行和谈，而不是让人在战场上送命。孙武写道，就算战争不可避免，也应当速战速决。道理很简单，战斗双方都会受损，时间拖得越长，胜利的好处就越缩水。如果战争穷年累月，打赢的一方也会得不偿失，在战场上一无所获。战国时代，中国大部分地区因战争而陷入分裂状态，人民一贫如洗，土地一片荒芜。这在很大程度上塑造了孙武的战争思想。在孙武看来，中国在这段时期遭受了一场劫难。众所周知，统一六国的秦始皇就很欣赏《孙子兵法》。多少个世纪以来，西方都在美化战争，而中国则不然。此外，战争事关心理上谁占上风谁处下风，而不是仅靠展示身手和凭借纯粹体力就能打赢。战争必须以智取胜。

孙武不仅仅是一位将军，还是一位哲学家，更关心战争对文明能做出哪些贡献，而不是战争本身。那些能够激发出爱的领导人才能赢得战争。只有爱护手下人，才能同心协力为共同的事业而忍受千辛万苦。"视卒如婴儿，故可以与之赴深溪；视卒如爱子，故可与之俱死。"战争也与各种关系和联盟有关。与你一同战斗的人必须为你的目标而奋斗,将敌人的动向告诉你。西方人会在战时枪杀间谍,因为这些间谍"做事情不够光明正大",欺骗了对手。孙武却下令善待间谍,因为他们非常有价值。从事谍报工作的人,由于自己的欺骗行径而变成了孤家寡人,因此,他们很容易被对方策反,转过头来针对令他们失望的原主人。要想打赢战争,你必须比对手消息更灵通。

《孙子兵法》是日本武士的必读之书。在中国的抗日战争时期,中国人将《孙子兵法》中的策略运用到了游击战中。毛泽东则将打赢国共战争归功于采用了《孙子兵法》中的策略。在日俄战争期间,当俄国船只长途跋涉,筋疲力尽抵达停泊地点时,却遭到日军的攻击,这就是明显采用了《孙子兵法》中的策略。越南大将武元甲引用《孙子兵法》中的策略,在奠边府战役中击败了法军。你必须拉当地人入伙,避开敌人,这样才能打赢战争。这就在一定程度上解释了美国在越南失败的原因。美国军队用落叶剂破坏了越南的实体基础设施和社会性基础设施,而远距离炮击和轰炸则造成了许多无辜者的死亡。当时人们常说的一句话就是"为了救这个村子,必须毁了它"。人民不会支持这样的策略。美国人不断打赢策划严密的战斗,但是却输掉了意义更广泛的赢得人心的战争。胡志明让人将《孙子兵法》译为越南文,作为越南军事将领的参考书。

孙武以其悖论闻名于世:"不战而屈人之兵,善之善者也。"你打击的与其说是敌人,不如说是敌人的战略。一旦敌人被打得晕头转向,你就可以要求他投降或发动攻击,目的就是摧毁敌人的士气。"胜兵先胜而后求战,败兵先战而后求胜。"要想取胜,你要首先与当地人交友。"知可战与不可战者胜。"设法探究敌人的弱点,才是明智的做法。如果你在夜间朝敌人的营地发射燃烧箭,对方却能冷静而不失章法地将火扑灭，那么就不要实施进攻；反之，如果对方乱作一团，夺路狂奔，就应立即发动进攻。如果距离敌人很近，就要佯装远离敌人；相反，如果距离敌人很远，就要佯装与敌人近在咫尺。就算实力雄厚，在敌人面前也要示弱。在敌人面前要假装卑微，以此来让他傲慢、自负。如果敌人容易发火，那就设法激怒他。"孰胜孰负，未战先知。"上文都体现了经典的道家思想，这些能帮助我们理解美国在越战中失利的原因。只有采取迂回战术才能取胜。

以越战中著名的"春节攻势"为例。从美国价值观的角度看，这场攻势无疑是美国及其南越盟友的胜利。他们夺回了所有失去的土地，北越军队和越南共产党游击队伤亡惨重。南越人民没有发起针对当地政府的武装叛乱。不过，从心理和整体士气看，美国及南越政府却失败了。就在几个星期前，美国和南越还言之凿凿，说这场战争没有结束，还要一直打下去。可是，越南共产党人知道他们的敌人到底是哪家哪户，可以对敌人实施精准打击。而恰在此时，美国的反战情绪又不断高涨，隧道尽头的灯光忽隐忽现，最终熄灭。美国的敌人可以随时随地实施打击。南越政府无法再保证人民的安全。也许就在几天之内，北方就会发起精准打击，深入南越权力的核心地带。美国人和南越军队已经无处可躲了。

我们可以用图来表示在越南发生的一切。美方非常强调被杀掉的敌人的**具体数量**以及美方的**主观能动**和**技术**。此外还要加上骇人的**死亡人数：杀够敌人，你就赢了**。总共有5.8万名美国人和至少200万名越南人在越战中死去。如果从死亡人数上看，美国人确实赢了，因为其死亡人数远远少于对手，但是，美方并未取得真正的胜利。叛乱分子的**士气**要比美方**高昂**得多。美方对越南生态系统的大规模破坏，以及更广泛的越南社会面对美军入侵所做的反应等这些**外部因素**也**影响**了越南人。几个世纪以来,越南人一直在抗击侵略者,从未服输。越南的局面可以归结为一句话:**因其遭受的苦难和损失,整个国家团结起来了**。越南人已经将遭受的损失转化为争取国家解放事业的斗争。在越南人眼中,他们正在为国家的生存而战。而美国人在思考问题时,几乎不考虑活生生的人,这一点非常奇怪。正如I. F. 斯通

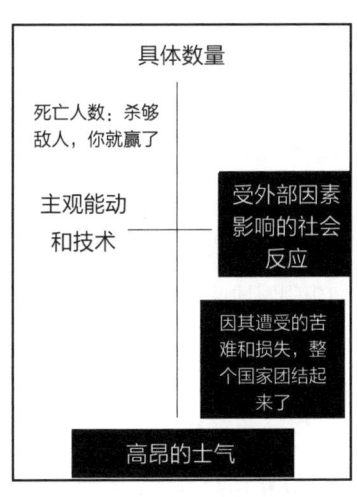

(I. F. Stone)所说,钢和铬锻造出一切胜利。(根本不在乎血肉之躯!)而背水一战、破釜沉舟的哲学则完全失灵。正如美国大兵开玩笑时所说的:"抓住了他们的要害,就控制了他们的意志和头脑。"敌人展开的是一场完全不同的战争,西方人对此完全摸不着门。

· **是将我们的意志强加给大自然,还是犯错、改错和发展?**

从艾萨克·牛顿开始,西方人就认为他们可以将意志强加给大自然。我们是动因,会观察将自身意志强加给大自然之后的影响。我们证实了自己能够预测并控制物理宇宙,让大自然屈服。我们提出假设、进行实践并开展实验,如果获得了预期的结果,我们就"长了知识",而知识就是力量。由于大自然并不总是善待我们,所以知识很快就演变为凌驾于大自然之上的权力,让人们摆脱被围困的局面,扑灭野火,控制疫情。正像《圣经·创世纪》第1:28小

节中所述：人类"要生养众多，遍满地面，治理这地"，还应对"地上各种行动的活物"都拥有统治权。我们习惯于直线型思维，按照"主语—动词—宾语""如果—那么""提出假设—做实验—进行推导"的模式去考虑问题。我们运用逻辑思考，深思熟虑，如果如愿以偿，就自认为是理性的。

最近，我们一直在探寻如果地球被"降服"，会发生何等情况。我们想驯服地球，挖掘地球的宝藏，而面对这一企图，地球的反应将会多么愤怒、多么激烈？有些动物正在走向灭绝，只因为我们想拥有它们遗骸中的某些部位。在所有活着的生物中，人类是最凶残的一种。

不过，这并非我们对待自然和社会环境的唯一方法。我们有意识地想控制自己的命运，而进化论则对这种尝试提出了质疑。在地球上，生物都是随机、纯属偶然地出现的，能存活下来也是个意外。这些生物会适应环境，随着环境的变化不断进化，或者中途夭折。它们的基因会随机突变，有些变化能够帮助生物存活下来，而有些变化则不然，只有以最聪明的方式适应环境的生物才能幸存，只有最适应自己的生态位的生物才能生生不息。将世界当作垃圾处理厂，或肆无忌惮地污染空气，都被证明是与环境相处的糟糕方式。在我们看来，我们要经过一个试错过程才能逐渐适应环境。

美国顾问爱德华兹·戴明（Edwards Deming）是纽约大学教授，他曾尝试让福特公司和通用汽车公司对他提出的质量管理体系产生兴趣。这套体系能够在生产过程中不断被改进。[1]但是，因为不同组别的工人会想出各种改进质量和降低成本的主意，但不是所有

---

[1] 爱德华兹·戴明，维基百科。

办法都能取得成功；一旦失败，这一系统就会被中断，新的循环就会产生，逐渐递增。底特律的汽车公司对戴明的这一套管理体系不感兴趣。当初，戴明曾在驻日占领管理部门担任道格拉斯·麦克阿瑟（Douglas MacArthur）将军的助手，所以戴明联系了他在日本的朋友。在东京箱根会议中心，戴明介绍了自己的理论，这些观点立刻引起了日本人的极大兴趣。不到一年，日本就设立了戴明奖，这个奖每年授予一次，直至今日。1960年，日本天皇授予戴明"瑞宝奖"，这是这个奖项首次授予日本以外的国家的人。戴明在丰田公司和其他汽车公司教授自己的管理方法。时至今日，人们在提到日本的生产力和产品质量大幅上升的时候，仍会经常提到戴明。

为什么日本人能够迅速理解戴明管理理论的要害，而美国人直到很晚才恍然大悟，这一点令人困惑不已。在日本获奖后，又过了27年，戴明才在祖国得到里根总统嘉奖，而那时戴明已经87岁了。他死于1993年。当时，丰田汽车公司的产值已经超过了通用汽车公司，几年后又超过了美国的全部汽车产业的产值。日本创造了独特的方法论，这套管理方法源于戴明，被称为"改善"（kaizen），"改"就是"变革"，"善"就是"好"。这套方法表明，拿出富有创意的点子的是那些从事实际工作的人。这些人每天一上班就会召开小组质量研讨会，有时下班后也会开，目的就是在企业经营中策划改进。然后，他们会彻底测试这些改进，当天结束工作前计算改进带来的收益。戴明坚持说，高质量产品消耗的成本应该比以前更少而不是更多。不同的价值观可以和谐共处。之后，从"改善"制度又衍生出了环境管理制度，该制度关注的是各类变化对环境的影响，而不是对产品的影响。见下图。

不断改进的循环

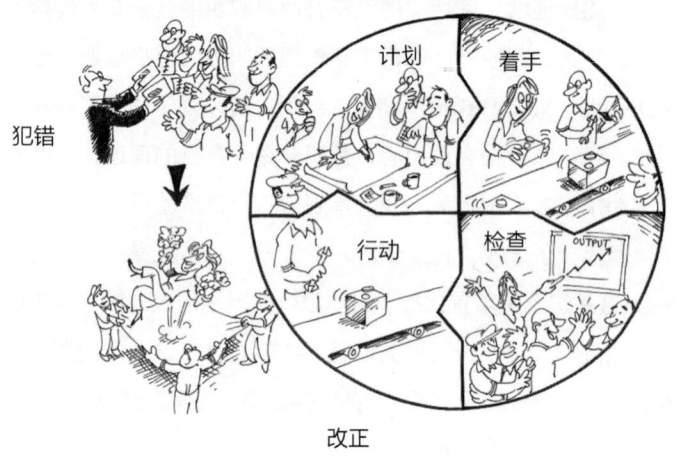

图中展示的是纠错系统。工人从做**计划**入手,但这个计划很可能存在偏差。不过有了计划,工人就会确立自己的目标。完成计划就是**着手**实施,也就是执行计划,然后就是**检查**执行计划的成果。如图所示,如果成果好于预期,那么工人就会**行动**起来,将计划纳入长期操作规程。如果成果不尽如人意,那么下一回就要另做试验。这就是一个学习周期。工人先思考再测试,而不只是服从命令。在生产过程中,他们能够判断当初计划中哪些对、哪些错,以及如何改进。他们的行动与思考紧密相连。他们会全身心投入复杂的工作中。

上图左侧的小场景表明了以下事实:如果奖励整个团队,团队中最具创造力的人就会受到欢迎;但如果只奖励给她个人,得奖人就会遭到嫉妒。该结论由弗恩斯·特朗皮纳斯测试,并在壳牌石油公司的团队中发挥了作用。我们不需要研发部门做出此类创新。这些工艺流程创新可以由工人自己创造出来。与某些宏大的战略规划相反，纠错系统产生于公司的基层员工之中，有可能用于满足客户环境的要求。它体现了共同创造的结果。中国人采用日本的工艺流程，极大地提高了产品质量，付给工人的薪酬也大幅提升，外国人很难达到中国人的质量成本率水平。中国人特别喜欢由小组组员共同提出提高质量的创意。这种做法又来源于不同的文化价值观。

西方公司试图建立**通用的科学标准**，通过在工作单位**发挥主观能动**应用技术以**实施具体探索**的方式展示这些标准。人们在很大程度上要按程序办事！这体现了直线思维和理性特点。权力从最高层自上而下传递。有时候这种方式又被称为理性模型。下属人员应能看到和理解要求他们采取行动的逻辑。所有这些均体现为左上方象限中的文字：**利用科学将我们的理性单方面强加给大自然**。采用这种方式，大自然以及其中的生物都会受到严重伤害。另一种方式则体现了与西方恰好相反的价值观，那就是，将以改进运营操作为宗旨的**特定的五花八门的想法**透露给周围的人，在实际环境中探究这些想法的可行性，并**根据来自四面八方的外部反应采取行动**。我们可以将这种方式总结为**犯错、纠正、适应，以及与大自然实现多边发展**。这种方式与人类和生命形态关系密切，呈现循环状态，而非上图的线性形态。

这些想法经过检验，体现了人们的聪明才智和洞察力，但是，后一种工作方式本身并不属于发展，只是在保留能够改善工作环境和质量的适应措施这一层面上更接近于发展。说它是演变发展，是因为它能改进整个工作文化，通过连续不断地向理想状态靠近而寻求改进。这种工作方式基于以下假设：计划很有可能出错，因此必须对计划加以改进。它寻求的是各种出乎意料的发现，并认为有些

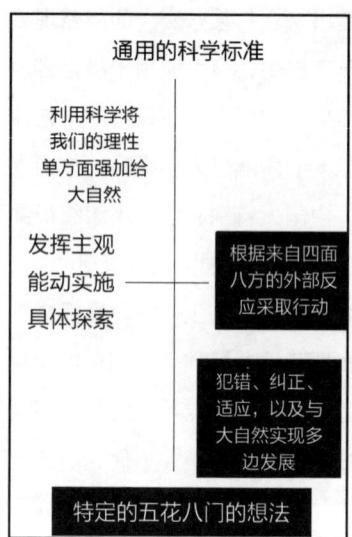

收益是偶然的。"错误"当然可以被再次定义为"更好,但还不够好"。你的目标定得越高,你犯的"错误"就会越多。你舍弃了无效部分,保留了有效部分。就是依靠这样的工艺流程,才能让芯片加工厂运转起来。在起步阶段,合格芯片的产出率低至15%;而到了后期,合格芯片的产出率已高达99%以上。修正了错误,你就能稳步提高。

第十章
适者生存还是最优者生存？

西方人对于商业竞争和创新的主流看法，是它们类似于露天游乐场的碰碰车，彼此碰撞，在某种程度上是为了博人一笑，让人开心。说得更直白一些，商业竞争和创新更像是一场撞车大赛，目标就是将对手的车撞得粉碎。有句名言"适者生存"，参赛的目标就是对准对方车辆的薄弱环节猛撞过去，将对方撞得支离破碎，让它不得不退出比赛，而胜者留在场上。对于失败，唯一的解释就是该企业进取心不够，缺乏竞争力。这种企业不适宜做强。相反，中国人认为，商业体系的所有成员都要彼此密切配合，确保所有利害关系者都能赢。我们不同意西方的社会达尔文主义观点。这种观点有其反映真相的一面，也能找到与其类似的对象，但是不够全面。我们按照下列顺序展开论述。

- 最优者生存
- 创新的单位不是公司，而是整个产业生态系统
- 将生产外包给东亚导致产业生态系统出现偏差
- 对东亚来说，工艺流程创新比产品创新更容易

- 开放创新的时代已经来临
- 顺应世界潮流，而不要逆潮流而动
- 海尔公司的管理：（1）服务型领导的崛起
- 海尔公司的管理：（2）微型企业的崛起

· 最优者生存

查尔斯·达尔文（Charles Darwin）的进化论有个简陋的错误观点，就是社会达尔文主义。按照这种观点，做生意就是卷入了一场为生存而展开的残酷无情的战斗，只有参战者足够凶猛和残忍，才能生存下来。这种看法无论是在进化方面还是做生意方面都是错误的，它过度地看重竞争，而对合作重视不够。"适者生存"确实用词不当，因为它忽视了不计其数不但自己能够生存下来（猫鼬就是个典型的例子），还能通过合作关系与其他物种共同进化的物种。白蚁无法用自身的排泄物修建巢穴，但白蚁肠道中有一种微生物能够将排泄物黏合起来。蚂蚁生活在竹子的空心茎中，谁敢以它们的家宅为食，它们就敢冲上去咬住这种动物的嘴唇。小丑鱼不怕海葵刺，因此得到海葵的保护，还以海葵未消化的猎物残渣为食。二者共同生存。

其实，进化可以看成是最优者生存。生物都会找到适合自己的生态位，例如，帽贝附着在礁石上，并将这种需要附着在礁石上的基因传给后代，而那些附着能力最差的帽贝就会被海水冲走。这种在生态位中居住的能力会一代一代遗传下去，同样，物种内和物种间的合作也会得到遗传。有些物种为了择偶而相互争斗，这是事实；不过，这种争斗就是典型的战斗模拟，而非杀戮。如果有100

头雄鹿,其中50头最强壮的雄鹿将基因传给了下一代,这就是可取的。如果最强壮的雄鹿杀掉了仅次于它的雄鹿,并以此类推,这种物种的强大就无从谈起。最弱小的动物也会传宗接代。它们之间的"争斗"肯定是一场游戏,是力气的较量,以便从中选出前50名,将基因传递下去。做生意当然也是如此,最佳企业才能将自己的智慧传递下去。最优者生存的概念源于格雷戈里·贝特森①。我们可以用图对此加以说明。

首先,在纵向坐标轴上列出**作为科学的进化**这个维度,然后考虑在横向坐标轴上列出两个维度。我们假设这个维度适用于**具有特别优势的个体竞争对手**。按照西方的价值观,将上述维度综合起来,就可以将进化解释为**残酷无情的适者生存**。这种表述的核心内容就是将对方淘汰出局,然后将对方使用过的处于次优状态的财产据为己有。既然你已经获取了这些财产,就能让其派上更好的用场。不过,假设进化具备物种内部和物种之间体现**团体关联和广泛性关系**的**特定特征**,那我们就可以说**最优者生存,共同进化出各种生命形态**。按照这种解释,人类就无须灭绝其他物种。左上方象限中的维度互动所产生的结果有个问题,就是:"与此同时,

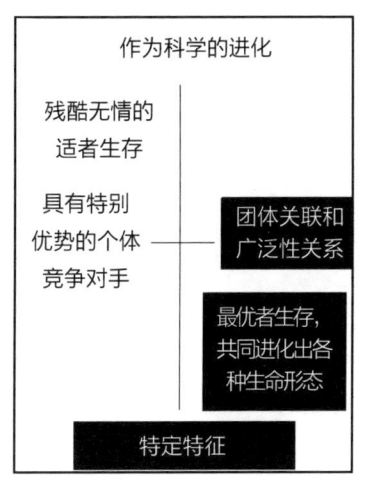

---

① 《走向心灵生态的步骤》。

在此期间，富人更富，穷人更穷，我们不也照样开心吗？"这首脍炙人口的歌曲似乎道出了西方富裕社会的特征。请注意，适者生存的理论与其说不真实，不如说它只反映出一部分真相。最优者生存才是综合性更强的解释，才能说明适应力最强者能够生存下去的原因。我们必须适应中国人的世界观，中国人也要适应我们西方人的世界观。进化是个群体现象，是一种建立特定关系的形式，而不仅指对手互相掣肘。通过合作，我们会更有竞争力。任何一个球队都会这么说，尤其是足球队。

·创新的单位不是公司，而是整个产业生态系统

曾几何时，所有人会相互竞争资产，最强者胜出。之后，这些人创建了公司，公司之间又相互竞争。再往后，公司做大，和其他公司签约，向它们提供原材料、部件和次级系统等。由于签约公司数量太多，供应商被划分为四到五层。在某些生意中，供应商多达100家甚至更多，而这些供应商一般都位于工资仍低于最富裕的西方发达国家之外的国家，比如中国。这种情况的出现意味着竞争让位于合作，也就是公司要与其供应商合作。事实上，一家公司生产产品的价值在很大程度上是由该公司的供应商决定的，而这家公司在质量上的声誉也依赖于其供应商供货的质量。参与竞争的单位是完整的产业生态系统，包括公司、公司的供应商、合作伙伴和外包人，它们构成了一个完整的竞争单位。[①]

---

① 切斯堡（H. W. Chesbrough）：《开放创新的时代》（*The Era of Open Innovation*），麻省理工学院斯隆管理评论（44），2003.3。

不过，许多西方公司的所作所为就好像它们在与自己的供应商和员工竞争，例如，它们在收货之后延迟付款，有时会超过80天，结果这些供应商的供应商就必须等待更长的时间。这些西方公司以裁员和外包威胁那些提出加薪的员工，以中断合作要挟承包商，要求它们减少盈利，打压报价，采用密封投标的方式让承包商彼此竞争，通常还告诉承包商"我一开口，你们都得跳起来"（如图所示）。由于公司规模大，而供应商一般规模较小，公司对待供应商的态度，就好像其根本就无足轻重。这让人感觉到的已经不只是不愉快了。这种做法非常愚蠢，因为公司的供应商的核心竞争力对于保证公司自身产品的质量来说至关重要。如果恐吓供应商或不能让供应商感到满意，公司不可能出类拔萃。

韩国浦项钢铁厂收到所有一线供应商开出的账单后三天就支付现金。该公司内部有一个"双赢局"，专门致力于改善与供应商的

关系，随时准备帮助陷入现金流危机的供应商。韩国最好的供应商都想与浦项合作，这就不足为奇了。还有专门的供应商与公司联合团队，致力于分享任何改进建议所带来的收益。[①]许多亚洲公司给自己的供应商投资，反之亦然，这样，双方就可以维持多年的合作关系。银行和放款人也被允许向自己的客户投资。供应商通常都是"优选"的或"唯一"的，但是也被要求自始至终给出富有竞争力的价格。

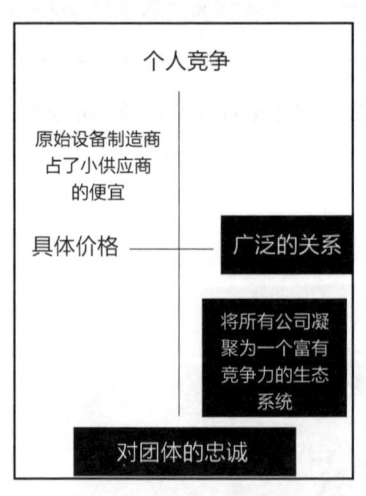

个人竞争和**具体价格**相结合会出现左上方象限中的标题内容：**原始设备制造商占了小供应商的便宜**。这是一场股东和利害关系者之间的战斗。尽管公司要替换现有供应商非常花时间，通常允许其留存下来，但是供应商还是会被迫屈服。将合同交给你所熟知的人，并且对其表示信任，这种做法被视为偏袒。建立亲密的关系常常被视为彼此串通。相反，**广泛的关系**可能有助于让多家公司保持紧密联系，而**对团体的忠诚**有助于**将所有公司凝聚为一个富有竞争力的生态系统**。你能达到的上限取决于你的最短板。所有以某种方式对产品有所贡献的人都必须是一流的。

---

① 引自麦基和西索迪亚《自觉资本主义》，第148页。

招标人和中标人经过协商,给予中标人一定的利润率,这种做法在东亚并不稀奇。这样就有助于避免对于不正常的收益的期盼和猜疑。投标都是基于预期成本计算出来的,这是可以核实的。这样就有助于双方都将成本降下来,之后让供应商获得之前通过协商好的利润,比如销售额的10%。

·将生产外包给东亚导致产业生态系统出现偏差

将生产供应外包给中国的做法,对建立高效的产业生态系统产生了负面影响。这是因为,原始设备制造商在中国能找到报价更低的供应商,也因此放弃了本来应与本地供应商建立起来的亲密联系。如果制造商向半个地球之外的国家下了订单,这些供应商提供的可能就是标准化且难以变通的产品;如果制造商和本国的供应商以母语面对面沟通,看看彼此如何能让对方更上一层楼,后者本来可为前者提供便利,但生产外包之后,这些便利就全部消失了。将生产外包还会带来更糟糕的结果。如果制造商的第一层供应商来自中国,那么其接触的第二、三、四层供应商都会来自中国,而且各层供应商在地理上相距不远,在文化上密切关联。不久,制造商就会受控于供应商,局势本末倒置,因为所有实际的生产工作都在中国进行,只剩下营销、财务和股东事务在制造商本国完成。

当特朗普对来自中国的进口产品征税之后,所有将生产外包给中国的美国公司都会受到打击。这些公司必须为提供给自己的物资支付更多费用,而将至少四层供应商组成的供应链和数十家公司都替换掉,这可是个艰巨的任务,涉及大笔支出。原先使用的美国本土供应商早在数年前就已经被抛弃,甚至可能已不再经营业务,尤其是那几家与原始设备制造商近在咫尺的供应商。想从中国以外的地方获得成本合理且有质量保证的供应物资已经不可能了。由中国供应商组成的四层供应链一旦被美国制造商放弃，将会投身同一行业，成为其竞争对手。他们已经学会了绝大部分生产工艺，对美国制造商的生意经了如指掌。

· 对东亚来说，工艺流程创新比产品创新更容易

有一种观点认为，东亚人并不像我们西方人一样真正的"富有创新能力"，不过，这取决于人们注重哪个环节。如果你不是美国人，就很难预测美国巨大的消费市场的走向，因此，东亚厂商很少在美国市场推出新产品，因为风险很大。不过，一旦东亚厂商得知某产品在美国一货难求，而且这种短缺现象很可能长期持续，它们就能熟练地在产品工艺流程上进行创新。流程创新至少与产品创新同等重要，它能够在大幅提升产品质量的同时显著降低成本。在很大程度上，日本就是依靠这种办法在20世纪50年代到80年代末赶超美国的。凭借成千上万的创新型改进，以及对具有更高质量的工艺流程和工艺环节的设计，日本的生产造诣冠绝天下。

产品创新更加醒目和显著，而工艺流程创新对提供真正的价值来说至关重要。查阅美国详细介绍二手车价格的官方报告或统计资料，你就会发现，比起美国底特律制造商生产的汽车，有年头的日本车更保值。在流程中，创新才算数。有了流程创新，无数的人才能获得高薪职位，众多亚洲人也得以脱贫。产品创新通常依靠专业设计师或者从事研发工作的员工，而工艺流程创新没有门槛。只要有人觉得司空见惯的活计有办法做得更好、成本更低，就能创新。

这就提醒我们，体力劳动者拥有的可不只是一双手。质量研讨小组、试验小组和解决问题小组将产业生态系统中各单元紧密联系起来，这就体现了他们深思熟虑的成果。①

·开放创新的时代已经来临

开放创新是什么意思？从定义上看，创新引入了新元素，难道不是吗？美国学术界总是开先河，就算没有做进一步深入研究，其也还是一如既往，头一个发现新趋势。开放创新的意思就是，你将计划引入的创新成果与利害关系者，特别是供应商以及范围更大的生态系统内的人员共享。供应商提供的系统和部件范围极广，因此将其排除在讨论对象之外是不可行的。事实上，很多创新都需要由这些人引入。②例如，假设你正在筹划2025年建造"世界上最安全的汽车"。你需要电动引擎，这种引擎与汽油发动机不同，不会在撞车时让乘客活活烧死。你需要一种在事故中能够变形，从而让各种汽车中的乘客都得到保护的钢材。你需要防滑和防抱死刹车装置；一个能够及时打开，又不会猛击面部的安全气囊；收紧功能良好的安全带；当汽车相撞，乘客的头猛地后仰时，能够避免伤及颈部的座椅靠背；如果汽车落入水中，能够密封汽车的多种办法；不会破碎和刺瞎双眼的车窗玻璃；能够自动打开，便于他人施救的车门；能够叫来帮手的自动报警装置，以及其他多种装置。大部分此类装置都从外部供应商采购，并且必须在经过重新设计的车上原地操作。

---

① 爱德华兹·戴明。
② 切斯堡。

创新不仅体现在将这些部件拼凑起来，还需要最佳和最富有创意的子系统，并且让供应商告诉你哪些设想有可能落实，哪些不能。你还得要求供应商忠心耿耿，保守有关创新设计的秘密，否则别人就会提前了解你的创新设计。

很明显，从上文可以看出，整套产业生态系统需要统一创新，如果制造商认为供应商低人一等，其毛利需要削减，它们就不会在生产上拿出看家本领，也不会事无巨细地报告各种信息。供应商一旦感到不满，可能会将制造商的计划告知其他原始设备制造商。制造商需要供应商谨慎从事，忠心耿耿。制造商可以强迫供应商削减价格，但这样一来，供应商可能被迫在向制造商提供的钢架或安全带上"节约"成本，因为制造商没给它留下多少选择余地。

在左上方象限中，写着**标新立异的个人**提出的**具体想法**。这种做法本身就带有一定的倾向性，那就是高看自己的天才想法，轻视别人的成果。其实，这种做法被称为"非本地发明（NIH）综合征"，因此也就有了以下的文字说明：**非本地发明，我们的天才在研发部门所做的秘密工作**。与此相对的是由供应商和客户组成的团队成员一起**无拘无束地共同创造**，他们集思广益，拿出最新的研发成果。要做到这一点，就需要一个**创造性团体**。这就产生了右下方象限中的说明文字：**利用创新型生态系统设计出世界上最安全的汽车**。当然，这一组合也包含了标新立异的个人及其

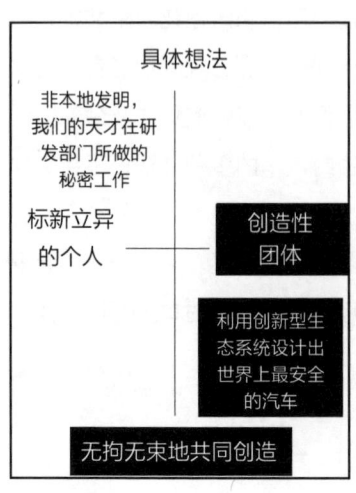

提出的具体想法。但是，将这种人及其想法单拿出来加以赞扬是不够的。任何新事物必须在实践中奏效才有价值，而这就需要进行试错，艰苦地工作，不畏辛劳，而不能只靠灵光乍现。要想实现开放创新，就需要将所有的利害关系者视为潜在的势均力敌者，以探索他们可能做出的贡献。大公司对小公司发号施令，通过延迟付款强迫小公司准予其赊欠的做法十分恶劣。这种做法有损西方的经济领导地位。

· 顺应世界潮流，而不要逆潮流而动

在资本主义社会前期，人们用机器取代大自然，铲平森林，碾压对手，凭借不屈不挠的精神，清除一切阻挡前路的障碍。与以往相比，人们的意志更坚定，更野心勃勃，更坚持不懈，同时也更不愿妥协，因为没有什么能阻挡他们前进的脚步！不过，到了资本主义后期和后资本主义时代，情况就大为不同了。在当今的世界潮流之下，成千上万遍布全球的公司成为市场主体，世界各地的兴衰此起彼伏。我们面临着各种危机，包括物种灭绝、生存空间遭到挤压的生物带来的瘟疫、急需新的可再生能源、全球变暖、山火爆发戕害更多生物，以及大规模迁移带来的威胁。各种类型的危机来势汹汹，其中有些已经失控。面对危机，唯有顺应世界潮流才能克服种种困难，具体做法包括：厉行节约、少吃肉、采用可再生能源、建立卫生基础设施、过滤水中的盐分、清洁空气、净化水、植树造林，以及促进生物多样性。

这么看，我们几乎从轮船时代又退回到了帆船时代。所有人必须探明现在的风向何方。我们如何做才能挽救地球？我们怎样才能凝聚力量，研制出能够力挽狂澜的科技成果，例如用生物成分制成的能替代塑料的透明薄膜，又如能实现海水淡化的石墨烯，还有用其洗手可以挽救生命的消毒皂？我们迫切需要知道我们的产品中，哪些能促成和谐的世界生态系统，哪些不能？如果太阳能的发展速度比2005年的预期速度高出60多倍，我们就必须意识到自己正在错失的机会，意识到非洲在20年内不仅能够满足欧洲的全部能源需求，而且还能提供更多。我们只有顺势而为，顺应全球最有利的趋势，关注环保主义者的呼声，才能取得成功。那个强迫农场将土地出让给工厂，为控制昆虫和鸟类数量而毒死它们的时代已经接近尾声。如果我们将自己的意志强加于大自然，就会被大自然反噬。我们虐待野生动物，而目前在人类中流行的许多传染病就来源于这些动物。

我们可以回顾一下前面提到过的**发挥主观能动—受外部影响**这个维度。我们在多大程度上珍视自己的内心——钢铁般的决心、愤怒的良心、不惜一切代价获胜的恒心？我们在多大程度上欣赏盛开的日本樱花、倾泻而下的瀑布，以及那些令人难以置信的自然奇观，而如今它们正岌岌可危？我们看到，东亚比西方更容易受外部影响。道家思想所推崇的"顺其自然"的思想更有吸引力。不过，东亚人只是适度地接受外部影响，没有逆来顺受。他们不相信宿命。在他们看来，潮流正朝着对他们有利的方向前进。

我们一向认为，是那些不拘泥于传统、反抗世俗认知、不随波逐流的企业家通过独立思考做出了创新。但是，仔细想想，创新难道不能来源于其他途径吗？例如，建造面向未来的绿色城市，修建能够行驶电动车的配套基础设施，通过净化空气减少住院人数。此前我们将这一切归纳为"全系统颠覆"。当下决心改变整个系统的时候，之前从未存在的机会就会大量出现在企业家面前。但是，要建设一块能够行驶各种无污染汽车的绿色飞地,就必须首先由政府部门公布建设计划,这样才可能激发人们拿出可行的创业方案。

设想一下,首先在汽车上用电力发动机取代内燃发动机,并最终将其应用在飞机上。我们可以将这一过程想象成电动车与燃油车相撞,将后者彻底撞毁;我们还可以将这个过程想象成建立一套完整的配套系统,确保二者之间实现平稳、快速的过渡。电动车不是与老旧汽车冲突的"一件产品"。它是一套连贯的完整系统,它的成功取决于这个系统中其他元素的正确就位。例如,没有支持电动车长距离行驶的电池,电动车就无法大批量生产。除非在已知地点修建了充电桩,而且在司机的手机或者车内的仪表盘上还能显示这些充电桩的位置,否则电动车就无法发挥其作用。而充电速度需要和给汽车加油的速度一样快,甚至更快。

要做到这一点,机械修理工就需要接受培训,这样才能维修保养新型电动发动机,而司机也需要遵守新的驾驶规则。在停车收费器上能给电动车充电吗?电动车需要能发出易于识别的声响,否则可能撞倒听不见其靠近的步行者。开电动车能改进空气质量,这对社会有何价值需要进行评估。如果开电动车能够将呼吸系统疾病的患病率降低25%,能挽救多少人的生命?如果我们知道这一点,政府就可大幅减少对电动车的征税而仍能赚到钱。能不能减少电池生产对环境的污染?当然,如果能够实现从使用燃油车向使用电动车的有序过渡,国内的汽车制造商就会从中获益匪浅,并处于世界领先地位。这些厂商可以向全世界提供咨询服务。这种有序过渡象征着一种良性进步。你将创造清洁空气的纪录,并由此延长人类寿命。电动滑板车可在自行车道上行驶,可能有助于减少汽车的使用并缓解交通拥堵。

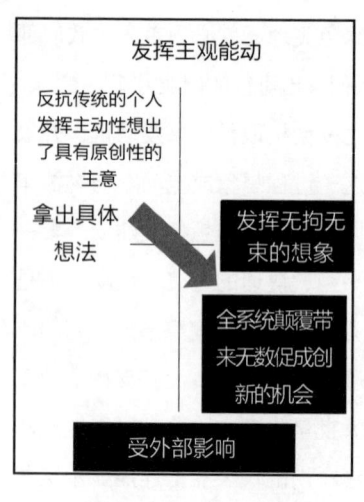

我们可以使用**发挥主观能动—受外部影响**这个维度来在图上表明东西方之间的差异。我们是听从内心的信念,还是抓住那个突然出现、充满诸多机遇的创新飞地所带来的机会呢?这里涉及的是**拿出具体想法**还是**发挥无拘无束的想象**。如果我们将发挥主观能动与拿出具体想法结合起来,就可以将创新的来源描述为:**反抗传统的个人发挥主动性想出了具有原创性的主意**。这位创新者反对一切被人普遍接受的观点。还有一种创新是,**全系统颠覆带来无数促成创新的机会**。这种创新必须由那些致力于设计更新系统的人来进行协调、运作。创新并不是零散、混乱和随机的,而是总体方案中各个元素精密协调、协同发力的结果。右下方象限中的内容再一次囊括了左上方象限中的内容。原创想法是非常受欢迎的,但它们是受到对全新整体的构想所吸引和启发才产生的。这就解释了图中箭头指向右下方的原因。

在这一过程中,公交车和农用车具有一定优势。公共汽车、火车和大部分出租车结束一天的运营后,又回到早上出发的地点,就像农用车一样,而这样的车辆很容易在车站、车库或农场中充电。此外,通过调整车牌费的价格可以强制人们选择电动车或降低电动车的价格。有证据表明,使用电动车,汽车运行成本会大幅降低。而让电动车成为计算所得税时可以扣除的项目、让电动车走公交车道等措施又能加速从燃油车到电动车的过渡。使用电动机驱动的飞机重量将会比燃油飞机轻得多，仅此一项就能将机场附近的房地产价格提高多少？如果我们想有效管理"全系统颠覆"，就必须将此类收益考虑进去。

大量证据表明，东亚正在深入参与到"全系统颠覆"当中。一个具有代表性的例子是马来西亚的森林城市项目，这是一个特意设计出来的生态系统，位于柔佛、马来西亚和新加坡之间的四个人工岛上。①项目承包商是中国房地产开发商碧桂园集团。森林城市是为70万人口修建的项目，已获得一系列美国各建筑协会和联合国颁发的奖项。这个项目的建筑在顶部和侧面都装饰有绿植，侧面设计了多个空中花园。地面完全留给了步行者和电动有轨电车，而停车场和车辆运输则安排在地下。该项目还设有八个污水处理厂，并种植了海草，供养海龟、海马以及其他种类的生物。项目的设计宗旨是让人与大自然进行和谐互动，其运行完全依赖于可再生能源，因此能够自我维持。整个森林城市项目的主要特征是保证健康，具有经济区的地位。所有垃圾都得到循环利用，所有电梯和入口通道均采用人脸识别技术，以减少犯罪。

南京的"垂直森林"项目有两座高层建筑。该项目在释放氧气的同时，每年能吸收25吨二氧化碳。1978年开始的"绿色长城"项目为阻止戈壁沙漠的扩张而种植了大量树。中国还正在兴建众多生态城市。②

同样，发展太阳能需要更高效的光伏电池。有一家地方机构准

---

① 森林城市（柔佛），维基百科。
② 加里·哈默尔（Gary Hamel）：《人本主义：打造与成员同样卓越的企业》（*Humanocracy: Creating Organizations as Amazing as the People Inside Them*）。

备将安装太阳能电池板的部分成本分摊到私人住宅的屋顶上,并以社区收费、房产税或当地税收形式逐步收回成本。要想获得建筑许可证,就必须在所有办公用房和库房的平面屋顶种上绿植,并安装太阳能集热器。此外,还需要以很优惠的价格将过剩的太阳能发电量卖回电网,让"屋顶成为赚钱的生意",这样人们才会有动力对房屋做隔热处理。人们还需要找到在日光照射时间特别短的冬天能够储存能量的方法。最后,还需要为每家每户估算其"碳足迹",碳足迹的数量将会影响房屋出售的价格,降低需要支付的印花税。此前我们展望过的"教练型政府"可以将所有这些措施落实到位,而这些措施都需要彼此配套。

·海尔公司的管理:(1)服务型领导的崛起

中国的海尔公司是世界上最大的白色家电公司。这家公司的最新动向就是提出了"全系统颠覆"。这种创新的生态系统提供了开放创新的实例,具有重大意义。它体现了优者生存的原则。从19世纪以来,官僚主义就一直困扰着西方的企业,而中国很可能消灭掉这头怪兽。

1984年,张瑞敏被任命为青岛电冰箱总厂厂长,当时这家国有公司正处于亏损中。张瑞敏曾让工人砸毁76台质量不合格的冰箱,还将这一场景录制并播放了出来。这次行动让张瑞敏名声大噪。一年之后,政府又将15家经营不善的白色家电公司交给他,希望他能让这些公司摆脱困境。张瑞敏将这些公司集合在一起发展成为海尔集团,并由此逐步发展为世界上规模最大、盈利最多的白色家电供应商,总部位于中国青岛。张瑞敏享有"首席执行官哲学家"的声誉,每年有上万人参观海尔集团,探索公司的管理智慧。张瑞敏的网站每年点击量达到100万次。说他有影响力,那只是一种轻描淡写的说法。据说,他每个星期要读两本书,而且特别欣赏加里·哈默尔、罗莎贝斯·坎特(Rosabeth Kanter)和丹娜·左哈尔(Danah Zohar)这三位西方作者的作品。他还授予这三位作者海尔奖章,并发放了大笔奖金。

我们先将官僚主义视为一种西方的现象。德国社会学家马克斯·韦伯(Max Weber)首先发现了官僚主义,之后这个概念在世界范围内被广泛采纳。"组织"这个词来源于古希腊语器官(organon)这个词。组织就像是一件理性的工具,旨在落实结构上的"科学"的目标。而组织的主导形象就是一台机械设备,位于其顶端的人操作这台设备以实现其目标。组织内部的所有人在很大程度上就像设备的部件一样,完成上级构想并下达的任务。他们运用专业技能,以不带感情色彩的方式将接受的命令转化为行动,形成劳动分工。韦伯认为,领导人分为法理型、个人魅力型和传统型三类。他认为,没有其他划分领导人的可能性,而经营业务很明显需要第一类,即法理型领导。官僚主义(bureaucracy)这个词的字面意思是"桌子的规则"。你用什么样的桌子?你所用的"桌子",或者说是你的职位告诉你要做什么,比如一天生产1000个小装置,或在规定的条件下签发建筑许可证,这些都定义了你这个人。这些就是给你下达的命令,而你也具备完成任务所需的指示和专业知识。你应该能够理解下达命令背后的推理过程,并认同这种过程。不过,无论如何,你必须遵守命令。做决定的是老板,而你只需按命令行事。

我们需要搞清楚官僚主义的产生过程。官僚主义与管理幅度有关。一位或若干位富有魅力的创始人可以领导有120名员工的公司，在公司中，人人都互相认识，彼此可以直呼其名。这样的机构通过在人与人之间建立的亲密关系和非正式的社会凝聚力达到自我管理的目的。员工彼此喜欢，工作时充满乐趣，分享共同的梦想，而且愿意一起实现这个梦想。一旦公司员工人数超过120人，或在120人上下增减，员工在公司里就会遇到不认识的人。这时进行管控，就需要开始借助职位说明、头衔、正式任务和从上到下的规划目标等手段，这样员工就能遵守命令而非别出心裁。员工开始按照职位说明的内容工作，而不是按照自己的想象力或按照客户的需求去工作。员工遵守已经制定的法律法规和标准，而不是用自认为合适的方法去解决问题。尝试新点子是危险的，有了新想法的员工必须首先告诉熟人，没有这些熟人和信得过的同事的酝酿，这些新想法就会石沉大海，不了了之。大公司的组织架构越是严密，其内部消弭异见的程度就越高。大老板想要什么，什么就在公司里受到鼓励，最后就成为不同政治派别发号施令要求完成的任务。员工进行个人创造的内在欲望消失了，客户和客户需求受到冷落。客户变成了局外人，令人无法容忍。官僚主义四处蔓延，没有个性，千篇一律就是它的特征。

韦伯看到了官僚主义的某些缺陷。官僚主义阻碍创新，给最高层领导过度赋权，而下属做出反应的速度极慢。例如，当某个客户提出不寻常的需求，这个需求可能需要自下而上，经过六个层级才能反映到最高领导那里；当领导做了决定，这个决定才会从上到下层层传达。任何一个官僚机构都会对自己没有准备、不在思考范畴之内的事情"视而不见"，它没有能力获得新知。在官僚机构中，几乎所有交流都是从上到下的单向交流，没有什么信息能自下而上到达顶层，供领导做出明智的决定。官僚机构无法处理情感事务，是一片感情的荒漠。此外，在大多数机构中存在不止一派的意见，这些不同派别的意见经常发生冲突。这种机构明确规定，谁职位高就可以随心所欲，而那些从事具体工作的底层员工就应当受人支配。对于这种做法，官僚主义无能为力。

加里·哈默尔教授在《哈佛商业评论》上发表的文章比谁都多，也是《人本主义》一书的作者。在这本书中，他认为，由于官僚主义盛行，美国每年都要损失3万亿美元。许多人预测官僚主义会逐渐消失，但结果却事与愿违，它每年都会吞噬越来越多的经理人和员工。由于大型机构之间相互合并，大公司兼并小公司，美国有三分之一的员工在人数超过5000人的公司里工作。从2004年至今，尽管出现了引人注目的创新，生产率却一直徘徊在1.1%上下，而这一数字在1948年到2004年期间曾一度达到2.5%。迄今为止，许多大公司已经倒闭或破产，安然、美国世界通信公司（World Com）、柯达（Kodak）、凯马特（Kmart）、西屋电气公司（Westinghouse Electric Corporation）和菲利普·莫里斯公司（Philip Morris）等只不过是这些公司中的寥寥数家而已。根据盖洛普民意测验，有相当数量的美国人不喜欢大公司，而哈默尔的调查结果读来让人感到沮丧。经理人抱怨受到重重束缚。79%的人抱怨公司决策缓慢，68%的人认为新思想受到冷落，76%的人说要想获得提升，靠的不是业绩，而是看谁更能耍手腕。官僚主义如此吃香，依赖的是一种线性发展的假设，即在一个非线性的世界，投入更多资金、生产更多商品、扩大更多规模，就能不断发展。官僚主义无法"发展出悖论"，或在同一块天地中处理不止一种逻辑。官僚体制让我们想起输掉越南战争的"令人同情的、无助的巨人"。

张瑞敏似乎找到了机器模式的替代品。他不仅在中国，也在美国建立起了这种模式。1992年，美国通用电气公司曾试图收购海尔公司。当张瑞敏意识到通用电气公司只想将海尔公司当成远程控制的制造子公司时，就中断了谈判。2015年，他收购了通用电气公司，并且用这个品牌在美国扩张，截至2020年年初，扩张速度达到每年不低于20%。张瑞敏与官僚气息十足的官员完全不同，他在中国、美国以及其他国家成功地运用了同一套管理模式。客户才是真正的"领导人"，员工必须满足客户形形色色的需求。在组织中发挥领导作用的是数以万计的供应商—客户关系，张瑞敏的任何个人指令都不能妨碍这一关系。无论他走到哪里，都在帮助员工提供更好的服务，激发员工的热情，做到和员工心意相通，再通过员工将这一切传递给客户。**领导人作为"机器隐喻"的化身**，融**放之四海而皆准的规则、自上而下的决策方式**及**个人英雄主义**于一体，稳坐公司最高层，随心所欲地在幕后操纵着一切；同时，他还领取巨额薪水，由于他还管理着成千上万下属，人们认为他还是"理性"的化身。对于这样的领导人，当然存在替代者。这种当领导的态度，就算不是糟糕透顶，也是贻笑大方。相反，张瑞敏则作为**全身心帮助客户和员工的服务型领导**。无论走到哪里，他都在提供服务，特别是服务于那些参与到实际工作中、急客户之所需的人。这种领导方式，将**发现**

特定需求和**组织团体**创造和服务市场结合在一起。张瑞敏相信，自己的员工能够实现自治，不过，这并不意味着员工要避免与他本人接触。员工乐于和他接触，愿意和他共同努力。有种看法认为组织是机械性的，这种看法代表一种隐喻，而非一种必然。理解这一点十分重要。人们力图模仿毫无生气的机器设备，因为他们认为机器设备才是高效的。设备能够不知疲倦地精确工作，而且还能绝对服从，人们欣赏机器的这种特性并试图模仿它。结果就是人们丧失了想象力、创造力和热情，而这种丧失严重破坏了企业。我们的血管中流淌的不再是鲜血，而是抄袭的液体。我们寄希望于亘古不变的规律，却回避特定的例外。

·海尔公司的管理：（2）微型企业的崛起

张瑞敏设计的模式被称为"人单合一"。"人"代表员工，而不久前这个字更多地指制造商或利害关系者；"单"代表为使用者创造的价值；"合一"代表二者之间一致、和谐与协同的关系。员工或者制造商的价值取决于他是否为用户或客户创造了价值。这种模式追求达到乘数效果。用户手中的产品对这位特定的客户来说，一定要比产品本身更有价值。价值属于产品在使用中所体现的质量及激发价值的方式。例如，用洗衣机洗衣服，有价值的并不仅仅是洗衣机本身，而是高质量的清洗，也就是如何才能让用户对洗衣机的使用感到满意。过程比产品本身更有价值。客户必须学习如何有效率地使用洗衣机洗衣服，他/她才是整个流程中唯一的老板。

组织中的老板往往阻碍这种服务的开展，而且还会不按轻重缓急办事。与其说产品本身是独立商品或物体，不如说是个系统。因此，当客户用烤箱烹饪时，烤箱上方的屏幕可以显示母亲的建议。房间里的装置都由电脑或手机控制。如今，不仅有物联网，还有众多搭载芯片的物件相互连接，通过互联网协同构成各种系统。你可以把海尔的厨房家电都配齐，这样它们就能相互"通信"，协同运行。

保证海尔及其美国子公司通用电气公司创新能力长盛不衰的要诀就是组建由6到20人组成的以服务客户为宗旨的微型企业。此前，我们已经看到，对于创造性企业来说，小团队居于中心地位。海尔的这些微型企业维持了人与人之间的亲密合作关系。这些微型企业的行事风格、公司文化和规模与刚成立的新企业相同或相近。公司的成员通过创新重建亲密合作的关系，他们所组成的团队大到足以为创新提供支持和动力，又小到足以让每一个队员发光发热，发挥领导作用，贡献创造力。这6000家微型企业盈亏自负，员工由过去的中层管理者组成，薪酬来源于公司经营收入。

并非所有中层管理者都愿意加入创业团队。海尔将创业公司的工作内容向原来的中层管理者说明之后，很多人离开了海尔；也有些人留下试着做了，但并不适应新环境；另有一批人非常喜欢这种微型创业公司。总共有1万人退出海尔。那些留下的人及后来的新员工选择了充满机会的生活，依靠智慧和事业心，获得新的自主权，并为参与获得大笔资助的创业活动兴奋不已。他们所需的资金有一部分而非全部来自海尔。这6000家微型企业都有首席执行官，有的面对客户开展业务，有的彼此提供支持，所有企业都要为自己的生存和发展负责。

在倾听客户意见、了解客户投诉之后，企业员工拿出了层出不穷的新点子。有的农户想用洗衣机洗土豆，管道却被细沙堵住了。

海尔本来可以说，洗衣机就不是用来清洗蔬菜的。不过，公司员工却自问，为什么不能让洗衣机既能洗衣服又能洗蔬菜，再设计个装置让管道不被堵住？人们通常采用低温压缩机保证酒窖恒温，不过，压缩机的振动会影响酒的储藏。于是，就有人设计了无须采用压缩机的冷藏方法，结果市场对这种新方法趋之若鹜。海尔还根据学生宿舍和儿童房的需要开发了小型彩色冰箱。至少60%的蔬菜都是干燥的，而冷藏无助于保鲜，因此，蔬菜如果放在冰箱里保存，就会由于氧化腐烂得更快。海尔在冰箱内设计出一个防止食物氧化的隔间，这样，鱼类和干燥蔬菜就可以保鲜至少一周，远超以前的两天。

海尔鼓励微型企业的员工自掏腰包投资新项目，而且必须向海尔说明新项目值得支持，而不能将这种支持视为理所当然。海尔可能邀请风险投资家投资，如果其拒绝，则咨询理由。额外的资本可以通过众筹的方式获取，如果连一众投资家都不能对新项目产生兴趣，又如何能让客户接受呢？如果新的经营项目无法起步，微型企业不会被进行惩罚，但会被记录下来，对其进行分析理解并从中吸取教训。如果微型企业经营失败，可能会被解散，员工会被再分配到新的团队中，其他人也很希望他们能把经营中可能出现的问题及防范措施等重要经验带到新团队。微型企业内部的员工或者外部的人都可要求担任领导人，由员工投票决定是否接受这位领导。海尔的微型企业也可能来自总公司之外，例如，附近的大学，甚至海尔的竞争对手。任何一支小团队，如果有好点子，也有决心获得成功，就可能受到海尔的欢迎，加入海尔，尝试做项目。

总的来说，所有产品都可能被改进，进而向客户提供更好的服务。持续创新就是一种生活方式，它与不断变化的环境保持联系。

客户在变，微型企业要与客户保持联系，也必须求变。来自海尔的资金不仅资助试验，还迅速跟进成功项目，这能让成功的创新项目快速扩大经营规模。过去，通用电气公司只给少数高级经理人发奖金，现在它给6000名员工及向企业提供了关键资源和支持的人员发奖金。有了发明，资金就会接踵而至，所以资金确实对鼓励创新厥功至伟。不过，人们必须首先体现出创造性，之后才能获得注资，而不能一心只求获得资金。人们进行创造，是因为喜爱创造性体验以及这种体验所表达的信念。

微型企业获得平台（即以前的最高管理层）的支持。企业是不是需要1000辆送货卡车、当地的仓储、市场研究、信贷安排和有关纳税信息？企业所在的平台将为企业提供相关服务。当然，企业也可以自由地从平台以外的渠道购买这些服务。这是一家没有边界的公司，但是，平台的使命就是尽一切努力为微型企业服务，而张瑞敏本人也在为平台服务。

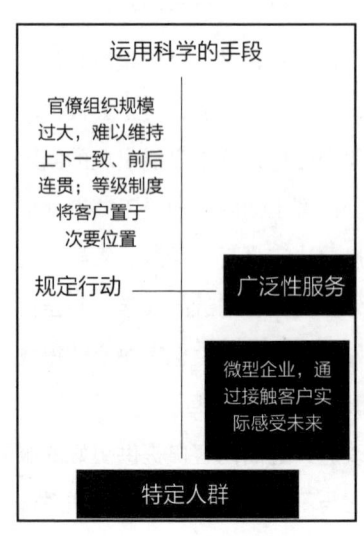

我们可以将这个论证过程图示如下。**运用科学的手段**体现了一种西方价值观，而强制性的**规定行动**则体现了另一种价值观。将二者结合起来，就构成左上方象限中的说明文字：**官僚组织规模过大，难以维持上下一致、前后连贯；等级制度将客户置于次要位置**。不过，这不是唯一的管理方法。我们可以利用**广泛性服务**去寻找**特定人群**的需求。这样，小团队成员就能组成**微型企业，通过接触客户实际感受未来。**数千家微型企业投身于商业环境去探寻客户需求，并建立合作关系。这种行动，正好契合了玛格丽特·米德的话："一小部分精明敬业的公民改变了世界。事情历来如此，这是事实。"就像哥利亚遇上了大卫，庞大的公司要和小小的团队进行对决。

　　海尔的非凡成功可能指向了一个与以往截然不同的世界。我们可以看到，附属于大型企业前端的若干小企业发挥了重要的引领作用，走向致力于创新的未来。请注意，大企业从未真正离我们而去。我们在大企业的统管下嬉戏，在大企业赞助人的资助下学习。大企业就是慈爱而机警的父母，它们发挥的作用就像登山运动员必备的绳索和安全网。如果运动员脚下打滑，他们不会一下子摔死，而是另有机会纠错。有了这层保护，登山运动员才可能承担更大的风险。我们又回到了一个充满悖论的世界，在这里，人们因为有防御措施而有了勇气，而客户也会和供应商共同创造。企业家并不孤单。他们交友广泛，热心的支持者期盼他们获得成功。张瑞敏热心学习西方的管理经验，这一点从上文中提到的他对西方学者的慷慨解囊就已经体现出来了。当丹娜·左哈尔看到自己一生所写的书大部分已被翻译成中文的时候，她倍感惊讶。她格外推崇自治，而这种品质也被孔子所赞赏。微型企业的每一位成员都在成长。

第十一章
价值是类似于事物/客体的存在，还是一种重要的过程？

中国人有自己的价值观，这些价值观既不为神灵所宣示，也没有载于某部宗教经典，而是旨在说明人与人之间应如何以理想状态相处。在西方，人们对宗教，特别是基督教的信仰，在最近两个世纪以来已经缓慢地减弱了。同样减弱的还有人们对价值观的信仰。不过，中国的古代价值观在政治上和社会上获得了广泛支持。政策制定者和商界领袖在无数场合引用孔子和老子的话。价值观依然对社会产生深远的影响。那么，何种价值观在中国古代即备受尊崇，时至今日也依然受到重视？

为保证观点平衡，我们在描述中国价值观时，不但融入了自己的研究成果，还吸收了将中国价值观作为学术课题进行研究的多所美国大学的研究成果。另外，中美两国大学建立的联合机构针对中美价值观差异撰写的报告就该话题达成了跨文化共识，这种共识也体现在我们的说明中。由此，尽管联合撰写报告的人对不同价值观所发挥的作用存在明显分歧，但他们对价值观的描述并没有异议。不过，即便我们将这些价值观仅仅视为意向，其中的差异仍能清晰地反映出双方已采取及未采取的行动。我们将按以下顺序对这个问题进行探讨。

- 不同观点之间的和谐
- 江海所以能为百谷王者，以其善下之
- 中国将东西方价值观融为一体，而西方则让这两种价值观泾渭分明
- 价值观不是事物/物体，而是自然过程
- 中国的企业单元规模更小，增加了当面交流关系
- 牛顿式科学的价值和量子革命
- 秩序从混乱中产生

· 不同观点之间的和谐

实现人类发展、消除贫困和治愈世界的道路不止一条，而是有很多条。本书采用了我们在美国大学里学到的西方方法论，不过，就算以我们进行测评时所使用的概念看，也能对中国做出恰当的分析。但是，中国应该创造自己的社会科学，而如何定义科学的内容，这是由不同文化确立的，对此我们表示赞同。

翁亭友（音译，Weng Tingyou）教授提到，适用于中国和受中华文明影响地区的中式价值观与美国的价值观截然相反。中国倡导社会主义核心价值观，但中国也没有将这些价值观强加给任何其他国家。与苏联不同，尽管中国和西方国家一样到处游说自己的价值

观,但它并不颠覆西方的制度,让西方人皈依中国人的意识形态。[①]其他国家可以选择仿效中国,而仿效与否完全取决于这些国家。人们互相交易是因为他们彼此不同,而不是因为他们一模一样。一国之所造,可能恰好满足另一国之所求。

中国最重要的价值观是和谐;不过,就像演奏乐曲一样,只有让不同曲调完美地融合在一起,才能产生和谐的效果。与整齐划一不同的是,少了变化和差异,也就没有了和谐。当不同国家的人相遇时,双方有可能实现文化融合并互相学习。尽管两国有所差异,身处异邦之人仍可获得灵感,意识到有很多东西尚待发现。这就是几十万中国学生留学美国、澳大利亚和英国的原因。面对差异,你才会醒悟到自己是谁,又代表何种事物,以及可能想要借鉴和采用何种特征。难道这一切就是吹捧和宣传吗?

我们不这么看。中国文化与西方商业实践的融合首先推动了中国香港的经济增长,也促成了中国台湾的快速发展,随后带动新加坡、韩国,现在甚至是中国大陆本身的发展。当文化融合时,就会产生令人惊叹的结果!华人占菲律宾人口的3%,而他们拥有该国70%的财富!永远不要低估文化。从1979年起,如果将华人华侨算在一起,他们拥有的经济实力可成为世界第三大经济体。所有这些移民都接触了西方人,并在与西方人融洽相处的同时向他们学习。

卡内基-清华全球政策研究中心(Carnegie-Tsinghua Centre for Global Policy)出过一份关于中国外交及其受中国传统价值观影响程度的报告。这份报告解释说,有差异就会有矛盾,但实际上未

[①] 中国的传统文化价值观,carnegietsinghua.org

必如此。差异也可以带来和谐与互补。中心思想是统一多样性。孔子有句名言："君子和而不同。"你必须与不同的人共存，这样才有机会形成和谐的局面。

中国曾经遭受过西方长达百年的凌辱，人民被鸦片毒害，由于中国人收缴了西方人带来的鸦片，中国的船只被击沉。这些都是中国人集体记忆的一部分。中国的财宝被有组织地大规模掠夺，其中大部分至今仍散落在欧洲各地。

中国人从这段经历中学到，粗暴干涉他国事务是不能容忍的，因为干涉者凭借坚船利炮将不平等条约强加给了中国人。殖民澳大利亚和新西兰、新加坡和马来西亚的是英国，而不是中国，而荷兰殖民了印度尼西亚，法国殖民了越南。尽管这些被殖民国家到中国的距离比到欧洲的距离要短得多，但它们都遭到了中国以外国家的殖民。中国没有殖民历史，也没有将法律和风俗强加于人的历史。中华文明因其审美品位高、重大发明多而备受赞誉，并广为传播。这一切都可以下图展示。

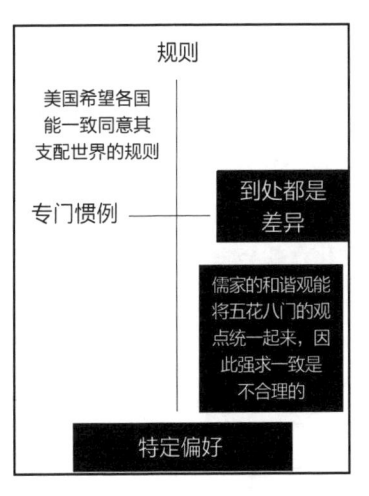

美国追求为整个世界制定**规则**。在美国历史上，有两任总统候选人在普选阶段得票数比对手低的情况下仍当选总统，执掌国家权力。尽管如此，美国却制定**专门惯例**，对各国发号施令，还界定民主的内容！人们不难想象，如果中国也这样做，将引发何等轩然大波。这可以用左上方象限中的内容加以说明：**美国**

希望各国能一致同意其支配世界的规则。美国只关注自己的法律体系。相反,中国看到的是世界上**到处都是差异**和**特定偏好**。尽管人们的信仰多种多样,但中国人相信,**儒家的和谐观能将五花八门的观点统一起来,因此强求一致是不合理的**。表面针锋相对的观点可能会相互支持,增加对方的说服力。

在中国有个众所周知的汉字"茶",代表的意思是"天人合一"。看到这个字,人们对中国在发展太阳能和风能技术、电动汽车和自行车以及低污染航空发动机方面处于世界领先水平的事实就不会感到惊讶了。我们之前就详细介绍了中国正在建设的近300座绿色城市。此外,中国政府最近承诺到2060年实现碳中和。由于眼下各国围绕实现碳中和正在展开一场竞赛,因此,中国有可能提前实现这一目标。显然,能与自然环境彼此协调的企业将发展得更好,并保证企业盈利、保护地球和与人相处这三者水乳交融。[①]

·江海所以能为百谷王者,以其善下之

道家学派创始人老子说:"江海所以能为百谷王者,以其善下之,故能为百谷王。"这话仅仅是个生动有趣的比喻吗?几千多年来,中国就是这样处理和周边国家的关系的。周边国家向中国进贡,以便获得优待,分享中国文化和文明的成果。长期以来,中国一直认为,外国人只要体验过中国文化,就会觉得它了不起。这种看法可能过于天真了。中国的经济增长和活力超过了世界上所有其

---

① 在西方,这三者被称为"三重底线",见约翰·埃尔金顿(John Elkington):《餐叉食人族》(*Cannibals with Forks*),牛津:拱顶石出版社,1999年。

他地区，对此我们再次表示惊叹。这片"大海"也成了皇帝的化身。"欲先民，必以身后之。以其不争，故天下莫能与之争。"河流汇入下游的"大海"，形成海纳百川的局面，因此海面越来越大，也越来越平静祥和。中国保持相对的谦虚和克制，又因它位居"下游"，因此能服务于更大的区域，容纳所有流入中国的河流。这就是中国的实力所在。中国人不像唐纳德·特朗普那样夸夸其谈，也从不宣称必须将自己的利益置于全世界所有国家之上。

这种位居下游，海纳百川的比喻，只是代表了不切实际的理念，还是代表了旨在将中国与世界各国相连的"一带一路"倡议及其1.7万亿美元预算的幕后推动因素？"河流"喻指铁路、公路和航运路线，它们汇聚在"大海"中，而"大海"因此变得越来越有影响力、越来越富有。不过，中国变得越来越有影响力、越来越富有是因为各国自愿与之交往，而非被迫服从它。老子的另一句话是"亢龙有悔"。大国既不应走极端，也不应追求至高权力。各国不应自吹自擂，而应耐心解决彼此间的分歧。人们需要建立"天下为公"的世界，建立一个追求合作共赢、共同发展、彼此尊重、和平共存的世界。要想谋求经济增长，就需要相互学习，就像中国人向西方学习一样。

我们可以用非常相似的维度来表明这种关系。美国宣布了要求其他国家**具体遵守**的**规则**。这些规则适用于全球各地的企业。不管是不是美国公司，任何一家越界的公司都会受到美国的惩罚。二者交汇形成了左上方象限中的内容：**美国是统治世界的超级大国，拥有压倒众生的霸权**。与此相反，众多国家之间**千丝万缕的关系**会酝酿出**特定的需求**。这些需求构成了右下方象限中的内容：**中国就是一片"大海"，能将流入这片大海中寻求互助互利的国家团结起来**。

中国通过迂回手段获得权力,它甘居"下游",能够轻而易举地让各国接近它、接触它。中国对其他国家施以援手,并不附带那么多条件,也不告知受援国该如何自我治理。人们认为,更好的基础设施将改善生活状况,而中国渴望为其他国家提供基础设施。

中国并不要求其他国家模仿它的做法,也不向世界推销中国文化或执政方式。它认为,自

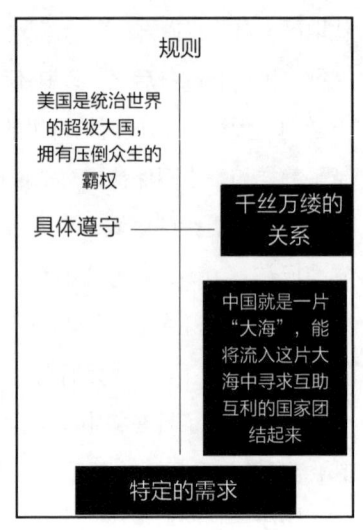

己的文明独一无二、无法仿效,并满足地看到其他国家也像它一样看待自己。正是独一无二的文化之间存在着的众多关系才产生了巨大的财富,进而形成和谐的状态。在下图中,我们将这两个维度交叉,对中美两国进行比较。

美国认为,它来制定**规则**,并根据需要通过制裁和军事干预执行这些规则。这些规则要求强制执行各种**具体做法**,例如要求成立反对党和进行选举,而且声明自己**已经发现了适用于所有国家的无一例外的规则**。与此形成对照的是中国的做法。各国和各地区的发展道路取决于其各自的**特殊偏好**,这些偏好**以各种方式**向四面八方**扩散**。这些价值观共同构成了这样的内容:**儒家的和谐观将形形色色的差异统一起来。整齐划一是不正确的**。中国要求我们将不同的曲调融合起来讲故事,让这些曲调和故事形成一个更大的整体,一个更具包容性的综合体。孔子、老子和佛陀之间天差地别,但在画作中,他们又常被描绘成并肩而行的旅伴。就像这三位先贤一样,

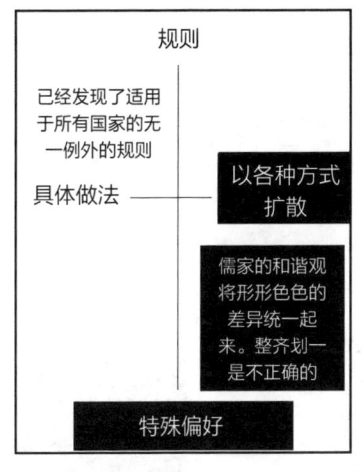

世界各国尽管情况迥异，也能尊重彼此的差异。在公元前500年左右至公元前221年的"战国时代"，中国曾出现过百家争鸣的局面，但这些学派注定要在单一的帝国统治下合而为一。中国寻求复兴的，正是这样一种权威。中国从内心里就不喜欢美国那种互相谩骂的两党制模式。

· **中国将东西方价值观融为一体，而西方则让这两种价值观泾渭分明**

对我们西方人来说，中国的巨大优势在于，它将我们的价值观和他们的价值观相结合，而我们却让这二者保持敌对关系。例如，我们认为规则会受到例外的威胁。因此，我们抵制规则的例外情况，并在维持规则和抵制例外方面打持久战，看谁更重要。中国认为，通过寻找例外，随后施以改革，就可以改进规则。西方往往将价值观用于个人行为，而东方往往将价值观用于全部的人际关系和团体中。将价值观应用于个人行为会遇到很大的困难。如果一个手持利斧的杀人犯问我，我的妻子和孩子藏在哪里，我能说真话吗？如果有人拿枪指着我，我是不是应该自卫？在玩扑克牌时，我应该对疑似作弊者真诚相待还是不加防范？当然，除此之外，建立友好、平等、坦率、真诚、透明和富有同情心的关系显然是最好的选择。价值观能够轻而易举地用于各种关系中，但用于个人则需要多个先决条件。我们必须建立真实可信的关系。在下图中，左边是西方的价值观，中间是中国的价值观，右边是前二者融合之后的价值观。中国似乎已将西方人的价值观与他们的价值观结合在一起，形成了一个内容更加广泛的综合性价值观。这就是中国经济快速发展的原因。

西方	东方		阴阳混合
价值观是放之四海而皆准的，例如"华盛顿共识"	价值观是独到而特别的，根据文化不同而不同	例外被用来……	……改进规则，对于规则来说……
价值观最能体现在个人的行为中	……价值观最能体现在整个团体中	个人重视……	能够培养……的团体
价值观与事物和特定的物体类似……	……形成了向外扩散的统一体和整体	每种特定的价值观……	……都是统一体，也就是重要的整体的一部分
所有的地位，必须来源于成就……	……条件是社会首先将地位赋予了……的壮举	我们所有人必须实现……	……我们的社会赋予了重要意义的目标

类似上面的例子数不胜数。中国将各种价值观，特别是将他们的价值观与我们西方人的价值观融为一体，例如，他们将国有部门与私有部门、教育与商业、合作与竞争、给予与接受、管理层与劳动者、客户利益与自身利益，以及富足与稀缺等都结合在了一起。在西方，我们往往将价值观对立起来，将其视为针锋相对的事物。例如，国有部门，特别是社会主义者，正在暗中策划针对私有部门的行动，密谋向私有部门征税，直到把它们搞垮；教育工作者在许多方面明显敌视商业，而人们也普遍不信任科学；付出是一种慈善

行为，必须与因循守旧的做法划分界限；"管理权"将劳工和劳动人民置于从属地位；我们需要在公平的环境中激烈竞争，否则就会出现"裙带资本主义"，即非法的勾结或串通；如果我赢了，就意味着你输了，否则就没有好戏可看；按照金钱的定义，所有金钱都是稀缺的，共享财富的梦想只是胡言乱语而已；地球对我们充满敌意，不过，我们可以用大量杀虫剂来驯服它。

·价值观不是事物/物体，而是自然过程

西方大部分地区，价值观和价值体系的起源很值得怀疑。我们最初是基督徒，遵循的圣谕都写在《圣经》之中，所有识字的人都应能理解和遵守。"太初有道，道与神同在，道就是神。"简而言之，价值观都是名字。例如，"Prudence"（谨慎）、"Patience"（耐心）、"Hope"（希望）、"Felicity"（幸福）、"Peter"（源自希腊语，意为"石头"）、"Dirk"（源自荷兰语，意为"匕首"）、"Raymond"（意为"明智的保护"）以及 "John"（意为 "承蒙上帝的恩典"），等等。清教徒甚至称自己为 "Flee Fornication"（远离淫行）、"Barebones"（皮包骨）和 "Goodie"（好妻子）。然而，宗教的影响日趋式微的同时，经济学和市场的支配力量却一直在加强。位于经济意义核心位置的是赤裸裸的利己心，这就与基督教格格不入，二者同床异梦。我们这个社会越来越讲究物质享乐，如果宣称某事"无关紧要"——就表示此事并非实质性的，如果声称某事"不算数"——就表示此事不能折算成金钱，应该置之不理。

更麻烦的是，科学从未与价值判断达成和解，以至于分析哲学长期以来一直认为，价值判断是 "无法进行验证的个人偏好表达"。

价值判断被比作舌头上的味蕾,我们对味觉的判断完全是主观的,无法验证。在事实之外,还有我们对事实的感受,而感受是无关紧要的。你无法从"实然(是)"中得出"应然(应)"。我们最好不要让自己感情用事或进行道德说教!当美国哥伦比亚大学的学生抗议大学充当越南战争的"帮凶"时,学校教导主任告诉学生,他们的观点就如同对草莓冰激凌的偏爱一样,毫无意义!这位主任模仿的是哲学入门课的内容,结果校园瞬间炸开了锅,从此开启了一系列学生的反抗活动。教师完全放弃了他们的责任。科技在突飞猛进地发展,而我们的主观价值观却在退缩,这种退缩毫无意义且富含情绪化。

价值观是如何发挥作用的?东亚人对此有更扎实的理解。中国道教以太极图为标志,并以邹衍的论述为基础,而东亚地区就深受道教的影响。道教认为,对立的价值观永远和谐地结合在一起,在动态平衡中来回移动,时而阴时而阳。这一点至关重要。在西方,价值观只有在未被其对立面玷污时才算是"纯粹的",所以,你要完全清白、勇敢、确信、无畏且强大。很少有人意识到,这些美德是虚幻的,若刻意追求,就会走向极端。在西方,我们将自己的做事方式视为**真理**。例如,每个国家都应该有两个或两个以上相互对立的政党。除了**具体**的是非**判断**别无选择。所有这些看法构成了左上方象限中的内容:**价值观是非此即彼的,否则,就会产**

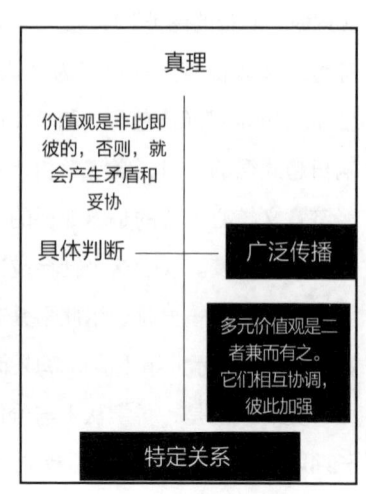

生矛盾和妥协。但在道教世界中，阴—阳价值观在**特定关系**之间广**泛传播**，这就构成了右下方象限中的内容：**多元价值观是二者兼而有之。它们相互协调，彼此加强**。面对问题时，你的价值观会在正义与怜悯、愤怒与自控、怀疑与确定之间的连续体上来回移动，直到恰好契合当前情况才会停下来。价值观不是事物、文字或物体，不会像"十诫"（Ten Commandments）一样被刻在石板上。这些价值观就像池塘表面层层叠叠的波纹，荡漾出一朵朵美丽的涟漪，以和谐优雅的形态契合各种情况。

·中国的企业单元规模更小，增加了当面交流关系

我们一再发现，中国人的人际关系强大而灵活，这一特点推动了中国人价值观的形成。公司与外界形成的互助关系越多，就越能更好地生存与发展。各国的公司在起步阶段都由当面交流的团队成员组成。在初创企业，一小群人制定出彼此相处的新秩序，相较于大公司，能获得更多的创新成果，创造出更多的新工作机会。美国民众喜欢小企业，但讨厌大公司。①这里有一条经验之谈。公司以非正式的方式运作并保持人性化制度的时间越长，就越能延缓官僚习气的蔓延，避免深陷烦琐规则而不能自拔，也不会过度推崇内部等级制度。德国有300万家经营各类细分业务的中小型企业，这些企业构成了德国的部分工业实力。如果企业人数能控制在120人左右或更少，员工就可以通过友谊和默契团结起来，而不是通过规章制度和

---

① 根据盖洛普调查结果，麦基和西索迪亚《自觉资本主义》。

形式化的流程。①许多像惠普和亚马逊这样的大公司，回顾其初创岁月都留恋不已。

中国公司已经想出多种方法，保证在起步阶段不会扩大规模和沾染上官僚气，同时，仍能对当地的商业环境施加相当的影响。和成立一家大公司相比，中国人更喜欢彼此关联的小企业群。它们往往是家族企业，但也并不总是这样。这样，一个大家族可以经营一家公司，而其家庭成员在其他多家类似的公司中也会担任董事。这种安排的目的就是通过提供有价值的本地工作岗位，实现企业群和整个地区的繁荣。企业的创始人、首席执行官和高层管理人员也可能是当地政府官员，或相关人员。地方政府的工作是促进当地的商业发展，并在当地提供工作机会。

本书作者之一李彼德来自荷兰。他对山东省沂水饼干企业群做了研究。刘氏家族经营着四家大型饼干厂，包括宏康、世龙、中杰和杰士利等食品有限公司。非各公司首席执行官的家族成员，很可能会在至少两家其他公司担任董事会成员。这些人的名字很像，因此，就算他们不是亲兄弟，也是亲戚。经营企业所产生的财富在家族成员中共享。如果他们想扩大规模，不会扩张原公司，而是会另开一家公司。在这些规模相对较小的企业中，弥漫着一种家庭氛围，人人都互相认识，个个都在寻求更好的经营和生产模式。一旦找到了，就在企业群中分享。所以，大家都会采用企业群内任何一家公司摸索到的最佳实践方法。模仿是家常便饭，没有一家公司试

---

① 赫尔曼·西蒙（Hermann Simon）：《21世纪的隐形冠军》（*The Hidden Champions of the 21st Century*），纽约：施普林格出版社，2009年。

图超越另一家。各家在各自的地盘内筛选员工,寻找客户。①

在西方大部分地区,我们追求规模经济。饼干产量越高,生产成本越低,因此,大公司可以将小公司挤出市场和/或收购小公司。不过,中国人组建了结为同盟的小公司,这些小公司可以联手购买所需的任何特殊原料,并联合起来向供应商下大订单。这些企业在获得规模经济带来的优势的同时,还能实施范围经济,也就是最成功的企业将其突破性成果与企业群中的其他成员分享,并推广从实践中总结出来的更好的做法。事实上,通过创新获得优势的企业会有一种道义上的责任,即帮助同一企业群中的其他企业,让其他企业采用它们学到的东西,将知识传递下去。正如我们所看到的,中国人尊敬老师,因此发明家的声誉和威望越来越高。此外,就算在同一个省份,不同地区的条件也可能不尽相同,独立的企业可以更有针对性地满足当地人的需求。

独立公司不想做得太大是有充分理由的。人们期待富人与其他人分享财富和好运,他们越是比街坊邻里有钱,这种要求就会越多。如果别人认为你有能力却没有慷慨解囊,你的名声就会受损。因此,独立企业保持小规模的同时,通过企业之间形成集群来扩大规模更容易满足当地人的期望。当企业群中的成员没有成为旁人的求助对象时,刘氏大家族就能将钱保留下来。扩大规模的办法不是做大现有的企业,而是在相邻城市找到另一家企业,将其纳入现有的企业群中。这样,位于相邻之地的公司就能保持当面交流,就像企业内部一样。在企业群中,公司之间的隶属关系也不总是清晰可

---

① 李彼德在中国所做的原创性调查。

辨的，因此，大规模的企业群不总是那么明显。我们可以通过图示来予以说明。

西方对实行**普遍的规模经济**信赖有加。产量越高，每件产品的成本越低。公司作为**个体竞争者**与所有其他公司竞争。这就是左上方象限中描述的内容：**公司通过降低成本和挤压竞争对手而发展壮大**。这看起来是一种明智的策略，但并不是唯一可行的策略。这会导致大型工厂与人们格格不入，人们只有通过加入工会来逃避剥削。另一种策略是实行**特定的范围经济**，也就是让结为

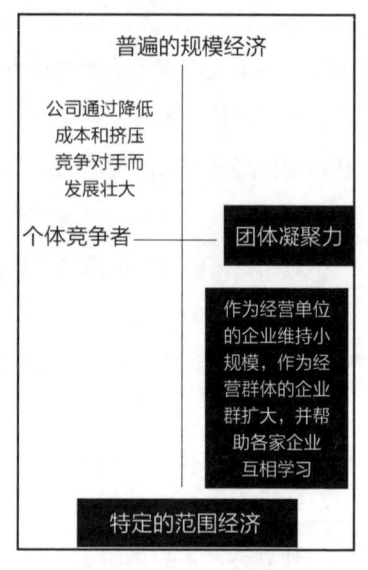

同盟的小公司各自尝试不同的经营方式，并采用最佳方案；与此同时，公司内部也保持着面对面的交流，形成亲密而不拘束的氛围。这种策略有助于建立**团体凝聚力**，让整个产业生态系统作为一个整体成长。所有这些经营方式可用右下方象限中的文字加以概括：**作为经营单位的企业维持小规模，作为经营群体的企业群扩大，并帮助各家企业互相学习**。

企业保持小规模经营的另一个动机是，中国的各个行业分别被不同的中央政府监管部门管理。这些部门包括轻工业、食品、教育、冶金、农业、内贸、商业、航空等。企业规模越大，越有可能进入一个甚至两个监管部门的视野，而不能与住在隔壁、在地方政府工作的另一个刘氏成员进行协商。因此，保持低调，让自己成为

当地不可或缺的一分子,获得政府支持,当个模范公民,才是合算的做法。受内贸、商业和农业等部门的远程监督可能会耗费大量时间,而在某个机构管辖范围内收购一家公司,可能会给收购方带来不必要的关注。考虑到这些原因,中国的企业往往维持较小的规模,并组成能够相互交流又分布广泛的企业群。最终成长起来的是能够分享知识、实现共同提高的整个行业生态系统。

· 牛顿式科学的价值和量子革命

丹娜·左哈尔写了本名为《量子领导者》(*The Quantum Leader*)的书。她的论点是,要成为优秀领导并不在于继承传统的牛顿主义智慧,即"促使"他人自我表现,而在于从量子科学革命带来的崭新且令人更加兴奋的前景中寻找线索。量子革命推动了数字宇宙的形成,但仍须设法让我们意识到,它是常识。左哈尔采用量子物理学作为解决生活和业务问题的隐喻和哲学基础,并提出了若干令人惊讶的洞见,告诉我们自己是如何犯错的,以及如何行动才能改变自己。① 这就是这本书匠心独运之处。

这本书在美国的销量约为800册,但译为汉语后却成为畅销书。左哈尔的肖像刊登在《清华管理评论》的封面,这本期刊相当于中国版的《哈佛商业评论》。海尔集团创始人张瑞敏授予她海尔勋章,外加丰厚的奖金。张瑞敏还自费将左哈尔的所有作品译为汉语。一个国家如何看待科学,其价值观能否肯定和揭示科学真理,这是

---

① 丹娜·左哈尔:《量子领导者》,阿姆赫斯特:普罗米修斯图书公司,2016年。

该国能否实现经济增长的重要指标。我们的目标是要表明，艾萨克·牛顿爵士所建构的世界为推动科技发展、让英国和美国先后成为帝国做出了巨大贡献，但他的成就在组织人类互助方面却惨遭失败。中国人有一种在社会事务中挖掘科学意义的范式，而我们西方人没有，这就是我们的民众抵制科学，以及经济落后的原因。

人们在社会生活中使用大量隐喻。他们从最负盛名的学科中找到能作为隐喻的对象，并将这些隐喻运用到日常生活和常识中。艾萨克·牛顿爵士遗赠给我们的物理学已经渗透到公众生活中，其应用远超物理学的范畴。例如，我们被告知在处理有关人类的事务时要"客观"，尽管事实上我们遇到的人类实体并非物体；而且，将人物化是有严重缺陷的。例如，询问女性作为性对象，她们对于色情作品及其所有差劲细节的看法，就属于将人物化的体现。在日语和汉语中，就没有"客观性"（objectivity）的对应词，也没有我们西方人所赞美的"主体—客体"之间的关系。客观性更谈不上是一种美德了！东方人将我们所称的"客观的"译为"客人的观点"（即天真的和肤浅的）。这就好比一个陌生人进到别人家里，对别人家的人际关系一无所知。

亚当·斯密曾称赞道，我们所有人在内心里都是"中立的旁观者"。这话说得就好像喜欢别人和为人友善是道德上的缺陷。牛顿式的世界观已经深入人心，结果我们将自己视为贪婪的模拟机器，利用真实的机器获得所欲之物。这种中立客观的态度已经演变成市场机制或神圣的机械。我们害怕想象中的机器人，害怕会被机器所取代。

所有门类的科学都基于一个原始范式，也就是一组假设，这个范式告诉我们如何进行调查，哪些内容能构成可靠的知识，哪些不能。这些范式不易篡改,而且构成了此后数十年甚至数百年进行科学研究的基础。它们只有在失灵很久后才会受到质疑,而证明其失灵则会让一生白白探寻,因此,这些范式不会轻易被抛弃和替代。

任何对西方心理学感兴趣的人都知道,其研究成果多为坏消息,而且饱受"物理学的嫉妒"之苦。你可以像社会心理学家所罗门·阿希(Solomon Asch)那样,做个群体压力实验,让实验对象听话、服从。实验者设法让合作者达成错误的"共识",而真正的实验对象为了避免难堪,会同意这种经过人为操纵达成的"共识"。在另一个案例中,为了让人们折磨受害者,实验者假称这是一项关于疼痛对学习的影响的科学研究——参见斯坦利·米尔格拉姆(Stanley Milgram)的研究。就算受害者抱怨心脏不适、假装昏倒,人们仍然会继续电击!而在菲利普·津巴多(Philip Zimbardo)教授所做的斯坦福监狱实验中,被指定为"监狱看守"的学生会对被指定为"囚犯"的学生做出不堪入目的行为。为了防止对实验对象造成严重伤害,实验不得不终止了。[1]

那么,我们是否要相信这就是人类的"本来面目"?我们能够衡量几乎所有卑鄙的堕落行为,但对于幸福和爱,我们没有任何衡量标准!为什么西方心理学要将人性描绘得如此阴暗?西式"科学"能很好地解释我们自己吗?我们可以说自己相信这些结果是真实且准确的,但我们对此有一个与通常给出的解释截然不同的理解。

实验向我们展示的,是实验者对实验对象撒谎,掩盖真实意

---

[1] 斯坦福监狱实验,simplypsychology.org。

图，刺激实验对象，让他们做出可以预测的反应。他们将实验对象置于几乎所有变量都可控的环境中，在自己拥有充分的实验自由的同时，拒绝对实验对象诚实地解释自己的行为和意图。那么，实验对象当然会表现得很糟糕，甚至很残忍。这就是专制者几个世纪以来一直在做的事情。他们撒下弥天大谎，散布虚假陈词，然后尽情利用由此造成的混乱和迷茫。所谓的人性，就是有人利用"科学方法"对这些实验对象所做的一切：彻底误导实验对象，让他们背叛对科学的信任。当我们能够精确地预测和控制实验对象的所作所为时，我们就会产生一种错觉，认为我们成为真正的"科学家"了。不过，要产生这样的错觉是非常困难的，需要研究人员进行彻底的欺骗和操纵。问题在于我们称之为"科学"的范式，而不在于人类本身。

这种范式在物理学中很有效果，因为无生命的物体没有神经系统，也没有追求自主性的重要组织结构。你可以踢足球，但不能踢比特犬，因为后者可能做出激烈的反应。我们可以在不压迫另一个人或动物的前提下"促使"其按照我们的意愿行事，但这样的想法是可憎的。从某种意义上说，我们都是"自由"的，因为信息进入大脑后，会被我们的价值观和倾向所改变，因此反馈出来的东西与输入的内容是不同的。当然，获得的信息会对认知产生很大的影响，不过，我们有能力将接收到的内容重新排序，这可以让我们摆脱最糟糕的限制。日本人的战俘过去常常通过装傻取悦看守，就是利用了日本人的种族主义思想，而且减轻了对他们的侵扰和警惕。

假设实验者实话实说，告诉实验对象他们正在接受服从性测试，就是想看看他们是否愿意在当局的命令下给另一个人造成痛苦，以及看看"看守"在惩罚"囚犯"方面会做到何种程度。如果是这样，实验对象会服从吗？当然不会。众所周知，犹太学生曾经提到过，在一项旨在证明"犹太人不能忍受痛苦"的实验中，犹太人这一组必须忍受比对照组多得多的痛苦！我们反对那些试图诋毁我们并限制我们自由的人。实验者必须撒谎，因为他们打破了平等的社会规范，并试图向实验对象隐瞒他们的支配行为。这展示的并非真正的心理学，只是一种支配心理，会导致可悲而残酷的后果。

　　此前我们曾抱怨，西方科学界的许多人都嘲笑价值判断，而牧师和政治家却将它留下了。东亚普遍存在的民间智慧则与之不同。最近的研究成果表明，这种智慧不仅代表了拥有2000多年历史文明的古老道德准则，还代表了进行科学调查的量子时代的范式。量子革命让我们得知，许多科学现象都具有两面性。以有关能量的双重性的争论为例，西方长期以来一直认为能量是由**特定**粒子或原子组成的，类似于通过牛顿望远镜看到的天体。牛顿相信光是以发光的微粒，即小粒子的形式传播的。然而，还有许多光的现象是以完整的**漫射**模式或波的形式呈现在我们面前的，例如，光波、水波、声波和音乐、电流、磁场、辐射、脑电波、脉搏和心跳、音响效果、电子技术和电信技术。这些现象在示波器、心电图仪、电视和音乐合成器上得以显现。它们在很大程度上代表了未来的科学。

　　丹麦物理学家尼尔斯·波尔提出了著名的互补性原理，指出能量有两种截然不同的性质，它以粒子（具体的）和波（漫射的）两种形式存在。但是，我们不能同时观测到这两种形式。为了观测粒子，我们必须使用粒子探测器；为了观测波，我们又必须使用波探测器。简而言之，我们的发现取决于观察的视角以及选择何种工具，而文化就是其中之一。我们偏好的价值观会影响我们的观察结果。科学是通过我们的先验假设进行筛选的，它在一定程度上是由我们建构起来的。那种认为视网膜能"客观地"反映上帝创造的现实世界的想法并不可信。互补性原理如下图所示。

互补性原理

粒子

波

这种处于科学知识核心位置的二元性非常接近我们提到的"具体—广泛"这个维度。在西方，我们认为，价值观是具体的物体和美好的事物，而中国人则认为，价值观是和谐的彼此相衬的波形。而后者才是更具包容性的视角，包含了前者的视角。如果尼尔斯·波尔是对的，那么，模糊性就是知识的根源，科学有两种视角，而不是一种。我们永远悬置于一阴一阳两种对立的观点之间。

将阴和阳加以区别的价值，还受到另一个科学发现的有力支持，即我们有两个分工不同的大脑半球。左脑与占主导地位的右手相连，在思考时侧重于更具体、更规范、更抽象、更果断、更理性的内容；而右脑与左手相连，在思考时侧重于更广泛、更注重经验、更具体、更被动和更直观的内容。张海花（Helen Zhang）在《像中国人一样思考》（*Think Like the Chinese*）一书中说，作为样本的中国人更多地使用右脑，这不但解释了中国人更注重事物关联的原因，也充分证实了双重视角的存在。在下图中，我们看到，使用左脑会产生更有条理的观点，这种看法解释了西方价值观的形成原因；而沉浸在和谐乐音中则是非常具体的体验，更依赖于使用右脑。

人类大脑左右半球的分工

左脑
普遍的/具体的/按次序的

右脑
特定的/广泛的/同时的

从西方和东方价值观所使用的隐喻中，我们获益匪浅。我们所说的"杀伐决断"和"当机立断"这两个词均源于"切断"（de-cido）或"切入"（in-cido）。我们往往用刀片做隐喻，将一种价值与另一种价值截然分开，而中国的老子则用在风中起伏不平的河流和海面，以及在风中摇曳摆动的叶子和青草来比喻价值观的变化。西方将价值观比作万古磐石，并请求"万古磐石为我开，容我藏身在主怀"。这种观点将价值观视为神圣的、坚定的物体，比区区肉身更为强大，我们身处其中而得到庇护。其实，价值观必须依人类的意志而改变，就像我们在等信号灯，或遭遇传染病大流行等类似危机时也需要做出改变一样。起初，阴阳被认为是笼罩在山顶的翻腾缭绕的氤氲雾气。这雾气代表着大自然的所有韵律和季节，就像吸气和呼气、入睡和醒来、哭泣和欢笑，以及永不停歇的所有循环。

当丹麦表彰著名的理论物理学家尼尔斯·波尔时，提出让他设计与荣誉头衔相匹配的纹章。波尔选了太极图中的阴阳作为盾形纹章的主体设计。这个图案象征着他已做了诸多说明的量子革命，如右图所示。波和粒子是能量的双重基本性质，这两种属性需要依次考虑，并且在任何时候都相互排斥。能量的本质是所有科学寻根探源需要解决的难题。牛顿本人自比为一个自得其乐的男孩，"在海滩上玩耍，寻找更光滑的鹅卵石和更漂亮的贝壳，而真正的大海尚未被探索"。这个比喻非常有名。但他似乎

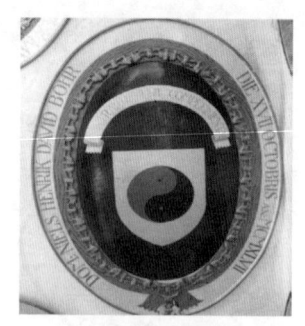

波尔的纹章

没有理解的是，波浪与沙滩上的鹅卵石完全不同，需要不同的范式才能加以解释。波浪是不可分割的整体。

无论如何，科学本质上是人类神经系统工具与自然界中一切事物之间的相互作用。大脑的运作方式会影响我们的发现。我们听不到狗哨声，因为我们的耳朵无法感知那种频率。所有这些都类似于沃纳·海森堡（Werner Heisenberg）阐明的不确定性原理。当我们研究电子时，可以确定它的位置，但把握不了它随后的动量，因为它实际上不是静止不动的；同样，我们可以测量它的动量，但又会失去它的位置，因为它的位置变化极快。我们的选择再次影响了我们的发现。科学依赖于价值前提。东亚拥有与数字革命相一致的价值观框架，而西方的许多国家则将价值观主体拒之于科学的大门外。我们将大量时间浪费在吵吵闹闹上，为那些各自都有一定道理的主张大打出手。英国脱欧就是价值观虚假具体性的一个典型例子。我们将价值观视为主权货币中难以驾驭的部分。

许多人认为，量子物理学都是些高深莫测的内容，只有聪明过头的人才会在深奥而富有理论性的对话中提到它。事实上，量子物理是一门有用且实用的科学，而且用途越来越广。量子技术层出不

穷，超流体、超导体、眼部激光束术、硅芯片、正电子发射型计算机断层显像扫描、笔记本电脑、智能手机和平板电脑，甚至任天堂游戏机、X-box游戏机和Wii游戏机都是基于量子原则制造出来的。量子物理学的技术应用在自然界无处不在。凭借眼中的电子，鸟群中的鸟能在不互相碰撞的情况下成群飞行；人类大脑中神经元的放电和脑电波本身就是根据量子原理工作的，同时还影响着大脑的一切功能。丹娜·左哈尔在她的新书提案中发表了以下评论：

"有了硅芯片，数字革命才有可能发生。今天我们使用的每一种数字工具或数字服务，从电脑到智能手机、智能电器、视频游戏机以及因特网本身，都是在有了硅芯片之后才出现的。而硅芯片又来源于从量子物理学中获得的知识。与所有使用激光技术的设备一样，数字工具依赖于超流体或超导体等固态系统。"

我们更偏爱哪个类型的科学很大程度上受我们倾向的文化类型的影响。其实，我们可以从文化的角度来考虑对科学的追求。图解如下。

如果我们相信存在一种能够规范**特定对象**的科学，就会进入牛顿式的物理世界。在这个死寂的宇宙中，原子像弹球一样弹射碰撞，一种力与另一种力相互作用，一切都由专家单方面决定。左上方象限中的内容对这种科学做了概括：**一门关于因果关系、预测和控制的自然科学**。在这样的科学中，任何模棱两可的东西都被排除在社会科学的范畴之

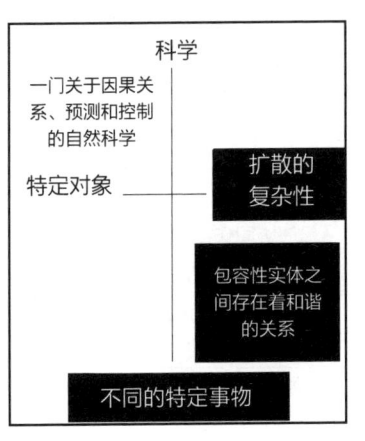

外,实验者通过耍花招、行骗和压制获得她/他想要的结果。另一方面,如果我们相信**扩散的复杂性**影响着许多不同的**特定事物**,那么,我们就进入了右下方象限的量子科学领域,其中**包容性实体之间存在着和谐的关系**。在一个由复杂的、彼此互动的适应性系统组成的世界中,看似对立的事物涌现、互动,并以崭新的方式融合,这又促进了数字经济的快速发展。

左哈尔对牛顿的世界观和量子世界观做了以下区分。请记住,这些区别是构成科学方法的基本原则、理想和隐喻。它们本身并不是科学。领导人在实践中如何解决问题,取决于他们从以下任一栏或两栏中借鉴的想法。但是,鉴于人们渴望一切都应"符合科学",我们所认为的可靠的、适合代代相传的知识,也应当是符合科学的,这一点非常重要。

牛顿世界观	量子世界观
确定性/清晰度	不确定性/模糊性
可预测性/控制	意外/中断
劳动分工	劳动整合
自上而下/从中心向外	通过互动共同创造
一个最好的方法	许多不同的路径
冲突与竞争	融合与合作
输赢关系	双赢关系
高效/具有成本效益	有效果/有意义
整体是部分之和	整体大于总和
因果关系	协同作用/相互关系
稳定的/有序的	混乱的/动态的
自上而下地管理人	人们自我管理
清楚地划清边界	边界被超越
通过玩有限的游戏来获胜	通过玩无限的游戏来提高

续表

牛顿世界观	量子世界观
超然/中立	依附/参与
有计划的	自发地出现
实体定义彼此之间的关系	关系定义实体
我们观察那些与我们分离的事物	我们的注意力是有目的性的
决定论和控制	非决定论和信任
非此即彼的二分法	兼顾与包容

上述最后一组对比特别重要。左哈尔没有说左栏中的内容就是"坏的",右栏中的内容就是"好的"。如果有人这样认为,那就误会了她想传达的信息。她的意思是,右栏中的内容有可能包括左栏中的内容,但反之则不然。如果你接受模糊性,那么某些微妙的元素也可能逐渐明朗;如果你能够接受铺天盖地的混乱,就可能从中找到一些关键的可控元素,它们就像顺风,助你一臂之力。如果你拥有所需要的各个部分,那么接下来的挑战便是将它们联结成一个更加宏大、更有意义的整体。

如果你的公司团队能够有效地融合与合作,公司作为一个整体就会更具竞争力;如果你重新定义自己的边界,新边界可能更为合理。从自发帮助客户而诞生的成功中,可以设计出崭新且更好的策略。人们是先存在后建立联系,还是关系塑造了人们的本来面目?我们看待世界的方式和对工具的选择决定了以后将发现的事物。使用粒子探测器观察,你会看到粒子;使用波探测器,你会"发现"波。成功的"量子领导者"不会认为上述两列中的成对价值观是针锋相对的,而会认为它们是互补的。

在所有科学门类中,最早发展起来的是天文学,其次是物理学。牛顿将望远镜对准由岩石和气体组成的、远离人类及其居住地的行星宇宙，相应地总结出了超然世外的科学范式，推翻了人们此前关于星星的所有传说。正如他在剑桥大学三一学院的同代人约翰·邓恩（John Donne）所写的："新哲学让一切受到怀疑／火元素已被彻底熄灭／……万物分崩离析，内在的连贯性烟消云散，一切只是供给，全部都是关系。"这是一次重大的文化冲击。难怪我们在心理学上被视为棋盘上的棋子，我们试图强行推动进化，结果与我们共享这个世界的生物却面临大规模灭绝。埃德温·阿瑟·伯特（Edwin Arthur Burt）说得好。在牛顿的世界……

"人已沦为微不足道且无关紧要的旁观者……被囚禁在一个黑暗的房间里。人们曾以为自己生活在一个色彩斑斓、声音悦耳、芬芳四溢的世界……到处都在谈论实现目标明确的和谐状态和富有创造性的理想——而现在，这个世界却被强塞进散落四处的有机生物大脑的微小角落中。外面那个真正重要的世界却坚硬、寒冷、沉闷、寂静、死气沉沉。"[1]

我们的双眼只不过是视网膜，反射了上述现实。任何事物，无论重要与否，都遵循时间和运动的绝对法则。科学只是在不考虑人类及其古怪行为的时候才是精确的。参与到科学研究中的人类因素越多，科学学科的声望就越低。人类学家埃德蒙·利奇在里斯讲座[2]中这样解释：

"数学家一直都非常受人尊敬，同样受人尊敬的还有天文学

---

[1] 《近代物理科学的形而上学基础》（*The Metaphysical Foundations of Modern Science*），纽约：锚版图书，双日出版公司，1955年，第104页。

[2] 里斯讲座（Reith Lectures）是英国广播公司（BBC）每年举办的公开讲座。其始于1948年，旨在通过邀请知名学者、科学家、艺术家和政治家等各界精英，探讨各领域的重要议题，传播知识与思想。——编者注

家、物理学家和理论化学家,这些人研究的是有关物理世界的构成的理论。这些理论反映了客观现实,枯燥而乏味。但是,科学家对与人类直接相关的事物越感兴趣,他的社会地位也就越低。科学界真正的败类是工程师、社会学家和心理学家。更确切地说,如果心理学家想进入科学家的行列,他必须研究老鼠而不是人类。同样的规则也适用于动物学。解剖肌肉组织比观察动物在其自然栖息地的行为更受人尊敬。"[1]

我们已将科学定义为可预测、可控、稳定、有序、客观、清晰、确定、明确、抽象、定量、静态、稳定的,最好是无生命的东西。不过,人类有一种能力,就是将所接收到的外部信息重新排序,因此,人类所研究的科学就不可能具备上述特质。就算是亚原子物理学也做不到。人类有个习惯,就是将一切都简化为最小和最基本的组成部分。他们最终会发现,构成人类存在的本质是不可简化的、动态的整体。电子围绕原子核,像旋涡一样飞速旋转,其中充满正负电荷,同种电荷相互排斥,异种电荷相互吸引。所有物理现象的中心都是混沌,但这不是无意义的混沌,而是动态的、湍动的、完全不可预测的、由相反类型的能量组成的能量波。左哈尔认为,量子领导者在混沌的边缘运作。他们不会跳进旋涡的中心被吞噬,也不会放弃所有的控制权或影响力。相反,其身处一个又一个紧急事件的旋涡中,会为持续的控制而努力。在你的脑海中,各种想法纷至沓来,因为这样发现新的关联的机会会大大增加。他们鼓励人们广泛参与,因为至少有一两个人可能会提出奇思妙想,而这

---

[1] 埃德蒙·利奇:《失控的世界》(*Runaway World*),英国广播公司讲座,1968年,第10页。

些建议或许是相关的。秩序从混沌中产生。它既受自然规律支配，也是流动的、动态的。当遇到意外事件时，就会发现自己的韧性。动态系统仍然可以实现某种平衡，就像第一章中所描述的滑板手一样。在复杂的适应性系统中，双重属性互相交织，就像旋转着直线飞行的飞盘，又像随着时间的推移进化出生存策略的有机生命。前文中右栏所列的价值观比左栏所列的更具包容性，而左栏是右栏的特例。处于"边缘"的全部意义并非不被湍流淹没，而是要找到一个不够稳定的落脚点来亲身体验。两栏列出的成对价值观根本就不是"事物"，而是在同一整体上来回移动的对比项。

· **秩序从混乱中产生**

如果我们给混乱一个机会，新秩序就会从混乱中现身，这就是真相。正是由于自由市场带来了混乱，由中国政府主导的新秩序才得以出现。这是一个在中国艺术作品中反复出现的主题，描述了邓小平如何带领中国走向改革开放之路。我们必须让客户的新需求源源不断，让自己应接不暇，否则永远学不会在这种动态中看到新的模式。扰乱市场的好处在于它是你自己制造的混乱，由你的干预促成，你很可能会比其他竞争对手都更早地适应这种混乱状态。你沉浸在由自己引发的行情波动、经自己一手制造的混乱当中。众所周知，有创造力的人容易焦虑，也更能从挫折中振作起来。这样的人做事更杂乱无章，也更善于重新排序；他们的思想更开放，但在做决定时态度也会更保守；他们对运气的眷顾早有准备，因此也更幸运；他们做事更依靠直觉，但也更富有理性。下图描述了中国艺术和文化体验的全部流派，这样的图画有数百张之多。龙是秩序的象征，在这幅画中，多条龙从旋风和量子能量的旋涡中涌现，并被创造出来。

秩序之龙从混乱中出现

我们往往认为，所有这些理念能在中国奏效，是因为文化具有兼容性，而在美国等西方国家却行不通，但事实并非如此。2016年1月，海尔收购了位于肯塔基州路易斯维尔的通用电气公司，这是一家经营亏损、不受重视的公司。在这家破产的公司中，少数高层管理者拿走了几乎所有奖金。尽管人们搞不清楚，导致亏损的这些人怎么还能拿到奖金。该公司在海尔公司的指导下，采用了本书中介绍过的由张瑞敏发明的"人单合一"的业务模式，以及6000人都能分到奖金的奖励方式。两年后，公司实现盈利，迅速扩张，其市场份额大幅增加，成为奉行平等主义业务经营模式的典范企业。如果中国的企业经营模式能够在美国南部行得通，那么它在世界范围内也可以。这是我们的混沌与秩序图。人们认为，自由市场体现了经济科学本身，除了受游说者影响外，必须不受干扰。

在右侧图的上部，写着**个体相互竞争**的**全球共同市场**。这种放任自流、各自为战的市场导致资源最丰富的个人会以牺牲资源较少的个人为代价获利，而人才也会自然而然地脱颖而出，通过最优秀的竞争者的才能，让整个社会变富裕。在左上方象限中，**市场机制奖励赢家，惩罚输家，并且必须单独运作才能奏效**。但这并不是唯一的方法。在市场中有许多**特殊的机会**，比如，吞噬

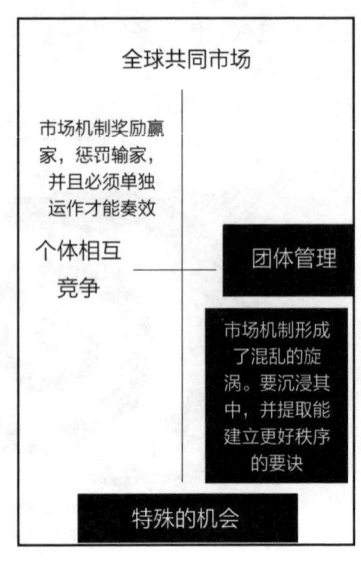

废塑料的酶、太阳能技术。这些可以被视为帮助**团体管理**的手段。右下方象限的文字表达了中国人对经济的态度。**市场机制形成了混乱的旋涡。要沉浸其中，并提取能建立更好秩序的要诀**。政府的任务是优先考虑能解决问题的技术，然后再将这些技术推广到全世界。中国政府从市场涌现的技术中选择可以拯救世界的技术，然后通过国有企业赋予它们战略重要性。最受重视的技术包括通信技术和卫生基础设施。中国承诺到2060年实现碳中和，为此将优先改善生态系统。凭借这些努力，中国将获得世界领先地位。

第十二章
中国（和美国）的不足

也许有人会说，我们写这本书就是为了给中国找借口；而实际上，当你尽力了解一种文化的时候，还是要对它做出判断，而我们明显缺乏批判性判断。有人说，中国对世界秩序构成了威胁，我们虽然意识到这一点，但无从指出威胁在何处。当然，像所有其他国家一样，中国也有不足之处。我们将在本章涉及美国的不足，尽管对此的评论只有寥寥几笔。美国的不足与中国的不足在逻辑上恰好相反。一个充满煽动性言论的世界对任何人都没有好处。如果我们能提醒读者认识到美国的缺陷，就会给这场两国间的纷争带来一定的分寸感，并提醒我们，双方都必须避免过激行为。

中国和美国都需要向对方学习很多东西；不过，由于近来的摩擦，两国能从对方学到的东西受到一些阻碍。两国都拥有对方所缺少的、迫切需要学习的东西，有时甚至到了十分迫切的程度。两国关系如能有所改善，将非常有利于相互理解、传播和采用各自的价值观。如果西方一味谴责中国的所有成就，就无法从中汲取经验。每个国家所采取的极端做法因彼此的敌对立场而被夸大了，我们试图通过本书来缓解这种情况。我们将按以下步骤加以论证。

- 所有文化上的缺陷均源于被过分强调的文化实力
- 区分恶习与美德的模式
- 普世主义往往被推向极端,单一主义也是如此
- 中国选贤任能的制度在世界上无与伦比
- 广泛性思维和具体思维都可能走向极端
- 自律和长期主义可能会走向极端,放纵和短期主义也一样
- 在中国,通过协商解决所有分歧,使利益趋于一致
- 中国能够永远改变国家之间争夺权力的方式吗?
- 合众为一,还是万众归一?有关"天下"的哲学

· 所有文化上的缺陷均源于被过分强调的文化实力

我们到哪里寻找中国(和美国)的不足?我们考虑了两国引以为豪和最负盛名的价值观,这些都是它们面向全世界和所有人展示的,能够体现其道德目标和领导力的典型价值观。中美各自的价值观展示暴露了一个问题,那就是不要夸大价值观,这样做的后果弊大于利。两国各自的缺陷在很大程度上源于其自信。当某些价值观的组合似乎行之有效时,要对其进行调整或使其放慢就很困难了。例如,有人看到某些团体运动达到了预期效果,就认为多办几次这类运动效果更佳。当全体国民团结起来,为打造一个新世界而不顾一切地要超越其他国家时,他们的行动就具有某种划时代的意义。人们因团结一心而感到无比强大,他们的民族决心势不可当。这是一种令人兴奋不已、热血沸腾的体验。

不过，如果某些事情的起因是错误的，比如全面攻击中国传统价值观，也可能以失败告终，而事实也正是如此。美国也同样在走向极端。它宣称自己是一个其他国家应该仿效的新世界。美国已拥有的核武器足够多次毁灭地球，当它声称要制定所有人都要遵守的法律，并永远将自己的利益置于任何国家之上，作为一个超级大国，这种做法是过分的。如果插手管理东亚事务的同时还杀害了200万越南人的国家是中国而非美国，我们可以想象西方媒体会有多么愤慨。

但是请注意，中国动员本国人民的能力就像它成功控制住新冠病毒时那样，是极其宝贵的，而且凭借这种动员能力，中国拯救了自己的经济，不像其他国家一样遭遇经济衰退。同样，美国的力量保护了欧洲大部分地区免受苏联的影响，但对任何违背其命令的行为威胁实施经济制裁则太过分了，就如同在原子外交中使用核武器威胁一样。

·区分恶习与美德的模式

本章将使用以下模型来区分美德与恶习。位于无限之环顶部的价值观发挥良好的作用，而底部的价值观则造成伤害。邪恶一旦走向极端，就等同于美德。任何看似有效的成套价值观，一旦被夸大或过度发挥，都会激发人们的热情。雅典帕特农神庙雅典娜雕像底座上镌刻的古雅典格言就是"凡事勿过"，孔子和老子的观点与此极为相似。

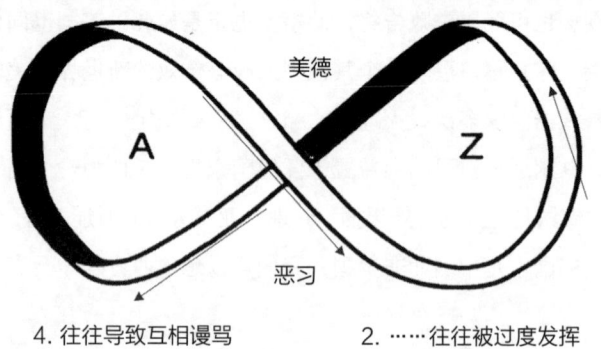

- **普世主义往往被推向极端，单一主义也是如此**

本书第三章认为，中国人更喜欢建立特定的私人关系和相互承诺，而不喜欢依靠法律合同办事，也很反感威胁起诉打官司的做法，因此能建立许多双赢的合作伙伴关系；而西方更喜欢的是，起诉的双方中有一方受法院支持，另一方败诉后支付费用。相比那些充斥着处罚条款和附加条件、拒绝随情势变化而改变的协议，通过人与人之间的关系建立深层次的联系更加灵活，也更具包容性，对需求更敏感，也更有裨益。然而，这种人际关系更容易导致腐败。在两方或多方同意的情况下，腐败可能会以牺牲第三方或公众的利益为代价。众所周知，亚当·斯密就说过一句名言，商人达成一致，主要就是为了操纵价格！在很长一段时间，中国受困于腐败问题，并与之展开了不懈的斗争，直至今日。事实上，面对腐败，历届中国政府都发誓要减少这种现象。现任中共中央总书记习近平大大加强了打击腐败的力度。

为什么会出现这个问题？部分原因是按照中国人的规则，送礼是为了加深信任和发展关系。但是,为了建立或加深友谊而送礼的行为到什么程度会变成贿赂呢?这与送了多少礼和送礼的原因有关。其实,在许多情况下,人们对送礼人的意图会起疑心。如果我是一个潜在的供应商,为了拿到合同而报了个很有可能会让自己赔钱的低价,那么,我这么做是属于贿赂,还是为了加深某种至关重要的关系?如果我的报价被接受,而且合同的交易量翻番,至少能让我收支平衡,这么做算是投桃报李还是行贿?如果我由于做了这些交换而被指定为唯一供应商,并获准在成本中增加10%的利润,这种做法是否算腐败?什么时候互惠关系变成了同谋?任何亲密关系不都在某种程度上排斥他人吗?我们应当禁止与供应商和客户形成不设边界的关系吗?可以说,只要将其他人排除在竞标过程之外,而选用了偏好的合作伙伴,这种双赢关系就是"腐败的"。

腐败的另一个原因是,政府与企业之间存在着广泛接触。政府既可以为企业发展铺平道路,也可以为其设置障碍。中国各地区为招商也彼此竞争,因此,建立密切的政商关系十分正常。对政府和企业来说,一旦企业生意兴隆,整个地区都会从中受益。

在西方,我们将上述情况称为"利益冲突",事实也的确如此。但整个学说所基于的假设是:大多数利益是属于个人且相互对立的。如果我的工作是监管,那么我就不应该与受监管的财务活动存在利害关系。不过,在许多情况下,利益又是相互的,这又将如何呢?如果生产电动农用车辆的工厂生意兴隆,就会符合地方政府的利益,因此,那些有可能导致公司发展减缓的规定就应当放宽!这样做可以提高工资,增加产量,造福当地社区,保护环境。将这种放宽称为"腐败"可能会减缓经济增长速度。法律应当以建立最好和最具创新性的关系为宗旨,为此我们应该首先允许人们建立各种关系,之后认可并使最富有成效的关系合法化,禁止剥削性的关系,并将我们想要实现的成功案例作为典范推广。这才是人们最想看到的。

在这里,不是说对腐败不应采取任何措施。如果将腐败定义为通过贿赂手段从公职谋取私利,那么,此类行为猖獗时,会拖累经济发展,因为商家为了消化行贿成本,会将劣质产品强加给客户。中国现在申请了世界上大部分专利,如果这些创新型专利转化为优质的产品,对人们的利益将是无穷的。因此,要发展一国的经济,就必须让人选择该国最具创新性和最优质的产品,而不是那些伴随着巨额贿赂生产出来的产品。

多年来,腐败的蔓延程度有所减少,但大案要案的腐败金额越来越大。不过,就算如此,中国的表现仍然胜过世界其他地区十倍。

调查表明,本地人受教育程度越高、反腐力度越大、立法机构中女性人数越多、媒体监督越频繁、省份工资越高,腐败现象就越少。我们应当指出,新加坡是世界上腐败最少的经济体之一,因此深受跨国公司的欢迎,该国的商法首屈一指。这表明,密切的人际关系和法治可以结合,但并不一定会影响彼此。它还表明,正如我们在整本书中所讨论的,东西方可以按照最佳方式将各自的价值观结合起来。中国能够向西方学习,而且正在这样做。《经济学人》的报道称,西方诉讼当事人在中国法院打赢了近80%的专利侵权案件。这表明,中国正在真诚地清理此类侵权行为。[1]

有人专门研究体制腐败,将其视为国家的癌症。一旦国家过度地干预经济,而忽视市场的力量,政府部门和私营企业之间的公私

---

[1] 《经济学人》,2021年3月20日—3月26日。

结合就容易变质。赚钱的人会贿赂制定规则的人，而执掌权力的人则会被卷入可疑的经营活动中。

中国解决腐败问题，任重而道远。美国以世界警察自居，宣称它所制定的大量严格的法律具有普遍管辖权，要将这些法律强加于其他国家。而在此过程中，它要面对深陷其中带来的巨大风险。与此同时，各国都有其他国家所缺乏和需要的东西。美国拥有"法治"，并试图将其控制范围扩大到世界大部分地区；中国则拥有建立和发展特定人际关系，在人与人之间形成默契的力量。

·中国选贤任能的制度在世界上无与伦比

作为世界上人口最多的国家，中国拥有长达数千年的文明史，它在很大程度上奠定了整个东亚的基础，东亚各地都愿意采用它的制度和习俗。这正是中国获得强大实力和长期成就的原因所在。在应对新冠病毒危机时，中国能够组织和动员人民，控制传染速度。中国能够让所有商业组织和社区服务于国家的目标。中国各种类型组织的成就几乎超过世界上所有行业，这一点越来越明显。在英美等国，紧张的劳资关系伤及本国经济，而中国就不存在这种问题。中国人民团结一致创造财富。

认为中国是个"专制"国家是不对的。如果中国人只知道奉命行事，且思考和行动都不敢逾矩，在这种情况下每年还能申请170万件专利，成为世界上申请专利数量最多的国家，做出如此大规模的创新，不能不说是个奇迹。2019年，中国的出境游人数达到约340万，这些人如果感到自己在国内受到迫害，出境后就不会再回国了。在海外，绝不缺少能与他们做伴的富裕华人。与中华人民共和国居民相比，被压迫人民的创新观念要少得多。

真正的集权主义已经在全世界范围内失败了。因为集权主义者无法从经验中学习，也无法听取他人的意见。中国没有出过这样的领导人，而是一直奉行选贤任能的制度，这种制度深受讲究和谐与谦虚的儒家价值观的熏陶，在世界上无与伦比。如果我们要寻找中国的缺点，那么我们必须关注的是社会对人们施加的过度压力，希望人们遵从群体意见。

以邓小平为例，中国人认为他是一位英雄。邓小平让中国重新融入了世界市场，并让中国取得了非凡的经济成就。他三起三落，被批斗过，被下放到拖拉机厂，被要求当众做自我批评。他熬过了这一切，直到重新成为国家领导人。有人认为，要不是他推动改革开放，中国的崛起可能会推迟。

·广泛性思维和具体思维都可能走向极端

在这本书中，我们自始至终都在说明，中国人做事以人际关系为导向，尤其是建立和维持深厚的、互信的、双赢的人际关系，这让中国受益匪浅。西方喜欢分解和分析事物，而中国则着眼于整体，注重整体质量和完整体系，例如，致力于构建绿色城市，建造全球的交流网络。相反，西方更愿意将复杂的事物拆解为数字和底线，关注所有特定细节。金融高于一切，华尔街与普通民众脱离开，股东与利害关系者存在隔阂。

审视一下市场趋势和走向，我们就能发现，市场正朝着追求全面质量、产品间互联互通，以及构建整体模块化体系的方向发展。产品的价值不再仅仅取决于其本身，而更多地在于当顾客按照推荐方式使用它们时所获得的满足感。这不仅与产品本身有关，还涉及产品的制造、分销和使用这一流程。有了这套流程，产品价格会更加低廉，质量反而更好。它附带了产品最佳使用指南，或者，顾客可能需要接受培训才能让产品发挥最佳使用效果。事实上，越来越多的公司正在销售使用产品的效果，而非产品本身。例如，存放在仓库中的飞机发动机一文不值，但按小时计费的发动机动力却具有价值，公司只要保证发动机得到正确安装和维护，就能持续提供动力。这些都可能构成交易的一部分。

发散性思维在进行创新和发挥创造力的过程中必不可少。创新在本质上是指重新组合旧的、预先存在的部件。人们可能非常熟悉七零八碎的部件，但没人想到以某种独特的方式组合它们。有创造力的人看重的是局部化为整体之后的完备状态。如果你在寻找工作的意义，那么，这种意义也来自整体性。例如，你不是每小时赚那几便士的小工，而是正在建造一座大教堂，这座大教堂将造福子孙后代，并被誉为气势恢宏的哥特式建筑。你正在为自己的"造物者"创造美丽的事物。耗资约9亿美元修建的天荒坪水电站为华东大部分地区提供了清洁能源。这对所有相关人员来说都意义深远。武汉火车站造价为21.2亿美元，屋顶铺设多线电缆，旅客在此可乘坐数十趟时速186英里的高速列车。[1]

看看伦敦的圣潘克拉斯车站，你就会发现，它的设计者当初建造的是一座蒸汽火车旅行的纪念碑，多条线路汇聚于这座拥有教堂般尖顶的宏伟宫殿。没有愿景，人类就会迷失，而愿景是有关完整性

---

[1] 30座巨大的基础设施项目，www.businessinsider.com

的展望。耗资35亿美元的北京首都国际机场是中国规模较大的建筑工程。中国正在建设两百多座绿色生态城市，这些绿树成荫、布满空中花园的城市将实现碳中和的目标。每座城市都将能够实现自给自足。

我们测评了中国人对老板的态度，还研究了公司负责人与员工的关系。西方认为这种关系是狭窄且具体的，只要老板付一天的工资，员工就得干一天的活；而在中国，这种关系更广泛、更发散且包罗万象。老板是员工的老师、发薪者、朋友、导师、赞助人和激励者。他/她为员工提供食物，并关心其福利和教育。员工要对他/她忠诚。说到这里，我们讲一个故事：

"你的老板向包括你在内的员工提了个要求，希望大家在周末帮他粉刷房子。但你已经定好了周末计划，因此这个请求不太让人高兴。那么，你会和其他人一起帮老板粉刷房子吗？"

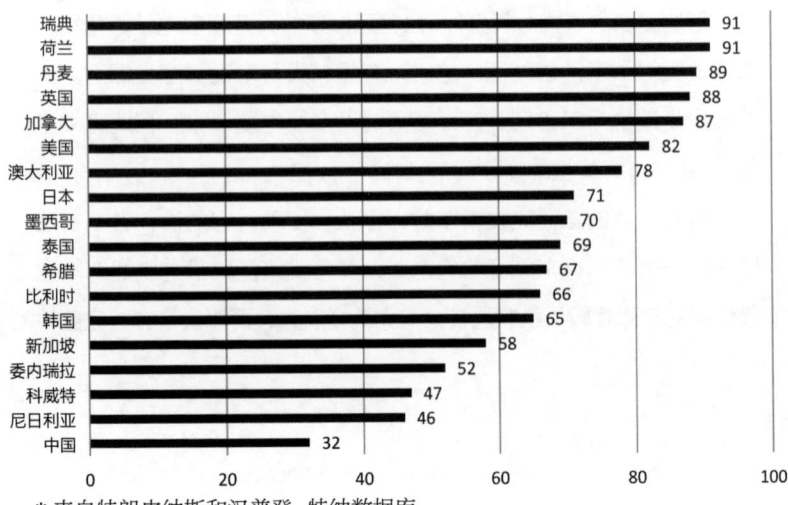

拒绝帮老板粉刷房子的各国比例

＊来自特朗皮纳斯和汉普登-特纳数据库。

从上面的比例中，我们马上就能看出，中国人对老板要求的态度有多么不同。大约90%的瑞典、丹麦、荷兰和英国的经理人会拒绝帮老板粉刷房子。对员工来说，老板只是工作时和工作岗位上的雇主。他/她绝对无权占用员工周末的空闲时间，更不用说让员工在老板的房产中干私活了。来自基督教新教国家的经理人拒绝得最多。这些人与公司签订了劳动合同，其中详细规定了他们的工作要求，而在周末"自愿"做杂务并不属于劳动合同规定的工作内容！如果公司老板居然提出这样的要求，就太不寻常了。这属于老板利用权力与地位剥削员工。

七个最特殊的国家都是西方国家。只有在三个国家，老板的要求会得到多数人的同意。老板侵犯私人时间！不过，请注意中国与大多数其他国家的差距。68%的中国受访者表示，尽管他们已经定好了周末计划，还是会帮老板粉刷房子。本书的三位西方作者认为，这种要求是极其不恰当的。不过，在不同的国情中，这样的要求真的有那么离谱吗？这取决于一个人对当权者的态度。你在公司的职业生涯依赖老板吗？老板愿意为你个人的成长和发展投资吗？老板有没有承诺过，他/她不光是为了自己，也会为你们整个组织以及团体服务呢？与老板的交流让你感到愉快吗？你觉得欠他/她人情吗？你觉得你的老板对你怀有某种类似父母的关切之情吗？他/她对你的付出比你能回报的多吗？你们之间的关系是否充满温情且相互尊重呢？你的未来是否取决于你所建立的人际关系的质量呢？如果答案都是"是"，那么我们就开始明白原因何在了。

与老板的关系也可以是良性的。**与当局建立广泛、多样而深厚的联系**有利于更好地实施管理、更快地创造财富、促进经济增长和帮助人们远离传染病。然而，如果和当权者的关系走得太近，就可能会**变成不加批判、盲目跟风的热情**。人们需要的是**非常具体的制**

衡措施、保障机制和限制条件，但如果过度实施，就会**引起人们对阴谋的无端猜疑及强烈的不信任感**。美国经济正面临着危机，而有人认为民主党人正在筹划荒唐的阴谋，一小群精英人士正在密谋对国家不利，还剥夺了民众应得的回报。被压制的整体主义观念卷土重来，这让我们深感困扰。

请注意，无论是中国文化还是美国文化，都可能把事情搞砸，但方式却截然相反。中国人可能会听从老板安排，周末放弃自己的安排而给老板免费打工；美国人可能会收到戴口罩的紧急建议，但他们偏不戴，还将其视为剥夺其自由的阴谋，导致疫情一直持续。我们绝不能将服从与集权主义混为一谈。如果你遵守当局的指令，就可以有效地检验他们是否能够阻止病毒传播。而当你不服从指令时，国家就会迷失方向。服从当局的指令有助于与其进行协商和讨论，让对方了解你关心的问题。

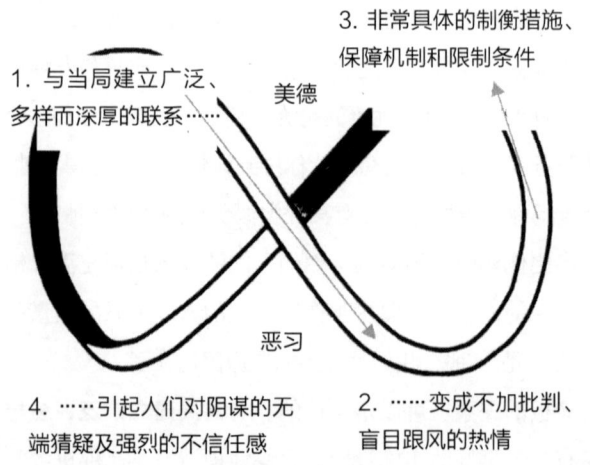

一旦感觉有无数条件强加在自己身上，就表明对特殊性的执着走向极端。你会面临一整套烦琐的流程：勾选事项、罗列要点、处

理晦涩难懂的细则条款、关注盈亏底线、设定利润目标、进行猎头招聘、把人当作商品、实行计件工资制，还有小费、奖金、额外津贴、岗位职责、向你汇报工作的人数、高管专用洗手间的钥匙，以及胡萝卜和大棒。我们试图通过推动数字化管理来运营组织团体，并尽可能远离工作第一线。在努力的过程中，财务核算和增加激励措施居于主导地位。生活的目的变成了关注收益和提高自己工作的市场价值。你消费得越多越好。生命的意义就在零七碎八的生活中消失了。

·自律和长期主义可能会走向极端，放纵和短期主义也一样

在第二章中，我们已经表明，在与"放纵"和"短期文化导向"截然相反的"自律"和"长期文化导向"两项指标上，与西方大部分地区相比，中国和东亚的得分要高得多。中国人和东亚大部分地区的人的储蓄率要高得多，这表明他们有能力延迟满足，并承担对自身及家庭的责任。如果你现在能够自我克制，未来便更能自在地享受生活，因为积蓄终将用于消费。不过，如果你现在选择放纵自己，就放弃了储蓄的机会，而最终很可能使自己陷入债务的泥潭，失去生活的主导权，不得不听命于债权人。西方人的消费债务居高不下，这一点已不言自明。当疫情肆虐之际，休闲业和旅游业受到的打击尤其严重。以娱乐业为重的国家发现，它们再也无法迎合民众的口味。

中国向世界其他地区提供物资，而中国的财富在很大程度上取决于这些地区成功与否。尽管如此，卡内基国际和平研究院（Carnegie Endowment for International Peace）认为，中国的

债务负担是可控的，而且比美国要小。关于中国即将一败涂地的预测数不胜数，反复出现，令人厌烦，但到目前为止，没有一次说对过。

我们不是在预测厄运。我们不知道未来将会如何。我们说的是，人类所有最优秀的价值观都存在缺陷和临界点。中国人有一种文化习惯，即强调全局思维、长远眼光、咬紧牙关、志存高远。当出现这种情况时，灾难并非一定会接踵而至，而是有可能发生。中国消除了国内的绝对贫困，这是一项了不起的成就，现在其已将消除全世界的贫困作为己任。正如我们在1929年和2008年所看到的那样，金融体系可能会在短期内崩溃。正如约翰·梅纳德·凯恩斯所说，金融体系并非坚不可摧，它更多反映的是人们对即将发生之事的预期，而非事实本身。1997年7月，东亚大部分国家和地区都出现了金融危机，原因无非是西方股东突然出现恐慌。在这方面，我们都被捆绑在一起，一旦有人跌倒，就会拖累其他人。中国将自己和世界上一些最贫穷的国家捆绑在一起，向它们提供贷款。类似情况对中国而言，这既是好事，也可能带来负面影响。中国正在着手以自律的精神，在世界范围内推动长期的基础设施建设，并希望与新兴国家共享繁荣，再将这些国家与中国紧密相连。

·在中国，通过协商解决所有分歧，使利益趋于一致

如果回避西方媒体对中国的指责，我们就无法结束这本书。他们指责中国所做的很多事令人非常遗憾，不过，就算我们的最终判断是这种事情还是不应该发生，我们也不能以此为借口就不去理解中国这样做的原因。我们不会反驳媒体的报道，而是尝试将这些报

道置于文化背景下加以分析。

中国对香港的态度一向非常坚决。鸦片是从英国殖民地印度运来的毒品。由于跨国鸦片走私，中英爆发鸦片战争，中国战败，不得不将香港割让给英国。中国虽然以前也用鸦片，但只用于医疗目的。英国劫掠者将其走私到中国出售，致使大约2000万中国人吸食鸦片上瘾，因而违反了两国的法律。出现鸦片走私的根本原因是，英国从中国进口瓷器、茶叶和丝绸，中国想换取英国的白银，而它又不需要英国制造的其他东西，结果英国的白银逐渐短缺。因此，英国的走私者就要用鸦片来换取中国的白银，这也受到了英国政府的怂恿。英国走私鸦片的借口是要实行"自由贸易"，但其却禁止本国公民染指鸦片。当中国没收并销毁整船鸦片后，英国的军舰于1842年摧毁了中国的木制战船，占领了珠江口的要塞，并截断所有航运和当地的粮食供应。在随后的条约中，中国不得不割让香港，香港由此成为英国殖民地。英国外交大臣帕默斯顿勋爵（Lord Palmerston）负责落实发动鸦片战争的政策，这引起了反对党领袖威廉·格莱斯顿（William Gladstone）的谴责。格莱斯顿后来成为著名的首相，他的妹妹海伦就曾因吸食鸦片中毒。格莱斯顿谴责，该政策是"最无耻、最凶恶的……深恐上帝因为我们对中国的罪恶行径而严惩英格兰"。后来，在一次下议院辩论中，他提道："这场战争的起因毫不公正，过程更为处心积虑，会让英国蒙受永久的耻辱，简直难以想象。"如果发动鸦片战争是自由党所认定的政策，我们就不难理解中国对香港问题极为看重，并且对英国有关香港前景的建议绝不领情的原因。中国长达百年的羞辱史肇始于鸦片战争，欧洲一众列强及美国对中国财富进行了广泛掠夺。1860年第二次鸦片战争战败后，中国不得不放弃九龙半岛南部。根据1898年签订的条约，中国将香港岛租给英国99年，1997年归还中国。香港成为自由贸易的象征和实行"自由放任"经济政策的榜样。香港经济取得了无可置疑的成功，至于这成功要归结于古典经济学理论的运用，还是归结于世界贸易与中国文化之间的和谐——就像新加坡、中国台湾、马来西亚和海外华人群体，以及现在的中国本身所证明的那样——则完全是另外一回事。无论是否有自由放任的政策，中国人似乎都能创造大量财富。

在第七章中，我们看到，东亚和西方对于达成共识与保留不同观点这二者孰先孰后有着针锋相对的看法。在西方，我们总是存在意见分歧，彼此争论得越来越激烈，上街游行示威，然后投票。谁在投票中获胜，谁就可以为所欲为，尽管许多共和党人现在对此表示异议。而在中国，中国共产党通过协商，化解所有分歧，使利益趋于一致。新加坡也举行选举，不过，人们从未选出反对党，因为当地人渴望形成持久的整体共识，而这也体现了中国人的民族性格和文化。侨民中的华人通常很少投身其居住国的国家政治。他们主要通过经商办企业来表达不受约束的自我，而不是参与政治。

·中国能够永远改变国家之间争夺权力的方式吗？

在本书接近尾声之际，我们想唱个高调，所以在最后一节提出以下问题：中国可以为世界和平与结束战祸做出何种贡献？这样的战争更有可能消灭大部分人类。人类仍是世界头号杀手，似乎没有任何物种可以逃离人类的伤害。拥有最先进武器系统的国家，是否值得我们追随其领导？那些能够无数次消灭我们的国家，是否应被奉为智慧的源泉？如果成为超级大国就意味着对异己者大开杀戒，且为了避免直面屠戮,就从远距离发动攻击,难道这就是我们要追求并颂扬的伟大之举吗?

中国的崛起向世界做出的承诺是,未来哪个国家想要声名鹊起,依靠的不应是掠夺和侵占,而是奉献和供给。一国要想发挥领导作用,凭借的是其创造、创新以及为其他国家提供价值。这是一种充满竞争和较量的形式,具有刺激性,但不包含杀戮和伤害的悲剧。无论是供应商还是客户,人人都是赢家。那些让我们最满意的国家能够成为领导者,而不是那些让我们忌惮其力量的国家。

当赫尔曼·梅尔维尔(Herman Melville)的小说《比利·巴德》(*Billy Budd*)中的年轻水手比利·巴德被捕并被强行征入英国海军服役,离开原来的商船时,他坐在划向新船的小船上挥手告别旧船。原来的船只渐渐远去,他喊道:"再见了,老'人权'号!"这话被证明是有预见性的。欧盟正在享受自罗马时代以来欧洲最长的和平时期。在和平年代,各国之间展开贸易活动,有了国际贸易,才有人权。在军舰上,比利被诬陷要发动叛变,并在数周内被执行死刑。当我们停止贸易并开始交战时,即使声称要捍卫人权,人权也很快会被剥夺。

中国和西方大部分国家之间的争议点在于,西方国家认为,中国的国有企业会收集所有信息透露给中国政府。西方认为,从事通信行业的人可以窃听所有人的谈话,中国政府将从中得知西方人想买什么。它如何处理这些信息尚不清楚,但如果它将这些信息用来对付我们,西方人将愤愤不平,从而抛弃华为这样的公司,使之迅速失去市场份额。但是,中国正以和平手段通过贸易取胜,它有什么理由要冒险引发间谍丑闻呢?此外,美国国防承包商会有什么不同表现吗?美国政府一年高达7700亿美元的国防预算就是个传递消息的诱因。如果华为进行窃听，它不会颠覆我们，因为很可能会失败。如果中国能够不战而胜，有什么理由不这么做呢？正如孙子所说，应该尽量减少战争，甚至完全避免，通过赢得人心来获得更多的追随者。

甚至有人说，中国"加强了在南海的巡逻"，这就是"敌对行为"。这就让人不明白了，这片海域不是被称为"中国海"吗？如果美国加强在墨西哥湾的巡逻，这是否会被视为针对中国的敌对行为？是美国船只在中国沿海巡逻，而非中国船只在美国沿海巡逻。尽管美国要保卫的人口没有中国多，但其军备开支却达到了中国的三倍。西方人似乎理所当然地认为，美国有权当个"世界警察"。

中国与古希腊、古罗马、英国、法国、德国、苏联和美国不同，它从未在世界上的大片区域进行征服、殖民和控制行为。它输出的不是士兵，而是企业家、医生和教师，就像目前在非洲的100万中国人一样。中国的邻国被中国文化所吸引，与中国共享文化。中国一向期望其文化能让人赞叹，被人颂扬；而中国却经常遭到劫掠，因此才修建长城抵御外敌。中国通过丝绸之路开展和平贸易，这是它对世界产生历史影响的秘密所在。对中国来说，这样做比发动战争要好得多。在中国的大部分历史中，它更喜欢贸易往来，而不是出兵打仗。

中国没有按照西方的模式推进西方人推崇的民主，因此难与西方在民主上实现契合，对此，作为西方人，我从个人角度感到遗憾。但是，我们不禁思考，中国在和平解决问题方面的贡献可能比许多人认为的更大。很少有商业公司本身会实行民主制度，因为它们需要迅速做出太多决定，无法及时征求大家的意见。不过，对任何处理复杂知识并需要进行创造和创新的企业来说，要获得内部成功,绝对有必要奉行民主规范。如果没有相互尊重、认真倾听的态度,就不具备从在场的每一位专家那里获取知识的能力,以及让所有相关人员得以成长、获得教育以发挥其潜力的政策,企业就无法创造出复杂而有价值的东西。加速学习和掌握知识是取得成功的关键。

要相互学习,开展对话是至关重要的,这样我们才能首先探索,然后深入挖掘所发现的东西。环境在不断变化,为适应需求,你必须做出响应。如果员工没有获得高度的自由和自主权,中国公司就不可能兴旺发达。信息从组织的底层进入,必须向上传递。全球最大的白色家电供应商海尔公司是发挥个人自主权进行创新的典范。海尔公司麾下有数千家微型企业,这些接受补贴的初创企业正在探索未来之路。

产品制造者的人际关系质量对于产品的质量发挥着至关重要的作用。这一点已被研究成果一再证实。我们处理的知识越多,就越需要分享知识,而当我们分享知识时,所有相关方都会受益。双赢关系是知识革命的基石。任何不让客户更上一层楼的供应商,与其说是无赖,不如说是傻瓜。在创新体系间开展和平贸易是我们这个时代的新民主。

在第七章中,我们看到,西方将民主视为通过辩论和投票做决定的方式,而东方则将民主视为通过协商达成共识。对于任何复杂的事情,通过投票做决定的方式都过于简单、粗暴和排外,而辩论则是假设两种截然对立的观点中只有一种才是真相,且真相不存在于中间派。但是,少数人的意见在一定程度上也可能是正确的!本书的英国作者曾获得美国国家航空航天局的资助,研究"卡西尼-惠更斯号"空间探测器项目成功的原因。在实现这一壮举的早期阶段,人们就不再通过投票的方式做任何决定了。对于房间里每个人提出的任何疑问,团队都要彻底答疑解惑。人们需要的是通过谈判达成共识,考虑到所有可能性,并尊重每一种意见,同时为每一个解决方案配备完善的容错机制,以免发生事故。如果所处理的模块出了故障,单单一个差错就会让700个人的工作成果和整个任务毁于一旦。必须让每位专家都感到满意。华为的5G网络所获得的专利比世界上任何一家公司都多。如果不实行民主规范,从每个项目参与者那里获得知识,征求他们潜在的异议,中国的公司就拿不出解决方案。同行之间彼此激发热情,团结一致像团队一样创新,这样才能酝酿出创业精神。团队充满民主精神,不仅能帮助我们在新冠疫情中保持理智、随机应变,还能帮助改变和改善世界。

从中华文明诞生之初起,它就创造出了兼具创造性、美感与实用性的产品。这需要特定的思维方式、独特的关联方式、巧妙的选材、不凡的品位、精湛的工艺、良好的教育、鉴赏家的判断力和相互关联的模式。如果我们不想恶语相向、面对瘟疫时陷入僵局,或在"首相问答"时只顾插科打诨,根本提不出像样的问题,而是想要真正能够进行对话和相互尊重的民主,那么,我们就必须依靠创新型组织,而不是发掘人们已有的偏见并一味迎合。当我们参与选举时,很容易沦为迎合民众已知诉求的人,提供自认为会让民众满意的东西。我们将选择权拱手相让。我们需要互相说服来让对方变得更好,这就是创新型企业应该做的,并有可能为中国的公务员体系提供指引。

理查德·佛罗里达(Richard Florida)在《创意阶层的崛起》(*Rise of the Creative Class*)一书中指出,美国近期约80%的创新来自十来个大都会中心。如果我们去掉剑桥—波士顿、纽约、硅谷、西雅图、华盛顿、洛杉矶部分地区、旧金山和湾区、科罗拉多州的博尔德、得克萨斯州的奥斯汀和佛罗里达州的盖恩斯维尔，那么，美国的创造力将荡然无存！此外，在布什两届总统任期和特朗普竞选期间，这些中心都以压倒性比例投票反对。毫无疑问，在我们当中，那些最有创造力的人普遍拥戴自由民主和更多的包容，这其中包括对中国价值观的理解。

阿诺德·汤因比（Arnold Toynbee）在《历史研究》（*Study of History*）一书中声称，当文明与富有创造性的少数群体失去联络时就会消亡。比起互相诋毁的政党、互联网上喧嚣一时的谎言和阴谋论、最不受欢迎的领导者之间的角逐、共和党和民主党之间无解的僵局，以及不戴口罩"当面抗争"传染源的空洞表演，创意公司才拥有真正的民主。以口头争论代替肢体冲突，才是民主得以体现的方式。但是，当争论演变为谎言，当恶毒的笔战充斥屏幕，当"傲慢"的女人遭受威胁，而孩子又被迫目睹这一切时，会发生什么事情？截至目前，西方国家的政治思想体系大半停滞不前，充满恶意，妨碍着重大变革的推进。我们必须创新，否则就会面临灭亡。

只要中国每年申请150万件专利，甚至向世界知识产权组织申请专利的数量超过美国，那么，除了害怕在经济上被中国超越之外，我们怀疑西方并没有太多可担忧的。想要产生影响力有一条捷径，那就是进行创新和贸易。而通过威胁和制裁其他国家来推行某种价值观，并为过时的"华盛顿共识"摇旗呐喊，则是一条艰难的道路。对落实民主规范做出承诺就是创新过程的一部分，只要这一点不变，对中国来说，依靠武器和诉诸武力都是非常愚蠢的做法。中国已经找到了能够超越美国的和平路线，已有两代人为此付出了努力，我们预计中国将继续坚持下去，除非西方觉醒。本书正是怀着促使西方实现这种觉醒转变的期望而写作的。

·合众为一，还是万众归一？有关"天下"的哲学

美国国徽有"合众为一"（E pluribus unum）的铭文，意为"团结统一"。众多公民行使权利，投票表决，从中诞生了一个新世界，也就是作为超级大国的美国。国徽上，鹰的一只利爪抓着箭矢，另一只抓着橄榄枝，象征以实力求和平。而中国人有个截然相反的观点，"万众归一"。中国是从一个容纳所有来者的体系开始的。中国似乎正在尝试建立一个经济与生态合一的系统、一个维持世界秩序的体系、一个由基础设施连接的国家网络、一批绿色城市，以及一个广泛的、最终能够吸引世界上所有公民使用的知识和公共卫生系统。身处其中比身处其外更好，而且，他们也愿意按照该系统拯救地球的逻辑生活。他们有权留在这个合作圈之外，但可能会后悔。

有什么证据能表明中国体现了本书所推崇的整体观？我们是否只是在一厢情愿地提出自己的看法，然后将它们投射到中国身上？在此，我们请读者注意当代中国的哲学家、中国社会科学院研究所研究员赵汀阳。斯坦福大学举办了一次专门研讨会，内容就是赵汀阳的研究成果。赵汀阳重新诠释了中国古代的"天下"概念。"天下"的字面意思是"上天之下的一切"，这是他刚刚出版的书的主题。① 这个词起源于"天命"，据称是上天下达给皇帝的旨意。"天下"这个词不仅包括皇帝，还包括臣民和整个世界，包括物质、地

---

① 赵汀阳：《重新定义世界治理的哲学》（*Redefining a Philosophy of World Governance*），伦敦：帕尔格雷夫·麦克米伦出版社，2021年。

理、精神和文化上的世界。能够体现上天意旨的皇帝能够明智而公正地实施统治，因此，治下的国家就能兴旺发达，吸引越来越多的人前来。这是东亚共享中华文明的秘密。

赵汀阳的灵感来自统治中国近800年的周朝，这是中国统治时间最长的王朝，从公元前1046年延续到公元前256年，这是一段总体上和平的时期。所谓"天命所归"，并非玄妙莫测的神迹，而是可以证明的事实。统治者的治国能力及其影响力就证明了这一点。人们认为，失道的统治者已经失去了天命，其统治很快就会土崩瓦解。周朝的建立者周公不是职位最高的诸侯，在各诸侯国中，他的国家也不是最强大、最富有、军备最精良的，但他的治国之道吸引了众多诸侯国归附。他所创造的文化为他赢得了追随者。我们此前已了解到，东亚的大部分地区曾经因仰慕中华文化向中国进贡，儒家、道家、佛教等思想也由此广为流传。周朝也是如此。它以其所象征的美德、从天而降的天命及民众渴望融入的愿望赢得了人心。这种方式与其说是征服，不如说是吸引。

不过，"天下"到底是什么，在现代背景下又意味着什么？看看赵汀阳的描述吧。首先，它适用于整个世界，而非单一民族的独立国家；它寻求建立一种社会秩序，在这种秩序下，我们所有人都可以存活，而并非优先考虑中国或美国。世界历史尚未真正开始，因为我们都是从胜利者的视角讲述它。这段历史的主要内容就是欧洲的扩张主义。我们需要一种利益共享、和睦相处、体现儒家和谐风格的历史和哲学，因为不同国家的价值观彼此交融，呈现美感。"天下"意为"天空之下的大地"，目的是改善照耀这片大地的天空。"天下"的概念源于上天，激励了统治者并向外传播，但中国并非真理的唯一持有者。世界其他地区各有各的智慧，这些智慧能够共存，有时还会完美融合，促使数以百万的中国人学习西方之道，在异国他乡蓬勃发展。不同的文化旋律会相互学习。"天下"之道在于学会自我调适。关键在于认识到，这里不存在任何形式的霸权，没有国家会通过威胁或武力将其价值观强加于他国。所有国家都是自愿加入由天命所引领的宏大文明，而非被迫屈从。另一个原则是所有外部事物的内部化。公共卫生涉及世界上每个可能感染的人。在这里，没有外国人或异教徒，只有全人类组成的大家庭，由协调者来引领人们前行。

赵汀阳以旋涡作为比喻。追随者之所以被吸入旋涡，与其说是受到威胁和胁迫，不如说是因为感受到了强大的吸引力。将追随者卷入旋涡的是市场力量，包括通过更紧密地与中国合作来获得显著的经济优势，以及寻找可能拯救地球且所有国家迟早都需要的技术。中国在开发太阳能、风能及各种电力交通工具方面处于领先地位，还建造了其他国家所需的高铁等基础设施，并希望这些技术能在全世界广泛应用。如果它做到了这一点，中国的技术将成为标准，并进一步扩展其全球治理理念。

当然，旋涡都是旋转流动的，就像本书中提到的大多数循环往复的运动一样，它的运作依赖于海洋围绕其旋转。作为旋涡之眼的国家并不凌驾于其他国家，但却要更深入地了解其他国家的生存所需。它是一个旋转世界的静止点，是从世界市场的混沌旋涡中腾空而起的秩序之龙。它不问"我们怎样才能统治其他国家"，而会问"我们怎样才能为整个世界服务，让它从我们这里购买商品并依赖我们？"它处于我们在第一章中所讲到的动态平衡之中。权力位于中心，但它是一种软实力，旨在包容所有民族，因为维护这种秩序比挑战它更符合他们的利益。

赵汀阳在《华盛顿邮报》(*Washington Post*)中写道:"当今世界充满了矛盾、敌意和文明之间的持续冲突。所有迹象都表明,我们的失败正在从国家层面发展到世界秩序层面。在这种霍布斯式的背景下,混乱和无政府状态日益加剧,美国总统唐纳德·特朗普就像近代早期的老派英雄人物,他将世界误解为一个战场,而不是一个共同体。然而,随着全球化的推进,各个经济体已经紧密相连,信息也实现了全球范围内的共享,将世界看成战场的行事方针必将以失败告终。自利策略很快就会被模仿,而其优势也将随之消失。我们需要采取互利和保持良性关系的策略。"[①]

最重要的是,"天下"代表了一种全新的世界秩序体系,它源于中国,推行到世界其他地区,能让世界更好地组织起来。它依靠模仿和采纳而成长,体现了一种共存的本体论。它采用了以和平手段开展国际贸易的现代形式,而不是依靠进贡和纳贡,但效果却基本相同。能够创造最多双赢关系的国家将被证明是最有影响力和说服力的国家,其他国家将纷纷寻求与其合作。这种国家在外交领域更具说服力,它会提供给我们不可或缺的东西,以好客代替敌意。

所有这一切都需要一种基于关系而非个人利益的理性。如果过分强调后者,人们将陷入彼此为敌的争斗中。共存先于存在。我们必须先容忍彼此的存在,以及随之而来的差异,才会出现能体现更好的人际关系的逻辑。我们需要更多地关注世界各地的人们为了生存所需的共同需求,比如,更高的环境标准、更干净的公共卫生、更优质的教育、更健康的饮食、更环保的森林管理、更清洁的海

[①] 见赵汀阳《华盛顿邮报》,2018年2月7日。

洋,等等。所有国家都是相互依存的,它们合作越紧密,日子就过得越好。随着时间的推移,秩序统一的优势会越来越明显,这就是落实"一带一路"倡议的意义所在,它使朋友之间将更易于往来。我们需要一种新的普世性,这种普世性不是美国强加的,而是来源于世界各国的互动及新建立的和谐状态与协议。中国可以帮助邻国走向繁荣。只要中国始终着眼于全世界最迫切的需求,而我们西方人却还只是想着增强本国的实力,我们就不应该对中国正在取得的巨大成就感到惊讶。

目前,中美两国各自为本国的一大项目提供资金。美国耗资1.7万亿美元开发了F-35战斗机,而中国则耗费相近数额的资金推行"一带一路"倡议。美国这个民族国家将用F-35向其盟友和敌人展示自己压倒性的力量。就算有国家密谋攻打美国,也无人敢真正动手。正如泰迪·罗斯福(Teddy Roosevelt)[①]所说:"口气温和,手持大棒。"从众多美国公民手中诞生了世界上最可怕的武器。"一带一路"倡议则邀请一百多个国家与中国互联互通,分享中国的经济成果。落实该倡议,就意味着开始构建服务于全世界的体系。我们不妨思考一下,上述两个项目中,哪一个更有利于实现世界和平、应对气候危机、实现经济发展、重视多样性、形成各国和谐相处的局面?我们倾向于畏惧美国的武器,还是赞叹中国想要分享的中国文化、经济和生态系统?

---

① 即西奥多·罗斯福(Theodore Roosevelt),昵称"Teddy"。——编者注

参考文献

Amabile, Teresa. "Motivating Creativity in Organisations." *California Management Review*, and "Creativity under the Gun." *Harvard Business Review*, August 2002.

Anderson, Ray C. *Business Lessons from a Radical Industrialist*. New York: St. Martin's Griffin, 2009.

Bateson, Gregory. *Steps to an Ecology of Mind*. New York: Ballantine, 1976.

Bellah, Robert. *Habits of the Heart*. Berkeley: University of California Press, 1985.

Bennett, Milton J. *Basic Concepts of Intercultural Communication*. London: Nicholas Brealey, 2013.

Benyus, Janine. *Biomimicry: Innovation Inspired by Nature*. New York: Harper Perennial, 2002.

Blankert, Jan Willem. *China Rising: Will the West be able to Cope?* Singapore: World Scientific, 2009.

Bogle, John C. *Enough: True Measures of Money Business and Life*. Hoboken: Wiley, 2010.

Bok, Chan Chin. *Heartwork: Stories about How the EDB Steered Singapore*. The Singapore Economic Development Board, 2002.

Bootle, Roger. *The Trouble with Markets: Saving Capitalism from Itself*. London: Nicholas Brealey, 2012.

Carse, James P. *Finite and Infinite Games*. New York: Ballantine, 1986.

Cassidy, John. *How Markets Fail: The Logic of Economic Calamities*. London: Penguin, 2009.

Chang, Ha - Joon. *23 Things they don't Tell you about Capitalism*. London: Penguin, 2010.

Chen, Ming - Jer. *Inside Chinese Business*. Boston: Harvard Business School Press, 2001.

Chesbrough, H. W. "The Era of Open Innovation." *MIT Sloan Management Review*, v.44, no.3, 2003.

Christensen, Clayton. *The Innovator's Dilemma*. Boston: Harvard Business School Press, 1997.

Clark, Duncan. *Alibaba: The House that Jack Built*. New York: Harper and Collins, 2016.

Collins, James C., and Porras, Jerry I. *Built to Last*. London: Century, 1994.

Collins, James C. *Good to Great: Why Some Corporations Make the Leap and Others don't*. New York: Harper Business, 2001.

Deming, W. Edwards. *Out of Crisis*. Cambridge: MIT Press, 1986.

Deng Rong. *Deng Xiaoping and the Cultural Revolution*. Beijing: Foreign Languages Press, 2002.

Elkington, John. *Cannibals with Forks: The Triple Bottom Line*. Oxford:

Capstone, 2009.

Frank, Robert H., and Philip Cook. *The Winner Take All Society*. London: Virgin, 2010.

Frank, Thomas. *One Market under God*. New York: Anchor, 2001.

Freeman, R. Edward, and Jeffrey S. Harrison. *Stakeholder Theory: The State of the Art*. Cambridge: Cambridge University Press, 2010.

Freeman, R., Kirsten E. Martin, and Bidhan L. Palmer. *The Power of And*. New York: Columbia University Press, 2020.

Friedman, Milton, and Rose Friedman. *Free to Choose*. New York: Avon, 1981.

Fukuyama, Francis. *The End of History and the Last Man Standing*. New York: Free Press, 1997.

Fung, Yu - Lan. *A Short History of Chinese Philosophy*. London: The Free Press, 1976.

Gray, John. *False Dawn: The Delusions of Global Capitalism*. London: Granta, 2009.

Gore, Al. *Our Choice: A Plan to Solve the Climate Crisis*. London: Melcher Media, 2009.

Hall, Edward T., and Mildred Reed Hall. *Understanding Cultural Differences*. Yarmouth: Intercultural Press, 1990.

Hamel, Gary. *Humanocracy*. Boston: Harvard Business School Press, 2020.

Hampden-Turner, Charles, and Fons Trompenaars. *Mastering the Infinite Game*. Oxford: Capstone, 1997.

Hampden-Turner, Charles, and Fons Trompenaars. *The Seven Cultures of Capitalism*. London: Piatkus, 1993.

Handy, Charles. *The Age of Paradox*. Boston: Harvard Business School Press, 1988.

Hawken, Paul. *The Ecology of Commerce*. New York: Harper Business, 1993.

Hawken, Paul, Amory Lovins, and L. Hunter Lovins. *Natural Capitalism*. London: Little Brown, 1999.

Heskett, James L., W. Earl Sasser, and Leonard A. Schlesinger. *The Value Profit Chain*. London: The Free Press, 2003.

Hofstadter, Richard. *The Paranoid Style in American Politics*. New York: Alfred A. Knopf, 1965.

Hofstede, Geert. *Culture's Consequences*. Beverly Hills: Sage, 1980.

Hu, Wenzhong, and Cornelius L. Grove. *Encountering the Chinese*. Yarmouth: Intercultural Press, 1999.

Hurst, David K. *Crisis and Renewal*. Boston: Harvard Business School Press, 1988.

Hutton, Will. *How Good Can We Be?* London: Little Brown, 2015.

Hutton, Will. *The State We're In*. London: Jonathan Cape, 1996.

Jacobs, Michael T. *Short-term America*. Boston: Harvard Business School Press, 1991.

Jacques, Elliott. *The Form of Time*. New York: Crane-Russak, 1982.

Jacques, Martin. *When China Rules the World*. London: Penguin, 2012.

Kao, John. *Innovation Nation*. New York: Free Press, 2007.

Kao, John. "The World - Wide Web of Chinese Business." *Harvard Business Review*, v.71, no.2, March - April, 1993.

Kay, John. "The Kay Review of Equity Markets and Long - term Decision

- Making." *The Department of Business*, July 2012.

Kingston, Maxine Hong. *The Woman Warrior*. New York: Vintage, 1975.

Kohn, Alfie. *Punished by Rewards*. Boston: Beacon Press, 2008.

Krugman, Paul. *The Great Unravelling*. New York: WW Norton, 2005.

Kynge, James. *China Shakes the World*. London: Weidenfeld and Nicholson, 2006.

Lawler, Edward E. *High Involvement Management*. San Francisco: Jossey - Bass, 1986.

MacArthur Ellen (Foundation). "Towards a Circular Economy." *Macro Economics Reports*, vol.3, 2013.

Mackey, John, and Raj Sisodia. *Conscious Capitalism: Liberating the Heroic Spirit in Capitalism*. Boston: Harvard Business School Press, 2013.

Mahizhnan, Arun, and Lee Tsao Yuan. *Singapore: Re - Engineering Success*. Institute of Policy Studies, Singapore: Oxford University Press, 1998.

Mahubani, Kishore. *Can Asians Think?* Vermont: Steerforth Press, 2002.

Mahubani, Kishore. *Has China Won?* New York: Public Affairs, 2020.

Mandelbrot, Benoit B. *The (Mis) Behaviour of Markets: A Fractal View of Risk, Ruin and Reward*. London: Profile Books, 2005.

Maruyama, Magorah. "New Mindscapes for Future Business Policy and Management." *Technological Forecasting and Social Change*, 21, 1982.

Maslow, Abraham. *Towards a Psychology of Being*. New York: Van Nostrand, 1962.

Maslow, Abraham. *Motivation and Personality*. New York: Harper Collins, 1954.

Matson, Floyd. *The Broken Image*. New York: Anchor Doubleday, 1966.

Mayer, Colin. *Firm Commitment: Why the Corporation is Failing Us.* Oxford: Oxford University Press, 2013.

Mazzacuto, Mariana. *The Entrepreneurial State.* London: Anthem Press, 2013.

Moore, James F. *The Death of Competition.* New York: Harper Business, 1997.

Michael, Donald N. *On Learning to Plan and Planning to Learn.* San Francisco: Jossey - Bass, 1973.

Naisbitt, John, and Doris. *Innovation in China: The Chengdu Triangle.* Beijing: China Industry and Commerce Associated Press, 2012.

Ogilvy, Jay, and Peter Schwartz, with Joe Flower. *China's Futures: Scenarios for the World's Fastest Growing Economy.* San Francisco: Jossey- Bass, 2000.

Paunchant, Thierry C., and associates. *In Search of Meaning.* San Francisco: Jossey - Bass, 1995.

Peters, Tom, and Robert Waterman. *In Search of Excellence.* New York: Harper & Row, 1982.

Peston, Robert. *How Do We Fix This Mess?* London: Hodder and Stoughton, 2012.

Peverelli, P. J. *Chinese Corporate Identity.* London: Routledge, 2005.

Peverelli, P. J., and Song, J. W. *Chinese Entrepreneurship - A Social Capital Approach.* Heidelberg: Springer, 2012.

Peverelli, P. J. "Chinese Organizations as Groups of People - Towards a Chinese Business Administration." *ProtoSociolog*, in *ProtoSociolog*. 28, p. 87–99, 2012.

Phillips, Robert. *Stakeholder Theory and Organizational Ethics*. San Francisco: ReadHowYouWant, 2003.

Picketty, Thomas. *Capital in the 21st Century*. Cambridge: Belknap Press, 2014.

Prahalad, C. K., and Venkat Ramaswamy. *The Future of Competition*. Boston: Harvard Business School Press, 2004.

Rachman, Gideon. *Zero - Sum World*. London: Atlantic Books, 2010.

Redding, Gordon S. *The Spirit of Chinese Capitalism*. New York: Walter de Gruyter, 1990.

Reich, Robert B. *Aftershock: The Next Economy and America's Future*. New York: Random House, 2011.

Reich, Robert B. *Tales of a New America*. New York: Times Books, 1987.

Roethlisberger, F., and William Dixon. *Management and the Worker*. Cambridge: Harvard University Press, 1939.

Rohwer, Jim. *Asia Rising*. London: Nicholas Brealey, 1996.

Sainsbury, David. *Progressive Capitalism: How to Achieve Economic Growth, Liberty and Social Justice*. Hull: Biteback Publishing, 2014.

Saxenian, Anna Lee. *Silicon Valley's New Immigrant Entrepreneurs*. San Francisco: Public Policy Institute, 1999.

Schrage, Michael. *Serious Play*. Boston: Harvard Business School Press, 2000.

Scott, Bruce, and George C. Lodge. *US Competitiveness and the World Economy*. Boston: Harvard Business School Press, 1985.

Senge, Peter. *The Necessary Revolution*. London: Nicholas Brealey, 2008.

Shambaugh, David. *China's Communist Party.* Berkeley: University of

California Press, 2005.

Sheff, David. *China Dawn*. New York: Harper Business, 2002.

Simon, Hermann. *The Hidden Champions of the 21st Century*. New York: Springer, 2009.

Sisodia, Rajendra, S. David B. Wald, and Jagdesh N. Seth. *Firms of Endearment*. Philadelphia: Wharton School Publishers, 2007.

Smith, Adam. *An Inquiry into the Wealth of Nations*. London: Penguin, 1984.

Snow, C. P. *The Two Cultures*. Cambridge: Cambridge University Press, 2001.

Stiglitz, Joseph E. *The Price of Inequality*. London: Allen Lane, 2012.

Sull, Donald N. *Made in China*. Boston: Harvard Business School Press, 2005.

Tannen, Deborah. *The Argument Culture*. New York: Ballantine Books, 1998.

Tett, Gillian. Foo's Gold. *How Unrestrained Greed Corrupted a Dream*. London: Little Brown, 2009.

Toynbee, Arnold. *A Study of History, Vol.1–6*. Oxford: Oxford University Press, 1946.

Trompenaars, Fons, and Charles Hampden - Turner. *Riding the Waves of Culture (3rd Edition)*. London: Nicholas Brealey, 2013.

Trompenaars, Fons, and Ed Voerman. *Servant Leadership Across Cultures*. Oxford: Infinite Ideas Press, 2013.

Weber, Max (with Peter Bahr and Gordon C. Wells). *The Protestant Ehic and the Spirit of Capitalism*. London: Penguin, 2011.

Wilkinson, Richard, and Kate Picket. *The Spirit Level: Why Equality is Better for Everyone*. London: Penguin, 2009.

Wolf, Martin. *The Shifts and the Stocks*. London: Allen Lane, 2014.

Wright, Robert. *Non - Zero: The Logic of Human Destiny*. New York: Pantheon Books, 2000.

Yang, Yeo. "Beijing Consensus or Washington Consensus: what explains China's economic success?" *Developmental Outreach*, April, 2011.

Cao, Yangfeng. *The Haier Model*. London: LID, 2018.

Zeng, Ming, and Peter J. Williamson. *Dragons at Your Door*. Boston: Harvard Business School Press, 2007.

Zhang, Haihua, and Geoff Baker. *Think Like the Chinese*. Sydney: Federation Press, 2012.

Zhao, Tingyang. *Redefining a Philosophy of World Governance*. London: Palgrave Macmillan, 2021.

Zohar, Dana. *The Quantum Leader*. Amherst: Prometheus Books, 2016.

致　谢

若非获得李嘉诚基金会赞助的哈金森-剑桥大学中国访问学者项目的资助，查尔斯·汉普登-特纳是不敢贸然撰写本书的。有了这笔资助，作者于2003年花了数周时间走访了十几所中国大学。次年，他被任命为新加坡南洋理工大学商学院的名誉客座教授。他帮助博士生陈丁琦（Tan Teng-Kee）设计了一门关于中国式创新的课程。两人一起为来自新加坡和中国的学生教授这门课长达8年之久，直到2011年。查尔斯特别感谢陈丁琦，以及当时的南洋理工大学校长徐冠林（Su Guaning）教授。大学秘书Anthony Teo也提供了很大的帮助。这门创新课程是美国考夫曼基金会（Kauffman Foundation）首次授予外国课程的荣誉。

查尔斯还非常感谢韩国首尔成均馆大学暑期学校的召集人特里·亨德森（Terry Henderson）。在该校任职期间，查尔斯于2017年之前的8年中教授比较商业文化的课程，学生主要来自东亚。他有幸在剑桥大学贾奇商学院指导博士生，其中许多人来自东亚，包括已故的院长陈丁琦、Vincent Wong、David Wong、Vincent Tse、Fatima Wang（来自中国台湾）、周国元（Joseph Zhou）教授、Pi-Shen Seet教授、Sakae Sugai教授（来自日本）、Sao-Sze Liens

（新加坡惠普公司董事）和Anthony Teo。所有这些经历让查尔斯深刻体会到"教学相长"。查尔斯还要感谢新加坡财政部常务秘书张铭坚（Teo Ming Kian）在百忙之中抽出宝贵时间接受他的采访。

查尔斯退休后，还帮助张海花攻读博士学位。张海花撰写了《像中国人一样思考》一书，令查尔斯受益匪浅。查尔斯虽与马丁·雅克素未谋面，但极为欣赏雅克及其经典作品《当中国引领世界》。本书指出，我们正与世界上最具影响力的中华文明竞争，而这一观点主要来自马丁。查尔斯还要感谢雷·阿贝林（Ray Abelin），他们共同拍摄了一部名为《创新与国家命运》(*Innovation and the Fate of Nations*)的电影，该片将新加坡与哈佛和剑桥做了比较。然而，由于学术内斗，该片尚在萌芽之中就被扼杀了。查尔斯整个学术生涯的灵感均来自人类学家格雷戈里·贝特森，他几乎所有的著作都深受其影响。李彼德从14岁开始学习中文，并与各年龄段、各地区及不同社会背景的中国人接触，迄今已超过45年。不过，本书中，李彼德撰写的一半以上内容都深受近37年婚姻生活的影响。他每天都在学习新知识。

1986年，在为一篇有关汉语语法的论文进行答辩时，彼德已经加入一家公司，一夜之间就从学术界转行到商界，这是对公司发展规划经理约翰·莫里斯（John Morris）的邀请做出的回应。彼德很感激约翰对他这样一位沉浸于学术的语言学家的信任，更感谢他对公司运作方式的颠覆性的介绍。

彼德离开这家公司后，成立了自己的咨询公司，并萌生了攻读第二个博士学位的想法，即工商管理博士学位。求学期间，他与鹿特丹伊拉斯谟大学（Erasmus University）变革管理教授亨克·万·邓肯（Henk van Dongen）取得了联系。亨克向彼德介绍了社会建构主义组织理论。1998年，彼德与弗恩斯·特朗皮纳斯相识，并应邀帮助后者的公司开创中国文化模块业务。亨克和弗恩斯·特朗皮纳斯的学说相结合所产生的协同效应，成为彼德所有工作的推动力，包括他对本书的贡献。

作者自传

李彼德（Peter Peverelli）是阿姆斯特丹自由大学的助理教授兼中国中心主任。他曾在莱顿大学学习中国语言和文化，并于1975年成为首批获准在中国学习1年的荷兰学生之一。彼德于1986年获得博士学位，并于2000年在鹿特丹伊拉斯谟大学进行工商管理专业的博士论文答辩，这是他的第二个博士学位。在莱顿大学短暂工作后，彼德于1985年进入商业领域，加入一家荷兰公司，并于1992年成为独立咨询顾问。他于2001年重返学术界，但仍活跃于咨询领域。彼德平均每年在中国生活3个月。他还积极参与阿姆斯特丹自由大学的跨文化人权中心，致力于将弗恩斯·特朗皮纳斯的七维度文化模型应用于人权领域。

查尔斯·汉普登-特纳（Charles Hampden-Turner）在哈佛大学商学院获得博士学位，并在美国工作了20年。他曾在伦敦的壳牌公司短暂工作，随后成为伦敦商学院的皇家荷兰壳牌高级研究员，之后在剑桥大学贾奇商学院担任教授，直至18年后退休。他曾获得古根海姆和洛克菲勒研究基金，并荣获道格拉斯·麦格雷戈纪念奖。2004年，作为哈金森-剑桥大学的访问学者访问中国，2003年成为新加坡南洋理工大学的吴作栋杰出访问教授。他在韩国的暑期学校任教8年。他是位于阿姆斯特丹的特朗皮纳斯-汉普登-特纳咨询公司的联合创始人。他的著作《心灵地图》(*Maps of the Mind*)被选为"当月书刊俱乐部"推荐书籍。

弗恩斯·特朗皮纳斯(Fons Trompenaars)在沃顿商学院获得博士学位,现任阿姆斯特丹自由大学教授,所授课程为服务型领导力。他是特朗皮纳斯-汉普登-特纳咨询公司的创始人,也是畅销书《在文化的波涛中冲浪》(与汉普登-特纳合著)的主要作者,该书再版多次,现已是第四版。他多次跻身思想家50强之列,最近还入选了名人堂。《人力资源》杂志提名他为世界前20位思想家之一。他是十多本图书的作者,美国人才发展协会颁发的国际专业实践奖获得者,也是荷兰毕马威会计师事务所的合伙人。他以七维度文化模型闻名于世,该模型将世界各国,尤其是西方和东方做了对比和区分。